Grundwissen hoch 3

DEUTSCH
MATHEMATIK
ENGLISCH

5./6. Klasse

Cornelsen
SCRIPTOR

Die Autoren:
Deutsch: Thomas Brand, Dietrich Berger, Karl-Dieter Bünting, Wolfgang Eichler, Manfred Kienzler, Peter Kohrs
Mathematik: Hans Karl Abele, Fritz Kammermeyer, Benno Mohry, Roland Zerpies
Englisch: David Clarke

Bibliografische Information der Deutschen Nationalbibliothek
Die Deutsche Nationalbibliothek verzeichnet diese Publikation in der Deutschen Nationalbibliografie; detaillierte bibliografische Daten sind im Internet über http://dnb.d-nb.de abrufbar.

1. Auflage
 D C B A
Bibliographisches Institut GmbH
Bouchéstraße 12, 12435 Berlin

Redaktionelle Leitung Anika Donner, Heike Krüger-Beer, Constanze Schöder
Redaktion Claudia Fahlbusch
Herstellung Andreas Preising
Umschlaggestaltung Büroecco Kommunikationsdesign GmbH, Augsburg
Satz fotosatz griesheim GmbH, Griesheim
Druck und Bindung Beltz Bad Langensalza GmbH, Am Fliegerhorst 8, 99947 Bad Langensalza
Printed in Germany

ISBN 978-3-411-87122-3

Vorwort

Liebe Schülerin, lieber Schüler!
Dieser Band bietet dir, worauf es besonders ankommt: das Grundwissen der drei Hauptfächer **Deutsch, Mathe, Englisch** – und zwar für zwei Schuljahre. Er hilft dir für Vergleichsarbeiten und Tests ebenso wie bei Hausaufgaben, Referaten und der Vorbereitung auf Klassenarbeiten.

Das Buch eignet sich zum Lernen, Nachschlagen und Wiederholen. Du findest viele Merksätze, Regeln und Beispiele, die dich beim Lernen unterstützen.

So kannst du mit diesem Buch arbeiten:
1 Zu Beginn jedes Faches gibt es ein ausführliches **Inhaltsverzeichnis**. Dort kannst du dir das Thema aussuchen, das du gerade brauchst. Arbeite dann das Kapitel durch.
2 Die eingestreuten **Übungen** helfen dir, den Stoff zu wiederholen und zu festigen.
3 Der **Test** am Ende des Kapitels bietet dir die Gelegenheit zur Selbstkontrolle: Was habe ich verstanden? Was muss ich wiederholen?
4 Das **Stichwortverzeichnis** am Ende des Buches dient dir als Wegweiser zu den Themen aller drei Fächer.

Und noch ein paar praktische Tipps zum Lernen mit diesem Buch:
- Nimm dir nicht zu viel auf einmal vor. Bearbeite lieber **kleinere Abschnitte**, aber dafür **regelmäßig**.
- Bist du beim Lösen der Übungsaufgaben nicht ganz sicher, sieh dir die **Beispiele** noch einmal genau an.
- Vergleiche deine Ergebnisse mit dem **Lösungsteil** am Ende jedes Faches. Überprüfe bei Fehlern genau, was du falsch gemacht hast.

Viel Erfolg!
Die Grundwissen hoch 3-Redaktion

Deutsch

Inhaltsverzeichnis

Grammatik

Rechtschreibung

Literarische Formen

Aufsätze schreiben

Ein Schwerpunkt der Klassenarbeiten oder Schulaufgaben sind neben Diktaten verschiedene Formen des Aufsatzes. Hier kommt es nicht nur darauf an, orthografisch korrekt zu schreiben, sondern auch den **Ausdruck** zu trainieren und eine **inhaltlich schlüssige Darstellung** zu geben.
In den Klassenstufen 5 und 6 stehen vier Bereiche auf dem Programm.

1 Beim **erzählenden Schreiben** geht um die Darstellung von Erlebtem oder Ausgedachtem sowie um das Nacherzählen.
2 Eine weitere Form, die **Beschreibung**, befasst sich mit der Darstellung von Gegenständen, Tieren, Menschen und Vorgängen.
3 **Berichte** enthalten die Wiedergabe von bestimmten, einmaligen Ereignissen.
4 Darüber hinaus gehören auch der private und der offizielle **Brief** zu den behandelten Formen des schriftlichen Sprachgebrauchs.

1 Erzählen

■ Das Erzählen verfolgt das Ziel, Handlungen oder Vorgänge wiederzugeben. Hörer und Leser sollen das erzählte Geschehen nachempfinden oder nachvollziehen können. Dabei geht es nicht um das Informieren, sondern um die Unterhaltung, um das Wecken von Erwartungen und um das Erzeugen von Spannung.

■ Um einer Geschichte einen klaren Aufbau zu geben, legt man sich zunächst einen **Erzählplan** zurecht.

1 Man überlegt, worauf man mit seiner Geschichte hinauswill.
Was ist das **Erzählziel**?
Will man z. B. eine **lustige,** eine **traurige** oder eine **spannende** Geschichte erzählen?
Soll die Geschichte eine **„Lehre“** enthalten oder steht das **Abenteuer** im Mittelpunkt?

2 Als Nächstes notiert man sich stichwortartig die **Reihenfolge des Geschehnisablaufs**. Zuhörer bzw. Leser sollen sich in die Figuren, besonders in die des Erzählers, hineinversetzen können. Sie sollen dazu angeregt werden, sich selbst zu überlegen, wie die Geschichte wohl enden wird. Die Neugier soll durch einen anschaulich gestalteten **Höhepunkt** befriedigt werden.

Beispiel: Stichworte zum Ablauf des Geschehnisses

1 Ferien, Eltern, Bruder Tim, Hund Charly, ich, Freunde Sandra und Jörg, Spielen am Strand
2 Jörg, Tim und Charly mit dem Schlauchboot, Warnung umsonst
3 nach einer Stunde noch nicht zurück, zurückgehendes Wasser, Gefahr bei Ebbe
4 Sandra: sofort die Wasserrettungsstelle verständigen, keiner da!, andere Erwachsene können auch nicht helfen
5 endlich Wasserwacht gefunden, spannende Beobachtung mit dem Fernrohr, Schlauchboot wird fertig gemacht
6 wir dürfen nicht mit, beobachten aber weiter mit Ferngläsern, können jedoch kaum etwas erkennen
7 nach einer halben Stunde zurück, Tim und Jörg kaputt, aber froh, erzählen, wie sie abgetrieben sind und die Orientierung verloren haben, schließlich nicht mehr gegen das abströmende Wasser ankamen
8 Bellen von Charly aus dem Rettungsboot als Zeichen der Erleichterung
9 in diesem Sommerurlaub und vielleicht auch im nächsten keine Schlauchboottour mehr

■ Zum richtigen Erzählen gehören außerdem die folgenden Erzählmittel.

▸ Die richtige **Tempusform**: Präteritum, als „Vorvergangenheit" gehört das Plusquamperfekt dazu. An einzelnen spannenden Stellen, wie zum Beispiel dem Höhepunkt, kann im Präsens erzählt werden.

▸ Eine bestimmte **Erzählperspektive**: Man kann zum Beispiel aus der Sicht einer der beteiligten Personen (in der Ich-Form, „Ich-Erzähler") oder als Außenstehender (dritte Person, „Er-Erzähler") erzählen.

▸ Und nicht vergessen: Die passende **Überschrift** darf nicht fehlen. Sie soll das Interesse der Leser wecken.

Beispiele: „Gerettet!“, „Ein unheimlicher Spaziergang“, „Im Schlaf überrascht“

Nicht aber: *Wie wir einmal eine spannende Rettungsaktion erlebten*

■ Damit sich die Leser in das Geschehen hineinversetzen und an der Handlung teilnehmen können, sollte in einer **anschaulichen** und **lebendigen Sprache** geschrieben werden.

Dazu kann man verwenden:

- **Wörtliche Rede** → Das wirkt, als sei man direkt beim Geschehen dabei.
- **Fragen und Ausrufe** → Sie bringen Aufregung und Gefühle der beteiligten Personen zum Ausdruck.
- **Darstellung von Gefühlen** (Angst, Erleichterung, Aufregung etc.) → Das hilft, sich in die Personen der Geschichte hineinzuversetzen.
- **Darstellung von Sinneseindrücken** (Temperatur, Gerüche, Geräusche etc.) → Es macht eine Geschichte interessanter, wenn sie nicht allein auf die Handlung beschränkt wird.
- **Andeutungen** → Sie machen gespannt auf den weiteren Verlauf, sollten aber auch aufgelöst werden.
- **Abwechslung beim Satzbau und bei der Wortwahl,** besonders bei den Verben → Das ist eine Stilfrage. Es gilt besonders für die **Verben** in den Redebegleitsätzen; man sollte möglichst selten „sagen“ verwenden.

■ Der **Aufbau** (die Gliederung) muss drei Teile aufweisen: Einleitung, Hauptteil und Schluss.

1. Einleitung

■ Wie ist die Ausgangssituation zu gestalten? Die Beantwortung dieser Frage ergibt die Einleitung. Hier soll das Interesse der Leser geweckt werden, damit sie den Fortgang der Handlung gespannt erwarten. Bestimmte Informationen dürfen in der Einleitung nicht fehlen.

Die Einleitung gibt Antwort auf folgende Fragen:

Wann spielt die Geschichte?	**Beispiel:** in den Sommerferien
Wer kommt in der Geschichte vor?	**Beispiel:** zwei Jungen, ein Mädchen
Wo spielt die Geschichte?	**Beispiel:** am Meer

Was passiert in der Geschichte?

Beispiel: Geplant war ein entspannender Urlaub mit der Familie, doch dann kommt es zu einer dramatischen Rettungsaktion …

■ Um die Spannung zu erhalten, sollte man darauf achten, **nicht zu lange am Anfang zu verweilen**. Man darf nicht zu viel verraten, nur andeuten, was noch passieren wird.

Beispiel **für eine gelungene Einleitung:**
Eigentlich wollten wir mit unserer Familie, das sind mein Bruder Tim, meine Eltern, unser Hund Charly und ich, wie jedes Jahr einen entspannenden Sommerurlaub an der Nordsee verbringen. Doch dann kam alles ganz anders. Mit Sandra und Jörg, zwei Geschwistern, die eine Ferienwohnung in unserer Straße bewohnten, spielte ich wie schon in den vorangegangenen Tagen am Strand, als es geschah.

Beispiel **für eine nicht gelungene Einleitung:**
Wie jedes Jahr waren wir mit unserer Familie an die Nordsee gefahren. Meine Eltern, mein Bruder Tim und unser Hund Charly fuhren mit. Wie immer bewohnten wir eine Ferienwohnung in der Nähe vom Strand. In derselben Straße wohnten auch Sandra und Jörg. Die beiden waren Geschwister. Wir spielten oft zusammen. Dann passierte das Unglück, das mit einer dramatischen Rettungsaktion endete und zum Glück gut ausgegangen ist.

■ Die handelnden Personen, der Ort, die Zeit (Jahreszeit) werden im gelungenen Text **knapp** benannt, das Geschehen (Unglück, dramatische Rettungsaktion) wird noch nicht genannt, aber sehr effektvoll („es“) angekündigt.

Übung

■ **Erkläre, warum die zweite Einleitung nicht gelungen ist. Achte dabei auf Satzbau und Spannung.**

2. Hauptteil

■ Der Hauptteil enthält in der Regel mehrere (mindestens drei, jedoch nicht unübersehbar viele) **Erzählschritte**, die auf den Höhepunkt hin angeordnet und gestaltet werden. Von Beginn an sollte der Höhepunkt der Erzählung ins Auge gefasst werden.

■ Spannung erreicht man durch **Verzögerung** der Handlung. Man informiert nicht gleich darüber, was geschehen ist; der Fortgang des Geschehens wird unterbrochen durch das Darstellen von Nebensachen oder Einzelheiten.
Das folgende Beispiel zeigt, wie schrittweise auf den Höhepunkt der Geschichte hin erzählt wird.

Beispiel: **Schritt 1:** Aufbruch mit Schlauchboot trotz Warnung – **Schritt 2:** keine Rückkehr, Angst, Hilflosigkeit – **Schritt 3:** Wasserwacht – **Schritt 4:** Beginn der Rettungsaktion, Nebenhandlung: Charly an Bord des Rettungsbootes – **Schritt 5:** Höhepunkt (Präsens!), Rettung, Beobachtung durch Fernglas – **Schritt 6:** Auflösung; Rückkehr, Bellen von Charly, Erleichterung, Erzählung der Jungen – **Schritt 7:** Schluss; vorerst keine Schlauchboottour mehr

Beispiel **für einen anschaulich gestalteten Höhepunkt:**
Ein furchtbarer Donnerschlag ließ den Boden unter uns erzittern. Mehr vor Schreck als aus Überlegung ließen wir uns auf die Erde fallen und kauerten uns hinter einen Felsen. „Mein Gott“, dachte ich, „ist das mein letztes Stündlein?“ In diesem Augenblick erhellte ein greller Blitz den Berghang und nicht lange danach erdröhnte der gewaltige Donner. Mir lief es eiskalt den Rücken hinunter. Mein Vater rief mir zu: „Nur keine Angst, das Gewitter zieht dort drüben an uns vorbei.“

Beispiel **für eine nicht gelungene Formulierung:**
Schon beim ersten näheren Donnerschlag legten wir uns sofort auf den Boden. Mein Vater beruhigte mich, indem er immer wieder betonte, dass das Gewitter schnell an uns vorbeiziehen würde. Ich hatte trotzdem Angst. Und schon blitzte und donnerte es von Neuem. Schon fielen auch die ersten Regentropfen. Mit dem letzten Mut der Verzweiflung machten wir uns auf und erreichten glücklich die Schutzhütte.

„Wenn es nur so wäre“, flüsterte ich ängstlich vor mich hin. Da prasselten auch schon die ersten dicken Tropfen auf uns nieder. „Jetzt hilft auch die gebückte Haltung nichts mehr“, murrte meine Mutter, stand auf und rannte davon. Was sollten wir anderes machen? Wir mussten ihr hinterherlaufen, wir wollten sie doch nicht alleinlassen. Das war unser Glück; denn schon nach der nächsten Wegbiegung sahen wir eine Schutzhütte. Mir fiel ein Stein vom Herzen; wir waren gerettet.

Übung

■ **Warum bildet der Text auf Seite 14 in der rechten Spalte keinen gut erzählten Höhepunkt?**
Schau dir zur Beantwortung dieser Frage noch einmal die allgemeinen Kriterien für gutes Erzählen ab Seite 10 an.

3. Schluss

■ Der Schlussteil kann das Ende der Handlung beinhalten, aber auch mit einer Schlussbemerkung abgerundet werden. Gelegentlich bietet es sich an, einen Ausblick auf das weitere Geschehen zu geben, eine Schlussfolgerung zu ziehen oder die Handlung mit einem offenen Schluss enden zu lassen.

Übung

■ **Welche der folgenden Formulierungen gehört zu einem abgeschlossenen Ende einer Erzählung, welche zu einem offenen Ende?**

a Für die nächste Wanderung nahmen wir uns vor, vorher genauestens den Wetterbericht zu studieren.

b Ob uns das noch einmal passieren würde?

Im Folgenden werden verschiedene Formen des Erzählens, wie sie im Aufsatz für die 5. und 6. Klasse vorkommen, aufgeführt. Die bisher genannten Anforderungen und Hinweise gelten für alle diese Formen.

1.1 Erzählen von persönlichen Erlebnissen

■ Das Erzählen von Erlebnissen beruht auf der Darstellung eines einmaligen, glaubwürdigen, persönlichen Erlebnisses. In der Aufgabenstellung wird entweder das Thema oder der Inhalt einer Geschichte vorgegeben.

Beispiele: „Erzähle, wie du einmal Glück / Pech gehabt hast." „Erzähle, wie du einmal einem anderen (Menschen / Tier) geholfen hast." „Eine wunderbare Rettung", „Eine unheimliche Wanderung"

■ Wesentliche **Merkmale**:

▸ Beschränkung auf **eine einzige Begebenheit,** die aber **in allen Einzelheiten** veranschaulicht wird.

▸ Genaues Festhalten von **Ort** und **Zeit** des Geschehens und der **handelnden Personen.**

▸ Auseinanderhalten der **Haupt- und Nebenrollen.**

▸ Lebensnahes, spannendes Erzählen. Ausdruck der **Gefühle:** Freude, Angst, Mut etc. Dazu Befragen der fünf Sinne (Sehen, Hören, Fühlen, Riechen, Schmecken). Vorsicht: Nicht übertreiben, indem man z. B. alle Sinne aufführt.

▸ Das Erzählen wird außerdem anschaulich und lebendig durch **direkte Rede,** abwechslungsreiche Wortwahl, v. a. bei den Verben (nicht *tun* und *machen* verwenden!), und ausdrucksstarke **Adjektive.**

■ Eine Geschichte gelingt dann, wenn sie schrittweise, aber mit kleinen Verzögerungen auf den **Höhepunkt** hin erzählt wird.

Beispiel: Bauplan der Erlebniserzählung „Als ich einmal allein zu Hause war“

Einleitung	Hauptteil	Schluss
Ausgangssituation Wer? Wann? Wo? Was?	Dreischritt – steigende Handlung **Höhepunkt**	Lösung

6. in der Nacht Blitz, Donner, Regen und Sturm
5. Licht und Dunkelheit
4. Angst durch Geräusche
3. Nachwirken des Gespensterbuches

1. allein zu Hause
2. Lesen im Gespensterbuch
7. Heimkehr der Eltern

1.2 Erzählen zu vorgegebenem Anfang

■ Bei dieser Aufgabenstellung ist die Einleitung vorgegeben. Die Aufgabe besteht darin, den Hauptteil und einen Schlussteil zu gestalten und der Geschichte eine Überschrift zu geben.
Dabei soll die Geschichte so weitererzählt werden, dass der Hauptteil mit der vorgegebenen Einleitung eine Einheit bildet.

■ Die Fortsetzung muss genau zum Anfang passen.

■ Die Geschichte soll so weiterentwickelt werden, als habe sie sich wirklich zugetragen.

■ Wie bei jeder Erzählung wird mithilfe der Erzählschritte auf den Höhepunkt hin erzählt.

Beispiele: Als Marc eines Morgens sein Fahrrad bestieg, um wie gewohnt zur Schule zu fahren, wunderte er sich zunächst, dass der Vorderreifen einen Platten hatte. Aber was er danach noch erleben sollte, überstieg alles, was er bis jetzt erlebt hatte. *(Sehr knapper, allgemein gehaltener Anfang)*

Wie üblich konnte sich unsere Familie, als es darum ging, wohin die Reise in den Sommerferien gehen sollte, nicht einigen. Papa wollte in die Berge, Mama hätte sich gern die Schlösser an der Loire angeschaut, Bernd würde am liebsten zu Hause bleiben und den ganzen Tag mit dem Computer spielen. Und Melinda hatte von ihrer Freundin Clara von einem Feriencamp in Italien gehört, das ganz toll sein sollte. Aber sie war ja schließlich die Jüngste und in „wichtigen Angelegenheiten“ konnte sie nicht mitreden, wie Bernd immer etwas herablassend meinte. Da hatte sie eine Idee. *(Anfang mit genaueren Vorgaben: Personen, Thema, [mögliche] Orte)*

TIPP Auch wenn die Vorgaben präzise sind, sollten Personen, Handlungen, Orte hinzuerfunden werden, damit es eine originelle Erzählung wird.

1.3 Erzählen zu vorgegebenem Anfang und Schluss

■ Hier gilt dasselbe wie für das Erzählen zum vorgegebenen Anfang, nur sind Anfang und Schluss bekannt. Gesucht ist der fehlende Zwischenteil, also der Hauptteil.

Dabei ist vorher zu bedenken,

1 was die Leser schon wissen (Personen, Ort, Zeit, Thema),
2 wie sich die Geschichte weiterentwickeln kann,
3 wie die Geschichte dem vorgegebenen Schluss entgegengeführt wird,
4 welcher Höhepunkt für eine spannende Erzählung geeignet ist.

Beispiel: Strahlender Sonnenschein begrüßte uns nach dem Aufwachen an unserem Urlaubsort. Die Berge lockten und bei diesem Anblick schlug Vater vor: „Heute machen wir eine schöne Wanderung, das Wetter ist bestens dafür geeignet.“ Also marschierten wir gleich nach dem Frühstück los. Wir konnten ja nicht ahnen, dass …

…

Als wir endlich wieder ins Hotel zurückgekehrt waren, freuten wir uns sehr, dass alle diesen Tag heil überstanden hatten.

1.4 Erzählen zu Reizwörtern

■ Beim Erzählen zu Reizwörtern geht es darum, die **vorgegebenen Wörter** in den Mittelpunkt der Geschichte zu stellen und in einen **sinnvollen Zusammenhang** zu bringen.

■ Jedes Reizwort darf nur mit einer Bedeutung verwendet werden.

■ Die Erzählung soll so aufgebaut sein, dass eine spannende Geschichte entsteht.

■ Einleitung und Schluss sollen mit dem Hauptteil eine Einheit bilden.

Beispiele: Als Vorlage für eine spannende Geschichte könnten folgende Reizwörter dienen:
Ball – Fluss – Erkältung
Schreck – Schaffner – Fahrkarte
Internet – E-Mail – Überraschung

1.5 Erzählen zu Bildern

■ Bilderfolgen erzählen Geschichten, deren Handlung man mit Worten wiedergeben kann. Die Einzelbilder sagen dabei nur etwas über die wichtigsten Stationen der Handlung aus; was dazwischen liegt, muss sich der Erzähler oder die Erzählerin ausdenken. Wichtig ist auch: Das Erzählen nach Bildern muss so anschaulich sein, dass man sich die Geschichte auch ohne Bilder gut vorstellen kann.

■ Damit genau nach der Bilderfolge erzählt wird, ist folgende **Vorarbeit** wichtig: genau festhalten – in Stichworten oder kurzen Sätzen aufschreiben – , was auf jedem einzelnen Bild zu sehen ist. Dies liefert wichtige Anhaltspunkte dafür, was vor dem in den Bildern dargestellten Ereignis geschehen ist und was sich zwischen den in den Bildern dargestellten Handlungen vermutlich ereignet hat.
Hier helfen die **W-Fragen**: **Wer** ist zu sehen? **Was** geschieht? **Wo** geschieht es? **Wie** geschieht es? **Wozu** geschieht es?

■ Vor Beginn des Erzählens sollte festgelegt werden, aus welcher Sicht – **Erzählperspektive** – man erzählen möchte.

Beispiele: Aus der Sicht eines Beteiligten (Ich- bzw. Wir-Form): „Als ich gerade auf einen Felsvorsprung geklettert war, fiel mir sofort in der Ferne ein Boot auf, das manövrierunfähig von den hohen Wellen hin und her geworfen wurde."

Aus der Sicht eines nicht am Geschehen Beteiligten, z. B. eines Beobachters (3. Person, Er-Form): „Von einem Felsvorsprung konnte er / sie sofort erkennen, wie ein manövrierunfähiges Boot von den hohen Wellen hin und her geworfen wurde."

■ Beim **Aufbau** (bei der **Gliederung**) einer Geschichte nach Bildern könnte man so vorgehen:

Einleitung: Die Fragen „wer?", „was?", „wann?" und „wo?" beantworten.

Hauptteil: Das auf den Bildern dargestellte Ereignis in der genauen Reihenfolge wiedergeben, die einzelnen Bilder in den entsprechenden Zusammenhang bringen und den Höhepunkt besonders lebendig und spannend darstellen.

Schluss: Verschiedene Möglichkeiten bieten sich an, zum Beispiel ein Ausblick auf den möglichen Fortgang der Geschichte oder ein abschließender Kommentar.

MERKE Wichtige Schritte zum Schreiben einer Bildergeschichte:
- die richtige **Reihenfolge** ermitteln, falls die Bilder vertauscht wurden; dabei auf den **Zusammenhang der einzelnen Bilder** untereinander achten
- den **Erzählkern** und den Höhepunkt aus den Bildern ermitteln und in den Mittelpunkt der Bildergeschichte stellen
- das **„Drumherum"** überlegen: **Charaktereigenschaften** der Personen, **Motive** für ihr Handeln, **Gedanken, Folgen** etc.
- den Personen **Namen** geben, um die Geschichte konkreter und anschaulicher zu machen

1.6 Fantasieerzählung

■ In der Fantasieerzählung sind die Erlebnisse und Begebenheiten frei erfunden. Dabei sollte man sich besonders ungewöhnliche Dinge einfallen lassen und Unmögliches so darstellen, als wäre es möglich. Was in der Fantasiewelt angesiedelt ist, sollte so dargestellt werden, als ob es Wirklichkeit wäre. Übertreibungen dürfen verwendet werden, unwahrscheinliche Dinge dürfen geschehen.

TIPP Die Geschichte, auch wenn sie sich in der Fantasie abspielt, muss **schlüssig** und **in sich stimmig** sowie im Handlungszusammenhang **nachvollziehbar** sein. Man sollte also auf keinen Fall etwas vollkommen Unsinniges oder Unzusammenhängendes erzählen. Das Fantastische mit diesen Anforderungen zu vereinbaren macht die Schwierigkeit der Fantasiegeschichte aus.

■ Eine beliebte Spielart der Fantasiegeschichte ist die **Lügengeschichte** mit ihrem charakteristischen Aufbau, der sogenannten Münchhausen-Treppe.

▸ Die Geschichte **beginnt** ganz **realistisch,** setzt in einer zwar spannenden, aber **wirklichkeitsnahen Situation** ein. Im Mittelpunkt steht der Erzähler, der sich durch einfallsreiches (und dabei die Wirklichkeit übersteigendes) Verhalten auszeichnet; daher wird zumeist die **Ich-Perspektive** gewählt.

▸ Mit den einzelnen Erzählschritten wird die Müchhausengeschichte **immer fantastischer,** bleibt aber auf die wirklichkeitsnahe Ausgangssituation bezogen.

▸ Die Lösung, vom Helden meist **eigenständig** entwickelt, entstammt ganz und gar dem Reich der Fantasie. Der Höhepunkt stellt somit den **Gipfel des Fantastischen** dar. In der Erzählung dient er dazu, den Ruhm des Erzählers zu steigern.

▸ Am Ende der Geschichte kehrt der Erzähler wieder in die Wirklichkeit zurück. Dadurch wird das **Fantastische abgemildert** und das Unmögliche erscheint noch wahrscheinlicher.

■ Neben Lügengeschichten können Fantasiegeschichten zum Beispiel als **Schauer-, Gespenster-, Tier-, Roboter-** oder **Weltraumgeschichte** geschrieben werden. Als eine weitere Form der Fantasiegeschichte lassen sich noch **Geschichten von Gegenständen** (oder auch von **Tieren**) nennen.

Diese Gegenstände oder Tiere treten auf wie Menschen, können sprechen und verhalten sich menschlich.
Auch hier gilt: Bei allem Recht zur Fantasie muss insgesamt eine **schlüssige Geschichte** entstehen. Um sie besonders interessant und lesenswert zu machen, darf man nicht einfach Menschen durch Gegenstände oder Tiere ersetzen, sondern man muss auf die Besonderheiten der Gegenstände oder Tiere achten: ihr Material, bestimmte „Charaktereigenschaften“, ihren Verwendungszweck.

Beispiel **für eine unsinnige Erzählung:**
Plötzlich war ich ein Riese geworden. Ich nahm das Haus meiner Eltern auf den Rücken und dazu noch unser ganzes Dorf mitsamt Dorfweiher, Flüsschen, Marktplatz und Zufahrtsstraßen. Dann fing ich an, Fußball zu spielen …

Beispiel **für eine sinnvolle Fantasieerzählung:**
Als ich erwachte, bemerkte ich, dass meine Beine weit über die Bettkante hingen und das Bett viel zu klein geworden war. Ich versuchte mich aufzurichten und schon hatte ich meinen Kopf an der Decke angeschlagen. Jetzt erst merkte ich, wie groß ich geworden war. Ganz erschrocken schaute ich in gebückter Haltung an mir hinunter …

1.7 Nacherzählen von Geschichten

- Beim Nacherzählen gibt man einen Erzähltext mit eigenen Worten wieder.

- Nicht eigene Erlebnisse und Vorstellungen, sondern Inhalt und Aufbau der **Textvorlage** werden dargestellt.

- Die Handlung darf **nicht verändert** werden.

- Der **Schreibstil** kann sich je nach Adressat wandeln. Die Nacherzählung kann sich richten an Freunde, an Verwandte, an fremde Personen.

■ Wichtig ist, dass man sich von der Sprache der Verfasser löst und **mit eigenen Worten** erzählt.

■ Man darf nichts erfinden, aber auch **nichts Wesentliches weglassen**.

■ Die **Tempusform** des Nacherzählens ist in der Regel das Präteritum, kann aber auch Präsens sein. Wichtig dabei ist, dass man die gewählte Tempusform durchgängig einhält.

> **MERKE** Auf zwei Punkte muss unbedingt geachtet werden:
> - auf die richtige **Reihenfolge** der Handlungsschritte,
> - auf alle **wichtigen Personen.**

1.8 Erzählungen verändern

■ Es gibt verschiedene Möglichkeiten, Erzählungen zu verändern:

- Man gibt dem Geschehen einen anderen **Verlauf**.
- Man erfindet einen **anderen Schluss**.
- Man ändert den **Schreibstil**.

Beispiel: Blumenreiche Sprache (Adjektive, Bilder, Vergleiche, Nebensätze)
→ sachliche Sprache (Substantive, Verben, Hauptsätze).
Der Dachstuhl brannte lichterloh, sodass die Flammen in der ganzen Stadt zu sehen waren. Das Feuer fraß sich dann scheinbar unaufhaltsam vor bis in die zweite Etage, wo alle Möbel ein Raub der Flammen wurden.
→ Das Feuer war im Dachstuhl des Hauses ausgebrochen und breitete sich bis in die zweite Etage aus.

- Man erzählt aus einer anderen **Perspektive**.

Beispiel: Erzählung aus der Sicht eines unbeteiligten Beobachters
→ Erzählung aus der Sicht eines Beteiligten
Wer aus der Perspektive eines anderen erzählt, muss sich in dessen Rolle versetzen und das Geschehen aus dessen Sicht darstellen.

2 Beschreiben

■ Das Beschreiben hat zum Ziel, Gegenstände, Räume, Wege, Versuche, Vorgänge, Personen, Pflanzen und Tiere, aber auch Fotos und Zeichnungen sprachlich einem anderen so zu verdeutlichen, dass dieser in der Lage ist, sich eine klare Vorstellung vom Beschriebenen zu machen bzw. sich das Beschriebene bildhaft vorzustellen. Beschreibungen dienen auch dazu, bestimmte Abläufe (Versuche, Vorgänge) nachvollziehen zu können.

MERKE Beim Beschreiben muss man
- **sachlich zutreffend, genau** und **in einer passenden Reihenfolge** schreiben,
- die **richtigen Begriffe** verwenden,
- entsprechend **gliedern**,
- eine möglichst **abwechslungsreiche Sprache** verwenden,
- das **Vorwissen** der Leser berücksichtigen.

FEHLERQUELLEN
1. Falsche Zeitform – nur das **Präsens** verwenden.
2. Mangelnde Übersicht – auf eine **innere Ordnung,** etwa vom Allgemeinen zum Besonderen oder vom Großen zum Kleinen achten.
3. Unklare Trennung zwischen Bericht und Erzählung – stets auf **Sachlichkeit** achten.
4. Unzutreffende Ausdrücke – **Begriffe** sorgfältig wählen.
5. Falsche Reihenfolge – genau auf den **inneren Aufbau** achten.
6. Inhaltliche Probleme – nie das Ziel der Beschreibung, nämlich eine **sachgerechte Information,** aus dem Auge verlieren.
7. Fehlende Gliederung und Übersicht – wo inhaltlich Neues beginnt, muss ein **Absatz** gesetzt werden.

2.1 Gegenstände beschreiben

■ Ein Gegenstand soll so genau beschrieben werden, dass man sich ein Bild davon machen kann. Die einfachste Form einer solchen Beschreibung im Alltag ist eine Diebstahls- oder Verlustanzeige. Erforderlich ist eine möglichst detailgetreue Betrachtung des Gegenstands. Wichtig sind genaue Angaben über:

- **Form** (rund, eckig, quadratisch, länglich etc.)
- **Größe** (in Zentimetern oder Metern, auch in genauen Vergleichen)
- **Farbe**
- **Material** und evtl. Materialbeschaffenheit (rau, glatt, poliert, glänzend etc.)
- **Zweck** des Gegenstandes (jedenfalls wenn der Zweck nicht unmittelbar klar ist, wie etwa beim Fahrrad)
- **Funktion seiner Teile**

■ Die Sprache muss **anschaulich, einfach** und **genau** sein.

■ Bei der Beschreibung sind **bildhafte Vergleiche** hilfreich.

Beispiele: „erinnert an …“, „lässt sich vergleichen mit …“, „Die Lampe ähnelt einem großen, runden Damenhut. Sie besteht aus Korbgeflecht, das …“

■ Ein weiteres sprachliches Mittel sind genaue, beschreibende **Adjektive** und **Adverbiale** (➔ S. 53 und 67).

■ Beim **Aufbau** (bei der **Gliederung**) der Beschreibung geht man

- vom Ganzen zu den Teilen,
- vom Auffallenden zum Unauffälligen.

■ Im Rahmen der Gegenstandsbeschreibung ist – wie auch bei der Vorgangsbeschreibung – die Verwendung von Ausdrücken einer **Fachsprache** möglich oder erforderlich. Fachsprachliche Ausdrücke ermöglichen Genauigkeit und meistens auch Kürze. Allerdings muss man darauf achten, dass

1 man selbst die Bedeutung der fachsprachlichen Ausdrücke sicher kennt und

2 die Leser, falls sie die Bedeutung nicht kennen, diese aus dem Zusammenhang des Textes erschließen können.

Man sollte also auf keinen Fall übertriebenes „Fachchinesisch“ verwenden.

Beispiel: Im Rumpf ist ein stabiles Einziehfahrwerk bereits eingebaut. Die Tragflächen sind mit Flaps, doppelstöckigen Störklappen und aufsteckbaren Winglets versehen. Die Spannweite beträgt 3000 mm, die Länge 1420 mm, das Fluggewicht ca. 2800 g.

2.2 Räume beschreiben

■ Zunächst gliedert man den **Raum**, um anschließend die **einzelnen Teile** darstellen zu können.

Beispiel: Gegenüber der Wohnzimmertür sieht man die großen Balkonfenster, rechts davon findet sich die Schiebetür in das Esszimmer.

■ Wenn man einen Raum beschreiben will, so muss man eine bestimmte **Perspektive** wählen und den Standpunkt des Betrachters deutlich machen.

Beispiel: Der Blick geht vom Flur ins Wohnzimmer.

■ Zur Beschreibung von Räumen gehören die Ausstattung und der **Platz**, an dem sich große Gegenstände befinden, wobei man auf die Gegenstände selbst aber nicht eingeht.

Beispiel: Die Stereoanlage steht auf einem Phonowagen in der linken Ecke des Wohnzimmers.

2.3 Tiere beschreiben

■ Zunächst geht man vom **Gesamteindruck** der äußeren Erscheinung aus und beschreibt den **Körperbau**.

Dann wird besonderes Augenmerk auf die einzelnen **Körperteile** gelegt:

- Kopf
- Extremitäten
- Haut bzw. Fell oder Federn

Soweit bekannt, können auch angegeben werden:

- Fortbewegungsart
- Nahrungsaufnahme
- Lebensraum
- andere Merkmale

Auch hier kommt es auf die **Genauigkeit** und die **begriffliche Korrektheit** an.

Beispiel für eine genaue Beschreibung:
Das Eichhörnchen ist etwa 20 bis 25 cm groß, hat einen fast körperlangen, buschig behaarten Schwanz und eine sehr variable Fellfärbung von Fuchsrot, Gelb- oder Graubraun bis fast Schwarz. Mit seinen großen Augen, die außerordentlich scharfsichtig sind, kann es Feinde schon von Weitem erkennen …

Beispiel für eine ungenaue Beschreibung:
Das Eichhörnchen ist ein recht kleines Tier. Es fällt durch sein rotes Fell und seinen Kopf mit großen Augen auf. Außerdem hat es einen langen, buschigen Schwanz …

MERKE Vermeide eine Bewertung des Tieres (wie zum Beispiel durch Ausdrücke wie süß, abschreckend, hässlich, boshaft). Ausnahmen sind möglich, wenn es um die Beschreibung eines einzelnen, ganz bestimmten Tieres geht, das man persönlich kennt (Beispiel: „Mein Hund", „Unsere Katze", „Lenas Wellensittiche"). Dabei geht es aber ebenfalls nicht um bloße Wertung, sondern um die Beschreibung bestimmter Verhaltensweisen oder Charaktereigenschaften, die einem bekannt sind.

2.4 Personen beschreiben

■ Es gibt unterschiedliche Anlässe, eine Person zu beschreiben, z. B. eine Fahndung oder wenn man jemanden am Bahnhof abholen soll, den man noch nie gesehen hat. Zur Beschreibung gehören:

- Größe
- Statur (athletisch, dick)
- Alter (wenn bekannt)
- Kopfform
- Haare (Farbe, Länge, Frisur)
- Augenfarbe
- unveränderliche Kennzeichen (Muttermale, Narben etc.)

■ Der **Schreibstil** bei einer Personenbeschreibung ist **sachlich**. **Tempus** ist das **Präsens**. Allgemein geht man bei der Personenbeschreibung vom **Gesamteindruck** aus und beschreibt dann **Einzelheiten**.

■ Wesentliches Mittel der Beschreibung sind Adjektive. Zu einzelnen Bereichen der Beschreibung passen z. B. folgende Adjektive:

- **Gesichtsform:** länglich, rundlich, oval, kantig
- **Gesichtsausdruck:** streng, traurig, freundlich
- **Stirn:** flach, gewölbt, hoch, niedrig
- **Augenbrauen:** buschig, dicht, geschwungen, gezupft, zusammengezogen
- **Augen:** eng beieinander, blinzelnd, vorstehend
- **Nase:** schmal, breit, kurz, lang, gerade, krumm
- **Wangen:** eingefallen, pausbäckig, blass, gerötet
- **Mund** und **Lippen:** breit, schmal, voll, wulstig, blass, zusammengepresst, aufgeworfen, lächelnd, verkniffen
- **Kinn:** spitz, markant, rund, vorgeschoben, fliehend
- **Haare:** schulterlang, kurz, stoppelig, seidig, fein, gelockt, rötlich, gescheitelt
- **Figur** und **Körperhaltung:** groß, klein, schlank, dünn, sportlich, untersetzt, korpulent, aufrecht, gekrümmt
- **Kleidung:** lässig, elegant, ordentlich, heruntergekommen, schick, altmodisch

FEHLERQUELLEN

Verwechslung der Personenbeschreibung mit der **Charakterisierung** bzw. unzureichende Trennung beider Formen, wenn z. B. Charaktereigenschaften, persönliche Marotten und besondere Verhaltensweisen der beschriebenen Person aufgegriffen und bewertet werden. Übertreibungen sind zu vermeiden, und ausschmückende Wörter sollten nur verwendet werden, wenn man dadurch die Person besser erkennen kann.

Übung

■ **Welche der folgenden Merkmale gehören zur Personenbeschreibung, welche zur Charakterisierung?**

(geschätztes) Alter – typische Angewohnheiten – Beruf – Gesamteindruck der Erscheinung – Gesichtsform – Haare, Frisur – Temperament – Vorlieben, Abneigungen

2.5 Wege beschreiben

■ Zweck der Wegbeschreibung im Alltag ist es, einem Ortsunkundigen den Weg zu einem bestimmten Ziel zu erklären.

■ Für eine Wegbeschreibung gilt:

- die **Richtungen**, möglicherweise auch die Himmelsrichtung nennen
- die geschätzte **Entfernung** von einem Punkt zum anderen (nicht zwingend in Kilometern und Metern, sondern möglicherweise auch in Zeitangaben) angeben

Beispiel: Nach fünf Minuten erreicht man den Hauptbahnhof.

- die **Straßen** und **Plätze** und die **baulichen Besonderheiten** (auffällige Gebäude, Kreuzungen, Denkmale o. Ä.) genau bezeichnen

■ Sprachliche Mittel:

- treffende **adverbiale Bestimmungen** und **Attribute**
- **Präpositionen** wie *neben, über, um, entlang, bis zu, in, hinter, zwischen* usw.

Beispiele: **Neben** dem Kaufhaus führt ein kleiner Weg rechts **zur** Hauptstraße.
Über die große Kreuzung gelangt man **zum** Hauptstädter Tor.
Man geht den Kanalweg **entlang bis** hin **zur** kleinen Brücke.

- **Verben** wie *überqueren, einbiegen, entlanggehen*
- **Numeralien (Zahlwörter)** wie *nächste, dritte, einhundert*

Beispiel: An der zweiten Ampel müssen Sie links einbiegen.

> MERKE **Vermeiden** sollte man **identische Satzanfänge** (z. B. „Dann geht man …“), die den Text monoton gestalten.

Beispiel: Wenn du aus dem Bahnhof kommst, stehst du direkt an der großen Kreuzung zwischen der Alten Bahnhofstraße und der Tiergartenstraße. Du schlägst den Weg nach links ein und gehst bis zur nächsten Ecke. Von dort führt die Lotzbeckstraße rechts bis zum Rathausplatz. Ihn lässt du rechts liegen und nimmst den Weg durch die Marktstraße bis zu dem Punkt, wo die Kirchstraße kreuzt.

2.6 Versuche beschreiben

■ Ziel ist es, einen Versuch von den Bedingungen bis zum Ergebnis nachvollziehen zu können. Es müsste möglich sein, anhand der Beschreibung den Versuch selbst durchzuführen.

■ Für die Versuchsbeschreibung sollen **die Abfolge der einzelnen Arbeitsschritte** und **die Beziehung zwischen den einzelnen Teilvorgängen** des Versuchs beschrieben werden. Zu achten ist insbesondere auf
- die **Versuchsanordnung**,
- die **Versuchsbedingungen**,
- die notwendigen **Gerätschaften** (Werkzeuge, Instrumente usw.) und
- die benötigten **Materialien** (Flüssigkeiten o. a.).

■ Während man am **Anfang** den Zweck des Versuchs bzw. das erwartete Ergebnis darstellt, sollen am **Schluss** die Auswertung mit dem Versuchsergebnis und eine Schlussfolgerung stehen.

■ Die **Sprache** ist, wie bei anderen Beschreibungstypen auch, **genau, knapp** und **sachlich.** Der Einsatz von **Fachwörtern** liegt bei der Beschreibung naturwissenschaftlicher Versuche nahe. Die Fachwörter, wenn sie nicht als allgemein bekannt vorausgesetzt werden können, müssen in ihrer Bedeutung zu erschließen sein.

■ Wenn die Teilvorgänge beschrieben werden, geht es nicht nur um eine Wiedergabe dessen, was geschieht, sondern die Vorgänge sollten in ihrer **Funktion** und **Abfolge** auch **begründet** werden. Gleiches gilt für die verwendeten Materialien und Gerätschaften, sofern ihre Funktion nicht klar auf der Hand liegt. (Wenn man im Rahmen eines Experiments etwas wiegen muss, dann sind Zweck und Funktion einer Waage nicht eigens zu erklären.) Möglich ist auch der ergänzende Einsatz von Skizzen.

■ Am Ende muss das **tatsächliche Ergebnis** des Versuchs benannt und in eine **Beziehung zum erwarteten Ergebnis** gesetzt werden.

Beispiel **aus einem Physikbuch:** Häufig brennt heute die Sicherung infolge der Überlastung des Stromkreises durch. Wir können uns dies an einem Versuch klarmachen *(Ziel des Versuchs).* Strommesser,

Stanniolsicherung und eine Glühlampe mit 100 Watt *(Gerätschaften)* werden in einem Stromkreis zusammengeschaltet. Dann schließen wir parallel zur ersten Lampe eine zweite und schließlich eine dritte Lampe an. Dabei beobachten wir die Anzeige des Strommessers. Anschließend schalten wir noch eine Kochplatte dazu. Dabei steigt die Stromstärke noch weiter an. Schließlich wird der Stanniolstreifen so stark erwärmt, dass er durchschmilzt und den Stromkreis unterbricht. Obgleich kein Kurzschluss vorlag *(Auswertung)*, schmolz die Sicherung wegen der Überlastung des Stromkreises durch.

2.7 Vorgänge beschreiben

■ Ein Vorgang – zum Beispiel eine Arbeit, der Einsatz eines Geräts, ein Spiel – soll so beschrieben werden, dass er von den Lesern ohne Probleme wiederholt werden kann.

■ **Voraussetzungen** für eine Vorgangsbeschreibung sind

- eine gründliche **Kenntnis** des Vorgangs und der notwendigen **Fachausdrücke,**
- die **lückenlose** Darstellung der einzelnen Abläufe und
- die übersichtliche **Gliederung** des gesamten Textes.

Es ist beim **Inhalt** darauf zu achten,

- dass man auf die **Materialien, Werkzeuge, Zubehörteile** etc. eingeht,
- alle notwendigen **Handgriffe** nennt und
- die **Reihenfolge** der einzelnen Teilvorgänge berücksichtigt.

■ Bei **Spielanleitungen** beschreibt man den Grundgedanken des Spiels, die Spielvoraussetzungen (Teilnehmerzahl, Alter, Platz- und Raumbedarf, Zubehör wie Spielfiguren) und den Spielverlauf nacheinander.

■ Der **sprachliche Ausdruck** muss **sachlich,** also ohne persönliche Anteilnahme, ohne Wertung oder Ausdruck einer Stimmung, sein. Möglichkeiten der **grammatischen Form**:

- **Anredeform**

Beispiel: Du stellst die Spielfiguren …

- **Nutzung des unpersönlichen *man***

Beispiel: Man legt den Kreuzbuben an die Kreuzdame an.

- Gebrauch des **Passivs**

Beispiel: Die Karten werden nacheinander von oben nach unten auf den Tisch gelegt.

- Verwendung der **substantivierten Infinitivform des Verbs**

Beispiel: Durch Ziehen einer beliebigen Karte aus dem Stapel beginnt das Spiel.

■ **Wiederholungen** sind zu **vermeiden**

Beispiel: „dann nimmt man", „dann macht man", „dann hält man" …

■ Wenn es **Beziehungen zwischen den einzelnen Teilhandlungen** gibt, sind diese deutlich zu machen. Am deutlichsten geschieht das durch **Adverbialsätze** (→ S. 68).

■ **Fachausdrücke** gehören oft dazu, aber in ihrer Bedeutung nicht zu erschließende Fachausdrücke sind zu vermeiden.

Übungen

1 Zu welchem Zweck werden Beschreibungen verfasst?
Nenne mindestens drei Beispiele.

2 Warum soll man bei Beschreibungen identische Satzanfänge vermeiden?

3 Berichten

■ Der Bericht ist eine der häufigsten Darstellungsarten, in der über **einmalige oder besondere Tagesereignisse, Veranstaltungen, Handlungen** sowohl mündlich wie schriftlich informiert wird. Das eigene, gefühlsmäßige Erleben tritt hinter die rein sachliche Darstellung zurück; die Hörer oder Leser sollen einen **Sachverhalt genau erfahren**, sich etwas erklären lassen oder auch belehrt werden.

■ Eine typische Form des Berichts ist der **Zeitungsbericht**. Er informiert zum Beispiel über einen Unfall, eine Naturkatastrophe oder ein Sportereignis.

■ Allen Formen des Berichts liegen die **W-Fragen** zugrunde:
- **Was** geschah?
- **Wann** geschah es?
- **Wo** passierte es?
- **Wer** war beteiligt, wer war davon betroffen?
- **Wie** hat es sich ereignet?
- **Warum** ist es dazu gekommen?
- **Welche** Folgen hatte es?

■ Eigene Meinungen dürfen die Verfasser eines Berichts nicht formulieren, doch es können die **Meinungen anderer** wiedergegeben werden. Dazu verwendet man die direkte oder indirekte Rede (→ Der Konjunktiv in der indirekten Rede: „Grundwissen³ – 7./8. Klasse“).

FEHLERQUELLEN
■ Falsche Zeitform – immer im **Präteritum** berichten!
■ Unklarer Stil – auf eine **sachliche,** nicht emotionale Ausdrucksweise achten!
■ Fehlende Genauigkeit – an die **W-Fragen** denken!
■ Falsche Reihenfolge – sich an den **zeitlichen Ablauf** halten!

Beispiel für einen Unfallbericht:

In der Nacht zum Sonntag kam es auf der Kreuzung Fichte- und Kantstraße zu einem Verkehrsunfall, bei dem drei Menschen zum Teil schwer verletzt wurden. Der Fahrer eines der beteiligten Kraftfahrzeuge beachtete die Vorfahrtsregelung nicht und fuhr mit überhöhter Geschwindigkeit in den Kreuzungsbereich. Der Fahrer des anderen Fahrzeuges konnte nicht mehr rechtzeitig bremsen, sodass beide Fahrzeuge zusammenstießen. Die beiden Fahrer erlitten Rippenbrüche und Verletzungen am Knie; der Beifahrer in dem Fahrzeug des Unfallverursachers musste mit einer Brustbeinfraktur ins Krankenhaus gebracht werden.

4 Briefe schreiben

■ Briefe sind schriftliche Mitteilungen an einen bestimmten Empfänger. Es gibt sowohl Briefe privater als auch solche offizieller Art. Von der Art des Briefes hängen die Anforderungen ab, die er erfüllen muss.

4.1 Privater Brief

In Zeiten von SMS, E-Mails und preiswerten telefonischen Kontakten werden weniger Briefe geschrieben als früher. Doch ist zu bestimmten Anlässen, etwa zum Geburtstag oder zur Gratulation aus anderen Gründen, ein privater Brief noch üblich; auch Brieffreundschaften werden nach wie vor gepflegt. Der Brief bietet den Vorteil, dass man länger und überlegter an seinen Gedanken arbeiten kann; so kann der persönliche Brief eine kleine „Schule des Nachdenkens" und auch des Ausdrucks sein.

■ Persönliche Briefe brauchen keine besondere äußere Form. Dennoch gibt es einige Aspekte, die man beachten sollte.

▸ **Ort und Datum** stehen gewöhnlich oben rechts auf der Seite.

Beispiele:	Berlin, den 16.1.2013	Berlin, den 16. Januar 2013
	Berlin, 16.1.2013	Berlin, 16. Januar 2013

▸ Hinter der **Anrede** steht normalerweise ein **Komma**.

Beispiele:	Liebe Nadja, …	Hallo, Ulrich, …

▸ Um einen **Kontakt** herzustellen, ist es höflich, sich danach zu erkundigen, wie es dem Empfänger des Briefes geht.

> **MERKE** Man sollte die Standardformel „Mir geht es gut. Wie geht es Dir?" vermeiden.
> Andere Möglichkeiten: „Ich nehme an/hoffe, Dir geht es gut." „Ich habe oft an Dich gedacht und frage mich, wie es Dir wohl geht."

▸ Bei einem Antwortbrief sollte man auf jeden Fall kurz **auf den vorangegangenen Brief eingehen** und sich dafür bedanken.

▸ Die **Personalpronomen** für die Anrede („Du", „Ihr") und die **Possessivpronomen** können **in der vertraulichen Form in Briefen groß- oder kleingeschrieben werden.** In der Höflichkeitsform („Sie", „Ihnen") werden sie großgeschrieben.

- Zwischen einzelnen inhaltlichen Abschnitten ist ein **Absatz** zu machen.
- Am Ende stehen eine **Schlussformel** und die **Unterschrift**.

4.2 Offizieller Brief

Häufiger als im privaten Bereich werden in geschäftlichen oder amtlichen Belangen Briefe geschrieben. Zu den offiziellen Briefen gehören neben den Geschäftsbriefen auch die Briefe aus dem schulischen Bereich wie Entschuldigungsschreiben, Anträge auf Beurlaubung, Mitteilungen der Schulleitung an Schülerinnen und Schüler und an Eltern.

■ Für das Verfassen offizieller Briefe gilt:

- Man muss versuchen, möglichst **sachlich** zu schreiben. Deshalb sollten keine Gefühlsäußerungen erscheinen. Ausnahmen sind bestimmte Standardformulierungen, z. B.: „Ich würde mich freuen, wenn …“.
- Oben auf der Seite erscheint der **Absender** mit vollständiger Adresse und Telefonnummer.
- Die Anschrift des **Empfängers** steht meist fünf bis sechs Leerzeilen unter dem Absender, zwischen Straße und Ort wird keine Leerzeile gelassen.
- **Ort** und **Datum** stehen rechts, oft unterhalb der Anschrift, manchmal auch oben beim Absender.
- Vier Leerzeilen unter der Anschrift befindet sich der **Betreff** bzw. **Bezug**. Hier wird kurz auf das Thema bzw. das Anliegen des Briefes hingewiesen. Es steht kein „Betr.“ vor der Zeile.

Beispiele: „Ihr Schreiben vom 21.02.2013“, „Mein Antrag auf Ausbildungsförderung“, „Bewerbung um eine Lehrstelle als …“, „Ihr Inserat in der Berliner Zeitung vom 22.11.2013“

- Wichtig ist die **korrekte Anrede**, die, falls bekannt, auch den Titel des oder der Angeredeten enthält.

Beispiele: „Sehr geehrter Herr Maier“, „Sehr geehrte Frau Dr. Schmidt“
Ist der Empfänger nicht namentlich bekannt, schreibt man „Sehr geehrte Damen und Herren“.
Auf die Anrede folgt ein **Komma**, das nachfolgende Wort wird also kleingeschrieben, es sei denn, es ist ein Anredepronomen oder Nomen (Substantiv.

- Der Brief endet mit der **Schlussformel** „Mit freundlichen Grüßen“.

- Der offizielle Brief ist mit **Vor- und Zunamen** zu **unterschreiben**. Es ist möglich, aber nicht nötig, den Namen unter der Unterschrift noch einmal mit Maschine oder PC zu schreiben; aus dem Absender ist der Name ja bekannt.
- Fügt man dem Schreiben etwas hinzu, schreibt man am unteren linken Rand **„Anlagen“** und nennt die einzelnen Dokumente. Wird bereits im Brief genannt, was beigefügt wird, reicht die einfache Angabe „Anlage“. Die Angabe „Anlage(n)“ kann fett gedruckt werden.
- Der **Rand** sollte links 2,5 cm und rechts 2 cm betragen.
- Wenn eine zweite Seite notwendig wird, ist darauf zu achten, dass darauf nicht nur Schlussformel, Unterschrift und Anlagevermerk stehen.
- Wenn man mit dem PC schreibt, bietet sich bei den meisten Schriftarten die **Schriftgröße 12** an. Will man einzelne Wörter hervorheben, schreibt man sie kursiv oder fett.

Ein Musterbrief:

Absender, Ort und Datum	Gaby Breitbach Fontanestr. 8 72899 Hermannsweiler Tel.: 07899 3897210	04.02.2013
Adressat	Hans Meyer GmbH & Co. KG Rudolf-Kiesel-Weg 9 80210 Brunndorf	
Betreffzeile mit genauen Angaben	**Auftrag Nr. 276/12, Reklamation**	
Anrede	Sehr geehrte Damen und Herren,	
Anliegen in Kurzform	hiermit teile ich Ihnen mit, dass die von Ihnen am 30.11.2012 gelieferte Spülmaschine vom Typ „Spümo 340“ defekt ist, und bitte um einen Austausch des Geräts.	

Erklärung	Nachdem Ihre Firma das Gerät wie bestellt geliefert hat, haben wir es wie vorgeschrieben angeschlossen. Allerdings funktioniert trotz mehrerer Versuche und Überprüfung aller dafür notwendiger Teile die Wasserzufuhr nicht, sodass wir von einem Defekt der Pumpe ausgehen.
Schlussfolgerung/ Bitte	Von dem genannten Defekt können Sie sich selbst überzeugen. Da es sich bei dem bestellten Gerät um ein Neugerät handelt, sind wir nicht bereit, schon jetzt eine erste Reparatur durchführen zu lassen. Daher möchten wir Sie bitten, die Spülmaschine bei uns abzuholen und gegen ein anderes Gerät auszutauschen.
Schlussformel	Mit freundlichen Grüßen
Unterschrift	Gaby Breitbach

4.3 Weitere Briefformen

- **Leserbriefe**, die man an Zeitungen und Zeitschriften richtet und in denen man zu einem Sachverhalt Stellung bezieht oder einen Appell formuliert, eine Anfrage an einen bestimmten Adressaten richtet oder auf einen Artikel reagiert.
- **Offene Briefe**, bei denen man zwar an eine bestimmte Person schreibt, den Brief aber gleichzeitig an eine Zeitung, Zeitschrift oder Nachrichtenredaktion weiterleitet mit dem Ziel, diesen Brief einem breiteren Publikum zugänglich zu machen.
- **Einladungen** privater und öffentlicher/geschäftlicher Art.

Test

1 Die Einleitung einer Erzählung soll die Leser über das Wichtigste ins Bild setzen.
Nenne die „W-Fragen“, die dazu beantwortet sein sollten.

2 Wie kann man eine Einleitung so spannend gestalten, dass die Leser neugierig werden und gern weiterlesen möchten?

3 Nenne sechs Gestaltungsmittel, die für einen anschaulich und lebendig gestalteten Erzählhöhepunkt verwendet werden können?

4 Was versteht man unter einer Erzählperspektive?
Welche verschiedenen Erzählperspektiven gibt es?

5 Worauf kommt es beim Erzählen von Fantasie- und Lügengeschichten an?

6 Wozu braucht man Beschreibungen?

7 Verfasse einen Merkkasten „Beschreibung“, indem du die folgenden Aspekte in dein Heft oder auf ein Blatt Papier überträgst:

Beschreibung
- Absicht, Ziel:
- Tempus:
- Gliederung/Reihenfolge:
- Stil:
- Mögliche sprachliche Mittel:

8 Wie geht man bei der Personenbeschreibung vor, womit beginnt man, womit endet man?

9 Welche sprachlichen Formen kann man in der Vorgangsbeschreibung wählen?

10 Wann kann man in der Beschreibung Fachausdrücke verwenden, und worauf kommt es dabei an?

Test

11 Welche der aufgeführten sprachlichen Mittel sind bei der Wegbeschreibung besonders wichtig?
- Interjektionen (Ausrufe)
- Numeralien (Zahlwörter)
- Präpositionen
- Substantive (Nomen)
- Verben

12 Was kann alles Gegenstand des Berichts sein?

13 Erkläre für den Bericht:
a In welcher Zeitform wird geschrieben?
b Was ist beim Schreibstil zu beachten?
c Wie ist Genauigkeit zu erreichen?
d Warum ist es notwendig, sich an den zeitlichen Ablauf des Berichteten zu halten?

Grammatik

1 Wortarten

■ Im Satz und im Text übernehmen die Wörter unserer Sprache unterschiedliche **Aufgaben**. Je nach ihrer Aufgabe gehören sie zu bestimmten Wortarten. Einige Wortarten können dabei ihre Form verändern, sie können gebeugt (flektiert) werden. Andere Wortarten können ihre Form nicht verändern, man bezeichnet sie als nicht flektierbar.

lateinische Bezeichnung	deutsche Bezeichnung	
Verb	Tätigkeitswort/Zeitwort	flektierbar
Nomen/Substantiv	Namenwort/Hauptwort	flektierbar
Artikel	Begleiter/Geschlechtswort	flektierbar
Pronomen	Fürwort	flektierbar
Adjektiv	Eigenschaftswort	flektierbar
Numerale	Zahlwort	flektierbar
Präposition	Verhältniswort	nicht flektierbar
Konjunktion	Bindewort	nicht flektierbar
Adverb	Umstandswort	nicht flektierbar
Interjektion	Ausrufe- und Empfindungswort	nicht flektierbar

1.1 Das Verb *(Tätigkeitswort/Zeitwort)*

■ Verb kommt vom lateinischen Wort *verbum* (Wort). Für die Römer war das Verb das wichtigste Wort im Satz. Auch in deutschen Sätzen dreht sich alles ums Verb. Es gibt kaum einen Satz ohne Verb. Fehlt es, so wird es zumindest mitgedacht.

Beispiel: **Kommst** du heute? – Nein, heute (**komme ich**) nicht!

Infinitiv

■ Der Infinitiv ist die Grundform oder die Nennform des Verbs, die im Wörterbuch steht.

Beispiele: leben, singen, schlafen

■ Vom Infinitiv wird die **Personalform** des Verbs (➜ S. 43 Mitte) abgeleitet.

Vollverb und Hilfsverb

■ **Vollverben** ***(z. B. kommen, laufen, gehen)***
Diese können in einem Satz allein das Satzglied Prädikat bilden.
(➜ Prädikat S. 64 f.)
Beispiel: Sie **kommen** heute.

■ **Hilfsverben** ***(sein, haben, werden)***
Diese benötigen im Satz noch ein Vollverb oder andere Wörter zur *Ergänzung.*
Beispiele: Sie **wird** nicht *mitkommen.* Sie **ist** sehr *freundlich.* Er **hat** bei ihr *angerufen.*
Verbklammer heißt die Verbindung von Hilfsverb und Vollverb zu **einem Prädikat** (➜ S. 61)

Konjugation von Verben

■ Verben werden im Satz konjugiert (gebeugt). Steht ein Verb in der **Personalform** (**du** komm**st**, **wir** seh**en**), spricht man auch von der finiten Form (lat. *finit* = bestimmt) oder der konjugierten Form des Verbs.

■ Man unterscheidet zwischen **starken** und **schwachen Verben**.
Starke Verben sind Tätigkeitswörter, die ihre Stammformen mit Ablaut und das Partizip Perfekt auf *-en* bilden.
Beispiel: b**i**nden – b**a**nd – geb**u**nden
Als **schwache Verben** bezeichnet man Tätigkeitswörter, die ihre Vergangenheitsform mit *-t-* bilden.
Beispiele: hören – hör**t**e – gehör**t**, suchen – such**t**e – gesuch**t**

Die Konjugation von Verben ist durch fünf Merkmale bestimmt:
- **Person** und **Numerus (Zahl)** ➜ S. 42
- **Tempus (Zeitform)** ➜ S. 42
- **Genus** des Verbs **(Handlungsart)** ➜ „Grundwissen hoch 3 – 7./8. Klasse"
- **Modus (Aussageweise)** ➜ „Grundwissen hoch 3 – 7./8. Klasse"

Person und Numerus *(Zahl)*

■ Im Gegensatz zum Infinitiv drückt die konjugierte (gebeugte) Form des Verbs die Person aus. Bei der Person unterscheidet man neben der **1., 2.** und **3. Person** die Anzahl **Singular** (Einzahl) und **Plural** (Mehrzahl).

1. Person	Singular	**ich** geh**e**	1. Person	Plural	**wir** geh**en**
2. Person		**du** geh**st**	2. Person		**ihr** geh**t**
3. Person		**er/sie/es** geh**t**	3. Person		**sie** geh**en**

Tempus *(Zeitform)*

■ Das Verb heißt auf Deutsch auch Zeitwort, weil man mit Verbformen Angaben zur Zeit machen kann. Mit den verschiedenen Zeitformen (Tempora) kann man sich auf ein gegenwärtiges, auf ein vergangenes oder auf ein zukünftiges Geschehen beziehen. Bezugspunkt ist der Zeitpunkt, zu dem eine Äußerung gemacht wird.

■ Man unterscheidet sechs Zeitformen:

Zeitform	Beispiel	zeitliche Einordnung
Präsens (Gegenwart)	*ich gehe, du gehst …*	gegenwärtig oder zukünftig (➜ S. 43)
Präteritum (Vergangenheit)	*ich ging, du gingst …*	vergangen (➜ S. 43)
Perfekt (vollendete Gegenwart)	*ich bin gegangen …* *du hast gemacht …*	(gerade) vergangen (➜ S. 43)
Plusquamperfekt (vollendete Vergangenheit)	*ich war gegangen, du warst gegangen …*	etwas, was noch vor dem Vergangenen passierte (➜ S. 43 f.)
Futur I (Zukunft)	*ich werde gehen, du wirst gehen …*	zukünftig (➜ S. 44)
Futur II (vollendete Zukunft)	*ich werde gegangen sein, du wirst gegangen sein …*	bereits vergangen, wenn zukünftig etwas passiert (➜ S. 44)

Präsens ***(Gegenwart)***

Mit dem **Präsens** kann man auf unterschiedliche Zeiten verweisen:

1 Tatsächliche Gegenwart: Ich **schreibe.**

2 Ein Geschehen wiederholt sich regelmäßig oder die Angabe ist allgemeingültig: Ich **gehe** morgens zur Schule. Köln **liegt** am Rhein.

3 Ein Geschehen wird in der Zukunft eintreten: Morgen **gehe** ich ins Kino.

4 In einer Erzählung wird das Tempus gewechselt, weil der Erzähler das Geschehen vergegenwärtigen und die Spannung steigern will: Sie sah plötzlich Licht und stürzte darauf zu. Die Tür **steht** weit offen.

Präteritum ***(Imperfekt/Vergangenheit, lat.: das Vorübergegangene)***

Das Präteritum zeigt an, was vergangen und abgeschlossen ist und keinen Bezug mehr zur Gegenwart hat. Es ist die typische Zeitform in Märchen, Sagen und anderen Erzählungen.

Beispiel: Im Lande Nirgendwo **lebte** einst eine schöne Prinzessin.

In der Umgangssprache werden Perfekt und Präteritum oft ohne Bedeutungsunterschied gebraucht.

Perfekt ***(vollendete Gegenwart)***

Das Perfekt ist auf die Gegenwart bezogen. Es zeigt an, dass eine Handlung zwar schon abgeschlossen ist, aber noch einen Bezug zur Gegenwart hat. Der Sprecher/die Sprecherin ist an dem vergangenen Ereignis noch stark beteiligt. Das Perfekt wird besonders häufig in Gesprächen verwendet.

Beispiel: Ich bin vielleicht erleichtert! Gestern **habe** ich in Mathe eine Zwei **geschrieben.**

So wird es gebildet:

Personalform von ***haben*** oder ***sein*** im Präsens	+	Partizip Perfekt des Verbs
sie **hat**		**geschrieben**
er **ist**		**gekommen**
wir **haben**		**empfohlen**

Plusquamperfekt ***(vollendete Vergangenheit; lat.: mehr als vollendet)***

Diese Zeitform wird meist im Zusammenhang mit dem Präteritum gebraucht. Sie zeigt an, was bereits vor dem vergangenen Ereignis passiert war.

Beispiel: Es ist jetzt 11 Uhr und ich bin wieder zu Hause. Meine Schwester fragt: „Bist du schon wieder da?“ Sie wundert sich, denn vor etwa einer Stunde hatte ich das Haus verlassen, um ins Schwimmbad zu gehen. Ich antworte ihr: „Als ich das Schwimmbad sah, fiel mir ein, dass ich die Badehose **vergessen hatte.**“

So wird es gebildet:

Personalform von *haben* oder *sein* im Präteritum	+	Partizip Perfekt des Verbs
er **hatte** sie **war**		**geschrieben** **gekommen**

■ Futur I *(Zukunft)*

Mit dieser Form kann man anzeigen, was in Zukunft sein wird.

So wird das Futur I gebildet:

Personalform von *werden* im Präsens	+	Infinitiv des Verbs
ich **werde** du **wirst**		**kommen** **bleiben**

■ Futur II *(vollendete Zukunft)*

Bei dieser selten vorkommenden Form stellen sich die Sprecher vor, dass sie aus der Zukunft heraus etwas Vergangenes betrachten.

Beispiel: Morgen um diese Zeit **werde** ich den Eignungstest bereits **überstanden haben.**

Oft wird das Futur II benutzt, um eine Vermutung auszudrücken.

Beispiel: Die Uhr **wird** wohl **stehen geblieben sein.**

So wird es gebildet:

Personalform von *werden* im Präsens	+	Partizip Perfekt des Verbs	+	Infinitiv von *haben* oder *sein*
ich **werde** er **wird** wir **werden**		**überstanden** **geprüft** **angekommen**		**haben** **haben** **sein**

Bestimmung der Verbform

■ Nach den genannten Merkmalen lässt sich eine finite Verbform bestimmen.

Beispiele: wir **werden verreisen:** 1. Person Plural Futur I
sie **hat gegessen:** 3. Person Singular Perfekt

Übungen

1 Was versteht man unter einem Vollverb, was unter einem Hilfsverb?

2 Was bedeuten die aus dem Lateinischen stammenden Fachbegriffe Numerus und Tempus?
Nimm das Verb „nehmen“ und bilde mindestens sechs verschiedene Formen davon, wobei du Numerus und Tempus änderst.

1.2 Das Nomen *(Substantiv)*, seine Begleiter und Stellvertreter

Das Nomen *(Substantiv/Namenwort/Hauptwort)*

■ Die beiden unterschiedlichen Bezeichnungen Nomen und Substantiv kennzeichnen unterschiedliche Sichtweisen und Leistungen. Die Bezeichnung **Nomen** (Namenwort) verdeutlicht, dass man mit Wörtern dieser Wortart Lebewesen, Dingen, abstrakten Begriffen dieser Welt einen Namen geben kann. Mit dem Begriff **Substantiv** wird dagegen hervorgehoben, dass es sich um ein selbstständiges Wort handelt, das im Satz besonders wichtig ist (Substanz). Dies drückt auch die deutsche Bezeichnung **Hauptwort** aus.

■ Wenn man sich auf eine bestimmte Person, auf ein bestimmtes Tier oder auf einen bestimmten Gegenstand bezieht, dann ist das Nomen ein **Konkretum** (Plural: Konkreta).

Beispiele: Lars hat einen Hund. Das Auto bleibt stehen.

■ Wenn man sich auf etwas bezieht, das nicht gegenständlich ist oder das ausdrückt, was man denkt oder fühlt, spricht man von einem **Abstraktum** (Plural: Abstrakta).

Beispiele: Freundschaft, Glück, Angst, Liebe, Schicksal

Genus ***(grammatisches Geschlecht, Plural: Genera, lat.: Geschlecht)***
Jedes Nomen hat ein grammatisches Geschlecht: **Femininum** (weiblich), **Maskulinum** (männlich), **Neutrum** (sächlich). Das Genus erkennt man am bestimmten **Artikel** (Geschlechtswort oder Begleiter), der vor jedem Nomen stehen kann (**der** Computer, **das** Fahrrad, **die** Aufgabe).
Bei manchen Nomen kann man das Geschlecht auch an der **Endung** erkennen.

Beispiele: **der** Lehr*ling*, **der** Lehr*er*
die Bäcker*ei*, **die** Hoff*nung*, **die** Freund*schaft*, **die** Freundlich*keit*
das Pferd*chen*, **das** Zeug*nis*

Grammatisches und natürliches Geschlecht müssen nicht übereinstimmen.
Beispiele für Übereinstimmung: der Mann, die Frau, der Stier, die Kuh
Beispiel für Nichtübereinstimmung: das Mädchen

Bei bestimmten gleichlautenden Nomen ändert sich mit dem Genus auch die Wortbedeutung.

Beispiele: **der** Tau (Niederschlag) – **das** Tau (dickes Seil)
die Steuer (Abgabe) – **das** Steuer (Lenkrad)
der Band (Buch) – **das** Band (zum Binden)
der Bauer (Landwirt) – **das/der** Bauer (Vogelkäfig)

Kasus ***(Fall, Plural: Kasus, lat.: Fall)***
Es gibt in der deutschen Sprache vier Fälle. Mithilfe der Kasus kann das Nomen im Satz unterschiedliche Aufgaben übernehmen.

Beispiel: Die Schülerin der Klasse 6 a schenkt dem Freund das Buch.

die Schülerin	–	**Nominativ**	(1. Fall)	wer oder was?
der Klasse	–	**Genitiv**	(2. Fall)	wessen?
dem Freund	–	**Dativ**	(3. Fall)	wem?
das Buch	–	**Akkusativ**	(4. Fall)	wen oder was?

Numerus ***(Zahl, Plural: Numeri, lat.: die Zahl)***
Nomen können in der **Einzahl (Singular)** oder in der **Mehrzahl (Plural)** verwendet werden.

Beispiele: das Mädchen – die Mädchen, ein Junge – viele Jungen

Einige Nomen können nur im Singular stehen.
Beispiele: der Schnee, das Vieh, der Regen

Andere Nomen gibt es nur im Plural.
Beispiele: die Geschwister, die Kosten, die Ferien, die Eltern, die Leute

Deklination *(Beugung)*

Nomen können je nach Kasus oder Numerus ihre Form verändern. Man sagt dann, dass sie dekliniert (gebeugt) werden. Gehört zum Nomen ein Artikel (→ S. 48), werden beide zusammen dekliniert.

Numerus	Kasus *(Fall)*	Genus *(grammatisches Geschlecht)* *Maskulinum*	*Femininum*	*Neutrum*
Singular (Einzahl)	1. Fall: Nominativ (wer? was?)	der Mann	die Frau	das Kind
	2. Fall: Genitiv (wessen?)	des Mannes	der Frau	des Kindes
	3. Fall: Dativ (wem?)	dem Mann	der Frau	dem Kind
	4. Fall: Akkusativ (wen? was?)	den Mann	die Frau	das Kind
Plural (Mehrzahl)	1. Fall: Nominativ (wer? was?)	die Männer	die Frauen	die Kinder
	2. Fall: Genitiv (wessen?)	der Männer	der Frauen	der Kinder
	3. Fall: Dativ (wem?)	den Männern	den Frauen	den Kindern
	4. Fall: Akkusativ (wen? was?)	die Männer	die Frauen	die Kinder

MERKE Auch Wörter anderer Wortarten können im Satz zu Nomen werden und sind dann großzuschreiben. Diese Umwandlung in ein Nomen (Substantiv) nennt man **Nominalisierung** oder **Substantivierung.**

Beispiele: Er kann gut laufen. *(Verb im Infinitiv)* → Das Laufen macht ihm Spaß. *(Nomen)*
Der kleine Baum wächst schön. *(Adjektiv)* → Der Kleine hat viel Kraft. *(Nomen)*

■ Ob ein Wort einer anderen Wortart als Nomen (Substantiv) gebraucht wird, kann man oft am **Begleiter** erkennen. Dieser Begleiter kann sein:

- ein **Artikel** (oft ist der Artikel angegeben, wenn nicht, könnte man ihn vor das nominalisierte Wort setzen): Hier ist (**das**) Laufen nicht erlaubt. **Das** Wenn und Aber … **Das** Mein und Dein …
- ein **Pronomen**: **Sein** Klagen war unbegründet.
- ein **Adjektiv**: Manchmal ist **schnelles** Schreiben notwendig.
- eine **Präposition**, die den Artikel enthält (z. B. zu + dem = zum): Sie ging **zum** Spielen. Sie war **beim** Arbeiten.
- Wörter wie *wenig, alles, viel, etwas, nichts, allerlei …:* Er erfuhr **viel** Neues.

Der Artikel *(Begleiter/Geschlechtswort)*

■ Der Artikel begleitet das Nomen, zeigt dessen grammatisches Geschlecht an (daher die Bezeichnung Geschlechtswort) und wird mit dem Nomen zusammen dekliniert (gebeugt, → S. 45 – 47).

■ Man unterscheidet

- den **bestimmten Artikel**: **der** Hund, **die** Katze, **das** Pferd, Plural: **die** Pferde;
- den **unbestimmten Artikel**: **ein** Hund, **eine** Katze, **ein** Pferd.

Im Plural gibt es keinen unbestimmten Artikel. Das Nomen wird entweder ohne Artikel verwendet oder man behilft sich mit Pronomen (Fürwörtern, → S. 49 – 52) wie *viele, manche, einige.*

Benutzt man den bestimmten Artikel, ist das Nomen dadurch als bekannt gekennzeichnet.

Wenn man den unbestimmten Artikel verwendet, kennzeichnet man das Nomen als noch nicht bekannt oder als im Text noch nicht genannt.

Beispiel: Ein Löwe lag schlafend in einer Höhle und **eine** Maus lief munter auf seinem Kopf herum. *(Es handelt sich um einen beliebigen, noch nicht näher bestimmten Löwen.)* Da wachte **der** Löwe plötzlich auf. *(Im zweiten Satz ist klar, um welchen Löwen es sich handelt, nämlich um den, der von einer Maus gestört wurde.)*

■ Der Artikel kann mit einer Präposition (→ S. 55 f.) verschmolzen sein.

Beispiel: Er setzte sich ans Fenster. (ans = an + **das**)

Weitere Beispiele: *aufs, beim, im, ins, fürs, vorm, zum, zur*

> **MERKE** Zusammenziehungen aus Präposition und dem Artikel *das* – *ans, aufs, ins, fürs* – werden **ohne Apostroph** geschrieben.

Das Pronomen *(Fürwort)*

- Ein Pronomen (lat.: für das Nomen) kann im Satz für ein Nomen stehen.

Beispiel: Karin füttert den Hund.
Sie füttert **ihn.**

- Viele Pronomen können auch, wie der Artikel, das Nomen begleiten.

Beispiel: Dieser Hund gehört Carina. Es ist **ihr** Hund.

Es gibt mehrere Arten von Pronomen, die jeweils unterschiedliche Funktionen haben.

- **Personalpronomen** ***(persönliches Fürwort)***

Steht für
- Sprecher/Sprecherin: 1. Person Singular oder Plural
- Angesprochene/-n: 2. Person Singular oder Plural oder Höflichkeitsanrede
- das, worüber gesprochen wird: 3. Person Singular oder Plural

Deklination des Personalpronomens

	1. Fall Nominativ	2. Fall Genitiv	3. Fall Dativ	4. Fall Akkusativ
Singular (Einzahl)				
1. Person	ich	meiner	mir	mich
2. Pers.	du	deiner	dir	dich
3. Pers. Mask. (männlich)	er	seiner	ihm	ihn
3. Pers. Fem. (weiblich)	sie	ihrer	ihr	sie
3. Pers. Neutrum (sächlich)	es	seiner	ihm	es
Plural (Mehrzahl)				
1. Pers.	wir	unser	uns	uns
2. Pers.	ihr	euer	euch	euch
3. Pers.	sie	ihrer	ihnen	sie
Höflichkeitsformen	Sie	Ihrer	Ihnen	Sie

MERKE Die Höflichkeitsformen wie *Sie, Ihnen, Ihrer* werden immer wie auch die dazugehörigen Possessivpronomen großgeschrieben.
Beispiele: Ich wünsche Ihnen für Ihren Urlaub noch gute Erholung. Grüßen Sie auch Ihren Mann und Ihren Sohn von mir. Tschüss! Ihre Tina Carsten

Demonstrativpronomen *(hinweisendes Fürwort)*

Das Demonstrativpronomen weist auf etwas hin bzw. hebt etwas ganz besonders heraus.

Beispiel: „Ich hätte gerne **diese** Teekanne, bitte."

Ein Demonstrativpronomen bezieht sich immer auf eine bestimmte Gesprächssituation. Man kann es eigentlich nur verstehen, wenn man dabei ist bzw. wenn man als Leser oder Zuhörer über den Zusammenhang informiert ist.

Es gibt die Demonstrativpronomen *der, die, das; die* (Plural), wenn sie – im Gegensatz zum bestimmten Artikel – **betont gesprochen** werden.

Beispiel: **Der** gefällt mir.

Ferner:
dieser, diese, dieses; diese
jener, jene, jenes; jene
derjenige, diejenige, dasjenige; diejenigen
derselbe, dieselbe, dasselbe; dieselben
selbst, selber
solcher, solche, solches; solche

Die Demonstrativpronomen werden nach dem Muster des bestimmten Artikels dekliniert (→ S. 47).

Possessivpronomen *(besitzanzeigendes Fürwort)*

Das Possessivpronomen zeigt den Besitzer oder die Zugehörigkeit einer Sache oder Person an.

Beispiele: **mein** Fahrrad – **deine** Uhr – **unsere** Großmutter
Höflichkeitsform: **Ihr** Lippenstift – **Ihre** Krawatte

Die Possessivpronomen werden wie Adjektive (→ S. 53 f.) zur näheren Kennzeichnung von Nomen (Substantiven) gebraucht. Sie werden wie Adjektive dekliniert; sie richten sich also in Genus (Geschlecht), Numerus (Zahl) und Kasus (Fall) nach dem folgenden Nomen.

	männlich Singular	weiblich Singular	sächlich Singular
1. Fall / Nominativ	mein (Stuhl)	meine (Gabel)	mein (Kind)
2. Fall / Genitiv	meines (Stuhls)	meiner (Gabel)	meines (Kindes)
3. Fall / Dativ	meinem (Stuhl)	meiner (Gabel)	meinem (Kind)
4. Fall / Akkusativ	meinen (Stuhl)	meine (Gabel)	mein (Kind)
	männlich Plural	**weiblich Plural**	**sächlich Plural**
1. Fall / Nominativ	meine (Stühle)	meine (Gabeln)	mein (Kind)
2. Fall / Genitiv	meiner (Stühle)	meiner (Gabeln)	meines (Kindes)
3. Fall / Dativ	meinen (Stühlen)	meinen (Gabeln)	meinem (Kind)
4. Fall / Akkusativ	meine (Stühle)	meine (Gabeln)	mein (Kind)

■ **Reflexivpronomen *(rückbezügliches Fürwort)***

Reflexive (rückbezügliche) Verben treten in Verbindung mit einem **Reflexivpronomen** auf.

Beispiel für ein reflexives Verb:

1. Person Singular	ich bedanke **mich**
2. Person Singular	du bedankst **dich**
3. Person Singular	er/sie/es bedankt **sich**
1. Person Plural	wir bedanken **uns**
2. Person Plural	ihr bedankt **euch**
3. Person Plural	sie bedanken **sich**

■ **Relativpronomen *(bezügliches Fürwort)***

Das Relativpronomen dient dazu, Gliedsätze (Nebensätze) an ein Nomen (Substantiv) oder an ein Pronomen anzuschließen. Diese Gliedsätze heißen **Relativsätze** (Bezugssätze).

Es gibt die Relativpronomen *der, die, das; die* (Plural). Auch *welcher, welche, welches* können als Relativpronomen gebraucht werden. Sie werden oft verwendet, wenn ein gleichlautender Artikel folgt.

Beispiel: Die Blumen, { **die** / **welche** } die Freundin bekam, waren wunderschön.

MERKE Das Relativpronomen bezieht sich auf das nächstmögliche vorhergehende Nomen. Hier werden häufig Fehler gemacht, die es einem Leser schwer machen, den Sinn zu verstehen.

Beispiel: Sie stellte die frischen Blumen in die Vase, die er ihr mitgebracht hatte.

Was hat er mitgebracht: die Blumen oder die Vase oder beides? Im Satz steht, genau genommen, dass er die Vase mitgebracht hatte. Richtig müsste es heißen:

Sie stellte die frischen Blumen, die er mitgebracht hatte, in die Vase.

FEHLERQUELLE

Gelegentlich lässt sich das Relativpronomen schlecht von der Konjunktion *dass* unterscheiden.

Beispiel: Es war ein Geheimnis, das er verraten hatte. (Relativpronomen)

Er gestand ihr, *dass* er sie liebte. (Konjunktion)

Indefinitpronomen *(unbestimmtes Fürwort)*

Sie geben eine unbestimmte Menge, Anzahl, Größe usw. an, aber in einem vorgegebenen Rahmen; sie beziehen sich also auf eine Größenordnung. Indefinitpronomen sind: *alle, viele, wenige, jemand, jeder, jedermann, einer, irgendeiner, irgendwer, irgendwelche, manche, ein paar, einige, etliche, mehrere, sämtliche, niemand, nichts.*

Die Indefinitpronomen werden dekliniert wie das Nomen, auf das sie sich beziehen.

Beispiel:	Nominativ	jemand
	Genitiv	jemandes (ungebräuchlich)
	Dativ	jemand/jemandem
	Akkusativ	jemand/jemanden

MERKE Die Indefinitpronomen *man, nichts* und *etwas* lassen sich **nicht** deklinieren.

Übungen

1 Welche grammatischen Geschlechter gibt es und woran kann man sie beim Nomen (Substantiv) manchmal erkennen?

2 Dekliniere: der Baum – die Höhle – das Haus

3 Was versteht man unter einem Demonstrativpronomen, was unter einem Possessivpronomen?

4 Jedem Personalpronomen entspricht ein Possessivpronomen. Setze die folgende Liste fort: ich – mein/meine, du – dein/deine, er – …

1.3 Das Adjektiv *(Eigenschaftswort)*

■ Das Adjektiv (lat.: das Beigefügte) gibt Eigenschaften und Merkmale von Lebewesen, Dingen, Tätigkeiten, Vorgängen und Zuständen an. Die Eigenschaften werden mit „wie?" erfragt. Das Adjektiv tritt im Satz in verschiedener Weise auf.

■ **Attributiver Gebrauch eines Adjektivs**

Es kennzeichnet im Satz (als Attribut/Beifügung, ➜ S. 68 f.) ein Nomen genauer und wird mit diesem zusammen dekliniert.

Beispiele: Ein **fremd<u>er</u>** Junge steht vor der Tür.
Peter ist begeistert von der Optik des **neu<u>en</u>** Fahrrads.

■ **Adverbialer Gebrauch eines Adjektivs**

Es kennzeichnet im Satz das Verb (als Satzglied Prädikat, ➜ S. 64 f.). Es kann mit „wie?" erfragt werden. Dabei wird es nicht flektiert.

Beispiele: Das Fahrrad im Schaufenster sieht **fantastisch** aus.
Der Baum wuchs **majestätisch** in die Höhe.

■ **Prädikativer Gebrauch eines Adjektivs**

Es ist Teil des Prädikats und bezieht sich auf ein Nomen. Es wird nicht flektiert.

Beispiel: Der Junge, der vor der Tür steht, ist **fremd**.

Vergleich und Steigerung *(Komparation)*

Da es viele Eigenschaften in unterschiedlichen Graden gibt, können die meisten Adjektive **Vergleichsformen** bilden und **gesteigert** werden. Auch hier wird zwischen prädikativem, adverbialem und attributivem Gebrauch unterschieden.

Positiv (Grundstufe)	Sven ist ziemlich **groß**. *(prädikativ gebrauchtes Adjektiv)* Da steht der **große** Sven. *(attributiv gebrauchtes Adjektiv)* Sven läuft **schnell**. *(adverbial gebrauchtes Adjektiv)*
Komparativ (Vergleichsstufe)	Pia ist **größer** als Sven. *(prädikativ gebrauchtes Adjektiv)* Pia ist eine **größere** Schülerin als Anna. *(attributiv gebrauchtes Adjektiv)* Pia läuft **schneller** als Anna. *(adverbial gebrauchtes Adjektiv)*
Superlativ (Höchststufe)	Lara ist am **größten**. *(prädikativ gebrauchtes Adjektiv)* Lara ist die **größte** Schülerin der Klasse. *(attributiv gebrauchtes Adjektiv)* Lara läuft am **schnellsten**. *(adverbial gebrauchtes Adjektiv)*

FEHLERQUELLE

Beim Vergleichen von Eigenschaften steht bei der Grundstufe „wie" und bei der Vergleichsstufe „als".

Beispiel: Sven ist genauso groß wie Anna.
Anna ist größer als Pauline.

Eine Reihe von Adjektiven wird unregelmäßig gesteigert.

Beispiele:

gut, besser, am besten — viel, mehr, am meisten
hoch, höher, am höchsten — nah, näher, am nächsten

Einige Adjektive lassen sich nicht steigern, weil sie bereits ein absolutes Urteil oder eine Höchststufe ausdrücken.

Beispiele: rund, tot, weiß, schwarz, absolut, ausgezeichnet, einzig

FEHLERQUELLE

Es gibt also keine „einzigste", sondern nur die **einzige** Ausnahme.

1.4 Partikeln *(nicht flektierbare Wörter)*

■ Die Wortarten **Präposition** (Verhältniswort), **Konjunktion** (Bindewort), **Adverb** (Umstandswort) und **Interjektion** (Ausrufe- und Empfindungswort) zählen zu den Partikeln (lat.: kleine Teilchen). Sie werden im Satz nicht flektiert (gebeugt).

■ Als Fügewörter sind diese Wörter in Sätzen und Texten unbedingt notwendig.

1.5 Die Präposition *(Verhältniswort)*

■ Präpositionen (von lat.: praeponere = voranstellen) fügen Satzglieder in den Satz ein. Sie können vor einem Nomen (Substantiv), einem Pronomen oder auch vor einem Adverb oder Adjektiv stehen.

■ Im Satz geben die Präpositionen **Beziehungsverhältnisse** an.
Beispiele: Sie steht **mit** ihrer Freundin auf dem Schulhof. → *Umstand, Art und Weise*
Sie läuft jeden Tag **zwischen** fünf und sechs eine kleine Runde. → *Zeit*
Das Flugzeug landet **wegen** des Nebels später. → *Grund*

■ **Präposition und Kasus**
Die meisten Präpositionen fordern im Satz einen bestimmten **Kasus (Fall)** (→ Kasus beim Nomen, S. 46).
- **Genitiv:** *infolge, jenseits, während*
- **Dativ:** *außer, bei, mit, nach, seit, zu*
- **Genitiv** oder **Dativ:** *trotz, wegen*
- **Akkusativ:** *durch, für, gegen, ohne, um, wider*
- **Dativ** oder **Akkusativ:** *an, auf, hinter, in, neben, über, unter, vor, zwischen*

TIPP Mithilfe von Fragen kann man herausfinden, welche der möglichen Präpositionen den Dativ und welche den Akkusativ fordert.
Auf die Frage **Wo?** folgt der Dativ.
Beispiel: Sie sitzt an dem braunen Pult.
Frage: Wo sitzt sie? Antwort: An dem braunen Pult.
Auf die Frage **Wohin?** folgt der Akkusativ.
Beispiel: Sie geht an das braune Pult.
Frage: Wohin geht sie? Antwort: An das braune Pult.

Präposition und Verb

Manche Präpositionen gehören fest zu bestimmten Verben.

Beispiel: Wir **hoffen auf** besseres Wetter.

Diese Präpositionen zeigen jedoch keine besonderen Bedeutungsverhältnisse wie Zeit, Raum oder Ort auf. Sie fügen ein Satzglied als notwendiges, vom Verb gefordertes **(präpositionales) Satzglied** in den Satz ein (präpositionales Objekt → S. 66).

Beispiele: *achten* **auf**, *sich erinnern* **an**, *bangen* **um**, *sich kümmern* **um**, *warten* **auf**, *beglückwünschen* **zu**, *bitten* **um**, *danken* **für**, *hindern* **an**, *sich brüsten* **mit**, *sich eignen* **zu**

Präposition und Artikel

Im Satz verschmelzen manchmal Präposition und Artikel zu einem Wort.

Beispiele: **bei** dem Spiel – **beim** Spiel, **an** das Arbeiten – **ans** Arbeiten

MERKE Die Verschmelzungen zwischen Präposition und dem Artikel ***das*** werden ohne Apostroph geschrieben.

Präposition und Konjunktion

Als, während, bis können sowohl als Präpositionen wie auch als Konjunktionen (→ S. 57 f.) verwendet werden.

Beispiele:

Präposition	Konjunktion
Er wartete **bis** zu ihrer Ankunft.	Er wartete so lange, **bis** sie endlich kam.
Während seiner Abwesenheit wurde bei ihm eingebrochen.	**Während** er außer Haus war, wurde bei ihm eingebrochen.

1.6 Die Konjunktion *(Bindewort)*

■ Die Bezeichnung Bindewort verweist auf die Aufgabe dieser Wortart im Satz. Mit Konjunktionen (lat.: coniungere = verbinden) kann man Wörter, Satzglieder und Sätze verbinden.

Nebenordnende Konjunktionen

■ Diese verbinden **gleichrangige** Wörter, Wortgruppen und Sätze miteinander.

Beispiel für die Verbindung gleichrangiger Wörter: Larissa **und** Tina sind gute Freundinnen.

Beispiel für die Verbindung gleichrangiger Wortgruppen: Sie sprechen über die erste Tanzstunde, die letzte Klassenarbeit **sowie** über allerlei Heimlichkeiten.

Beispiel für die Verbindung gleichrangiger Sätze: Sie kann zwar nicht gut zeichnen, **aber** dafür kann sie gut singen.

■ Mit Konjunktionen kann man Folgendes zum Ausdruck bringen:

▸ **Verbindung, Reihung** (kopulativ): *und, sowie, sowohl … als auch, das heißt, weder … noch*

Beispiel: Als Kind hat er **sowohl** die Masern **als auch** die Windpocken durchgemacht.

▸ **Grund, Ursache** (kausal): *denn, daher, darum, deshalb, also*

Beispiel: Es könnte wirklich sein, dass es gleich regnet, **deshalb** haben wir es so eilig.

▸ **mehrere Möglichkeiten** (alternativ): *oder, entweder … oder, beziehungsweise*

Beispiel: **Entweder** wir bekommen noch Karten für das Festival **oder** wir müssen uns die Übertragung im Radio anhören.

▸ **Entgegensetzung** (adversativ): *aber, trotzdem, sondern, doch, dennoch*

Beispiel: Wir haben nicht Erdkunde, **sondern** Geschichte.

▸ **Begleitumstände** (modal): *und, als, je … desto, insofern*

Beispiel: Mein kleiner Bruder kennt sich in Sachen Fußball viel besser aus **als** ich.

Unterordnende Konjunktionen

■ Diese Konjunktionen fügen **Gliedsätze** (Nebensätze) in den übergeordneten **Hauptsatz** (Trägersatz) ein. Sie verbinden beide Sätze zu einem **Satzgefüge**.

Beispiel:

Mia ist ärgerlich, **weil** manche nicht zu ihrer Fete gekommen sind.

Hauptsatz (Mia ist ärgerlich,) — *Gliedsatz* (weil manche nicht zu ihrer Fete gekommen sind.)

■ Gliedsätze, die durch eine unterordnende Konjunktion eingeleitet werden, heißen **konjunktionale Gliedsätze**.

> **MERKE** Hauptsatz und Gliedsatz werden immer durch ein **Komma** getrennt.

■ Folgende **Bedeutungen** lassen sich mit unterordnenden Konjunktionen zum Ausdruck bringen:

- **Grund** (kausal): *da, weil*
- **Zeit** (temporal): *nachdem, als, bevor*
- **Absicht, Zweck** (final): *damit, dass, auf dass*
- **Bedingung** (konditional): *sofern, je nachdem, ob, wenn, falls*
- **Folge** (konsekutiv): *sodass, so … dass, dass*
- **Gegensatz/Einschränkung** (konzessiv): *obgleich, obwohl, anstatt dass*

1.7 Das Adverb *(Umstandswort)*

■ Das Adverb (lat.: zum Verb gehörig) gehört zu den nicht flektierbaren Wortarten (➜ S. 40) und bestimmt die **näheren Umstände** eines Geschehens. Dies drückt die deutsche Bezeichnung Umstandswort aus.

Beispiele: *heute, gestern, kaum, sehr*

Frageadverbien: wann? wie? wo?

■ Diese **Bedeutungen** kann man mit dem Adverb zum Ausdruck bringen:
- **Ort und Richtung (Lokaladverb):** *hier, dort, dorthin, draußen, hierher*
- **Zeit (Temporaladverb):** *heute, jetzt, bald, neulich, zunächst, dann*
- **Grund (Kausaladverb):** *darum, daher, deshalb*
- **Art und Weise (Modaladverb):** *sehr, gern, ziemlich, so, möglicherweise*

Übung

■ **Adverbien können aus Wörtern anderer Wortarten gebildet werden:**
zum Beispiel *nachmittags* aus dem Nomen (Substantiv) *Nachmittag.*
Bilde mit den Endungen *-s, -weise* und *-(t)lich* Adverbien aus folgenden Verben, Adjektiven und Nomen: *hoffen, wissen, möglich, glücklich, Stück, Scharen, Abend, Samstag, Morgen, Versehen.*

1.8 Adverb oder Adjektiv?

■ Adverb und Adjektiv können leicht verwechselt werden.
Adverb: Er verabredet sich **heute** mit Anna.
Adjektiv: Er verabredet sich am **heutigen** Tag mit Anna.

■ Im Gegensatz zum Adjektiv kann das Adverb nicht flektiert und in der Regel nicht gesteigert werden. Im Satz haben Adjektiv und Adverb manchmal gleiche Aufgaben, zum Beispiel in der Rolle eines Adverbials der Art und Weise (Adverbial, adverbiale Bestimmung, → S. 67).
Adverb: Sie liest gern.
Adjektiv: Sie liest **lange**.
Diesen Gebrauch bezeichnet man als **Adjektivadverb**; das Adjektiv wird adverbial verwendet. Adjektivadverbien werden nicht dekliniert.

FEHLERQUELLE
Adverb ist die Bezeichnung für eine Wortart; sie ist nicht zu verwechseln mit dem Begriff Adverbial (adverbiale Bestimmung/Umstandsbestimmung). Dieser Begriff bezeichnet ein Satzglied und seine Aufgabe im Satz (→ S. 63).

1.9 Die Interjektion *(Ausrufe- und Empfindungswort)*

■ Interjektionen (lat.: das Dazwischengeworfene) sind nicht flektierbar. Sie werden häufig in Gesprächen gebraucht und bilden dann, vor allem in gesprochenen Texten, einen Kurzsatz (eine Satzellipse) oder sie werden einem Satz vorangestellt. Sie drücken unterschiedliche Empfindungen aus.

Beispiele: **Aua!**
Ach, wäre ich doch jetzt bei dir!
Brrr! Bäh!
Ssst, seid doch mal still!

1.10 Das Numerale *(Zahlwort)*

■ Als Numerale werden alle Wörter bezeichnet, die eine **bestimmte** oder **unbestimmte Zahl** oder **Menge** angeben.

■ Als **Begleiter des Nomens** wird das Numerale auch **Zahladjektiv** genannt.

Beispiele: **viele** Leute, die **zwei** Mädchen

■ Als Vertreter eines Nomens wird es auch **Numeralpronomen** bzw. **Indefinitpronomen** genannt. (Indefinitpronomen → S. 52)

Beispiele: **Einer** wird gewinnen. **Wenige** kamen durch.

■ Es gibt verschiedene **Arten von Numeralien**. Man unterscheidet zum Beispiel folgende:

- **Kardinalzahlen** (Grundzahlen): *eins, zwei, drei*
- **Ordinalzahlen** (Ordnungszahlen): *erste, zweite*
- **Bruchzahlen:** *ein viertel Liter*
- **Vervielfältigungs- und Wiederholungszahlwörter:** *einfach, zweimal*
- **unbestimmte Zahlwörter:** *einige, mehrere, manche*

2 Satz und Satzglieder

2.1 Satzarten

■ Mit Sätzen kann man unterschiedliche Absichten verfolgen. Es gibt die drei Satzarten Aussagesatz, Fragesatz und Aufforderungssatz: etwas aussagen, jemanden nach etwas fragen, jemanden zu etwas auffordern. Zusätzlich kann man mit Sätzen weitere Absichten ausdrücken: etwas beurteilen, etwas beschreiben, über etwas berichten, etwas erklären, jemanden um etwas bitten, jemandem antworten, seine Gefühle zum Ausdruck bringen.

Aussagesatz

■ Mit einem Aussagesatz kann man etwas aussagen, mitteilen, feststellen.
Beispiel: Kati kommt heute zur Fete.

■ Der Aussagesatz schließt mit einem **Punkt** ab. Das finite (gebeugte/konjugierte) Verb steht im Aussagesatz immer an **zweiter** Stelle der Satzglieder (→ S. 63). Bei zusammengesetzten Verben oder Verbformen steht ein Teil des Prädikats **am Schluss**.

Beispiele:

Kati **kommt** heute Abend am Hauptbahnhof **an.**

Kati **wird** heute **kommen.**

Die beiden Teile des Verbs bilden zusammen die **Verbklammer**.

Fragesatz

■ Mit einem Fragesatz kann man eine Frage formulieren. Er schließt mit einem Fragezeichen ab. Man unterscheidet:

■ **Entscheidungsfrage**
Beispiel: Kommst du mit?
Am Anfang steht meist die **konjugierte** Verbform. Es ist aber auch eine Umstellung der Satzglieder möglich: Du kommst heute nicht mit?
Antwort auf die Entscheidungsfrage: Ja/Nein/Vielleicht.

■ **Ergänzungsfrage oder W-Frage**

Beispiel: **Wann** kommst du heute Abend?

Am Anfang des Satzes steht ein **Fragewort**. Die Antwort richtet sich nach dem Inhalt der Frage.

Aufforderungssatz

■ Die konjugierte Verbform steht in der Imperativform (Befehlsform) **am Anfang**. Der Satz schließt mit einem **Ausrufezeichen**.

Beispiele: Komm doch bitte mal her!
Gebt mir mal die Hefte rüber!

Neben dem Aufforderungssatz gibt es noch andere Möglichkeiten, Aufforderungen zu formulieren (indirekte Aufforderungen ➜ S. 62 unten).

Ausrufesatz und Wunschsatz

■ Auch diese Satzarten schließen mit einem **Ausrufezeichen**.

Beispiele: Wenn ich doch Skat spielen könnte!
Das ist ein tolles Buch!
Ist das nicht ein tolles Spiel!
Was für ein spannender Film das war!

Im Ausrufesatz kann das Verb je nach Betonung an verschiedenen Stellen des Satzes stehen. Er kann daher nur vom Inhalt her als eigene Satzart erkannt werden.

Indirekte Aufforderungen

■ Nicht immer stimmt die **Redeabsicht** (aussagen, fragen, auffordern) mit der jeweiligen Satzart überein. Auch mit einem Fragesatz kann man in einer bestimmten Situation jemanden auffordern.

Beispiele: Hältst du vielleicht mal deinen Mund!
Würdet ihr jetzt wohl die Tafel putzen!

Man spricht in diesem Zusammenhang auch von indirekten Aufforderungen.

■ Die direkten Aufforderungen dagegen kann man in der Regel an der Imperativform (Befehlsform) des Verbs erkennen.

Beispiel: **Putz** bitte mal die Tafel!

2.2 Satzglieder ermitteln

■ Ein grammatisch korrekter Satz ist in bestimmter Weise aufgebaut. So sind die Satzglieder **Subjekt** und **Prädikat** die Grundbestandteile aller Sätze. In einem grammatisch vollständigen Satz müssen mindestens Subjekt und Prädikat vorkommen.
Nicht die Wörter sind also die Bausteine eines Satzes, sondern die Satzglieder.

■ Welche Wörter zu einem Satzglied gehören, lässt sich durch die **Umstellprobe** oder **Verschiebeprobe** feststellen. Die Wörter, die bei der Umstellprobe zusammenbleiben, gehören zu einem Satzglied.

Beispiel: Die beiden Mädchen backen leckere Waffeln.
Leckere Waffeln backen die beiden Mädchen.
Backen die beiden Mädchen leckere Waffeln?

Im Aussagesatz steht die konjugierte Verbform immer an zweiter Stelle. Die anderen Satzglieder „drehen sich“ um das Verb. Es bestimmt daher den Aufbau des Satzes.
Mithilfe der Umstellprobe können Texte gut überarbeitet werden, da man ausprobiert, wie der Satzbau variiert werden kann.

■ Mit der **Abstreichprobe** kann ein Satz bis auf die notwendigen Satzglieder und Satzgliedteile gekürzt werden.

Beispiel: Der weltbekannte Lügenbaron Münchhausen erzählt den in seinem Salon versammelten Gästen an einem langen Winterabend unglaubliche Lügengeschichten aus aller Welt. → Münchhausen erzählt Lügengeschichten.

■ Mit der **Erweiterungsprobe** kann man kurze Sätze um weitere Satzglieder und Satzgliedteile erweitern.

Beispiel: Münchhausen berichtet von dem Ritt auf einer Kanonenkugel.
Der Baron von Münchhausen berichtet seinen staunenden Zuhörern von dem unglaublichen Ritt auf einer Kanonenkugel, der ihn in aller Welt bekannt gemacht hat.

Auch mithilfe der Abstreichprobe und der Erweiterungsprobe kann man seine eigenen Texte überarbeiten: Entweder kann, wenn notwendig, gerafft und Überflüssiges gestrichen werden oder man kann den Text durch zusätzliche Informationen anschaulicher und genauer machen.

2.3 Satzglieder

Subjekt *(Satzgegenstand)*

■ Das Satzglied Subjekt (lat.: das Zugrundeliegende) spielt im Satz eine wichtige Rolle. Es drückt aus, wer oder was im Satz etwas ist, etwas tut, etwas veranlasst. Es steht immer im **Nominativ (1. Fall)**. Man erfragt es mit „Wer oder was?“.

Beispiele: **Das Mädchen** besucht ein Konzert.
Frage: **Wer** besucht ein Konzert?
Antwort: Das Mädchen (besucht ein Konzert).
Das Buch liegt auf dem Tisch.
Frage: **Was** liegt auf dem Tisch?
Antwort: Das Buch (liegt auf dem Tisch).

Subjektsatz

■ Der Subjektsatz ist ein Gliedsatz (Nebensatz), und zwar ein *dass*-Satz, der an der Stelle eines Subjekts steht.

Beispiel: **Dass du mitkommst,** freut mich.
Wer/Was freut mich? → Dass du mitkommst …

■ Der Subjektsatz kann meist in ein Subjekt aufgelöst werden.

Beispiel: **Dein Mitkommen** freut mich.

Prädikat *(Satzaussage)*

■ Das Satzglied Prädikat (lat.: das Ausgerufene, die Aussage) besteht aus der Personalform (konjugierten Form) des Verbs. Es ist das wichtigste Satzglied im Satz. Im Aussagesatz steht es an zweiter Stelle des Satzes.

■ Das Prädikat ist der Teil des Satzes, der etwas über das **Subjekt** aussagt: was es ist, was es tut, was mit ihm geschieht.

Beispiel: Pauline liest heute ein schönes Buch.
Frage: **Was tut** Pauline heute?
Antwort: (Sie) liest (ein schönes Buch).

■ Das Prädikat muss in Person und Numerus mit dem Subjekt übereinstimmen.

Beispiel: **Die Schülerin** bereite**t** den Wandertag vor. **Viele Schüler** bereit**en** den Wandertag vor.

■ Man unterscheidet das einfache (einteilige) Prädikat und das zusammengesetzte (mehrteilige) Prädikat (Verbklammer → S. 61).

Beispiele: Sven **erwartet** seine Freundin Franzi.
Die Klasse 6 a **hat** gestern eine Party **gefeiert**.

Objekt *(Ergänzung)*

■ Objekte sind notwendige, vom Prädikat geforderte Satzglieder. Die meisten Sätze sind erst vollständig, wenn sie außer dem Subjekt und dem Prädikat zusätzlich ein Objekt haben.

Beispiele:
Wenzel hilft ?
Tanja übergibt ? ?
So sind diese Sätze sinnvoll:
Wenzel hilft **seiner Freundin.**
Tanja übergibt **ihrer Nachfolgerin das Klassenbuch.**

■ **Fallbestimmte Objekte**
Die fallbestimmten Objekte hängen jeweils vom Verb ab. Die folgende Gliederung orientiert sich an der Häufigkeit des Vorkommens.
Akkusativobjekt (Hilfsfragen: Wen oder was?)
Beispiel: Lars besucht seine Freundin.
Frage: Wen besucht Lars?
Antwort: (Lars besucht) seine Freundin.
Dativobjekt (Hilfsfrage: Wem?)
Beispiel: Sie hilft ihrem kleinen Bruder.
Frage: Wem hilft sie?
Antwort: (Sie hilft) ihrem kleinen Bruder.
Genitivobjekt (Hilfsfrage: Wessen?)
Beispiel: Er bedarf seiner Hilfe.
Frage: Wessen bedarf er?
Antwort: (Er bedarf) seiner Hilfe.

■ **Objekt mit Präposition/präpositionales Objekt**
Verben wie *suchen (nach), sprechen (mit), warten (auf)* stehen jeweils in enger Verbindung mit einer Präposition (➜ S. 55 f.). Diese Verben erfordern Objekte, deren Kasus (Fall) von den Präpositionen bestimmt wird. Hilfsfragen sind zum Beispiel: *Wonach? Nach wem? Nach was? Worauf? Auf wen? Auf was?*

Beispiel: Ich suche nach meinem Bruder.
Frage: **Nach wem** suche ich?
Antwort: (Ich suche) nach meinem Bruder (= präpositionales Objekt im Dativ).

Objektsatz

■ Wie das Satzglied Subjekt kann auch das Satzglied Objekt ein ganzer Satz (Gliedsatz) sein. Ein solcher Gliedsatz, der im Gesamtsatz die Aufgabe des Objekts übernimmt, heißt Objektsatz.

Beispiele:

Objekt	Objektsatz
Akkusativobjekt: Timo weiß **die Neuigkeit.**	Timo weiß, **dass die letzte Stunde ausfällt.**
Präpositionales Objekt: Peter freut sich über **den Ball.**	Peter freut sich, **dass er den Ball bekommen hat.**

Übungen

1 Ermittle die Subjekte im folgenden Text.
Die Kinder begrüßen den Clown mit stürmischem Beifall. Das Podest ist für die Elefantennummer bestimmt. In der kurzen Pause wird eine riesige Reckstange aufgebaut. Das begeisterte Klatschen der Zuschauer belohnt die Darbietung eines jungen Artisten.

2 In welchen verschiedenen Formen gibt es das Objekt?

Angaben

■ Angaben sind Satzglieder oder Satzgliedteile, die im Satz grammatisch nicht notwendig sind. Sie können allerdings den Satz genauer machen.

■ Mit der Abstreichprobe (➔ S. 63) kann man herausbekommen, welche Angaben im Satz nicht unbedingt erforderlich sind.

Beispiel: Susanna, die Schülerin aus der Klasse 9 b, ähnelt außerordentlich ihrer jüngeren Schwester aus der Klasse 6 a.
→ Susanna ähnelt ihrer Schwester.
Die unterstrichenen Satzglieder und Satzgliedteile sind Angaben.

Adverbial / adverbiale Bestimmung *(Umstandsbestimmung)*

■ Das Adverbial (lat.: zum Verb hinzutretend) ist ein Satzglied, das die Umstände eines Geschehens näher bestimmt.

Beispiel: Miriam besucht **in den Ferien häufig** die Jugendbibliothek.

■ Folgendes kann man mit Adverbialen im Satz zum Ausdruck bringen.

▸ **Zeit und Zeitdauer** (Temporaladverbial, adverbiale Bestimmung der Zeit) Hilfsfragen: Wann? Wie lange? Wie oft?

Beispiele: Sie kommt **heute.** Sie bleibt **bis Anfang Januar. In dieser Zeit** werden wir sie **selten** sehen.

▸ **Ort und Richtung** (Lokaladverbial, adverbiale Bestimmung des Ortes) Hilfsfragen: Wo? Woher? Wohin?

Beispiele: Ich wohne **ganz oben.** Pia kommt **aus der Schule.** Am Nachmittag gehen wir **ins Eisstadion.**

▸ **Art und Weise** (Modaladverbial, adverbiale Bestimmung der Art und Weise) Hilfsfrage: Wie?

Beispiel: Sie singt **schön.**

▸ **Grund** (Kausaladverbial, adverbiale Bestimmung des Grundes) Hilfsfragen: Warum? Weshalb? Aus welchem Grund?

Beispiel: Toni kann **wegen einer Verletzung** nicht mitturnen.

▸ **Mittel** (Instrumentaladverbial, adverbiale Bestimmung des Mittels) Hilfsfragen: Womit? Wodurch?

Beispiel: Sie brachen den Kasten **mit einem Schraubenzieher** auf.

▸ **Zweck** (Finaladverbial, adverbiale Bestimmung des Zwecks)
Hilfragen: Wozu? Zu welchem Zweck?

Beispiel: **Zur Verbesserung der Atemluft** hatte die Geschäftsführung des Unternehmens verschiedene Maßnahmen vorgesehen.

▸ **Folge** (Konsekutivadverbial, adverbiale Bestimmung der Folge)
Hilfsfragen: Mit welcher Folge? Mit welcher Wirkung?

Beispiel: Wir erledigten alle Arbeiten **zu ihrer vollsten Zufriedenheit.**

■ Ein Adverbial kann, wie die nominalen Satzglieder Subjekt und Objekt, unterschiedlich gebaut sein; es kann ein **Wort** sein, eine **Wortgruppe** oder auch ein **ganzer Satz (Gliedsatz)**. Einen solchen Gliedsatz, der in aller Regel durch eine Konjunktion eingeleitet wird, nennt man daher auch **Adverbialsatz**.

■ Bei der Abfassung von Texten muss man sich manchmal überlegen, was besser passt: das Adverbial als **Wortgruppe** oder als **Gliedsatz.**

Beispiele:

Nach der Reparatur des Autos fuhren sie in Urlaub.	Nachdem das Auto repariert worden war, fuhren sie in Urlaub.
Bei Inanspruchnahme der Vergünstigungen wird die Reise billiger.	Wenn man die Vergünstigungen in Anspruch nimmt, wird die Reise billiger.
Wegen eines Staus vor dem Tauerntunnel muss mit Verkehrsbehinderungen gerechnet werden.	Weil sich vor dem Tauerntunnel ein Stau gebildet hat, muss mit Verkehrsbehinderungen gerechnet werden.

Attribut *(Beifügung)*

■ Attribute (lat.: das Beigefügte) sind nähere Angaben und Erweiterungen im Satz. Sie haben meistens die Aufgabe, ein Nomen (Substantiv) näher zu bestimmen.

■ Das Attribut ist kein eigenständiges Satzglied wie Subjekt, Prädikat, Objekt und Adverbial, sondern es ist **Teil eines Satzgliedes**.

■ Bei der Umstellprobe wird das Attribut zusammen mit seinem Bezugsnomen umgestellt.

Beispiel: Das **neue** Auto steht in der Garage. → In der Garage steht das **neue** Auto.

■ Das Attribut kann im Satz in unterschiedlicher Form auftreten. Die wichtigsten Möglichkeiten sind:

- **Adjektiv** oder **Partizip** als Attribut: *fröhliche* Kinder, *spielende* Kinder
- **Nomen im Genitiv** als Attribut: der Ball *des Jungen*
- **Apposition:** Vanessa, *meine Freundin,* …
- **Präposition und Nomen:** der Junge *mit den blonden Haaren*
- **Adverb:** das Haus *dort*
- **Relativsatz:** Frau Borgmeier, *die seit zwei Jahren unsere Deutschlehrerin ist,* …

Der Relativsatz als Attribut heißt entsprechend auch Attributsatz, er wird in aller Regel durch ein Relativpronomen eingeleitet (Relativsatz → S. 51).

Beispiele: In den folgenden Beispielen, die unterschiedliche Attribute enthalten, sind die Bezugsnomen jeweils unterstrichen und die zugehörigen Attribute sind fett gedruckt.

Obelix ist der **bärenstarke** <u>Freund</u> **von Asterix;** seine **geballte** <u>Kraft</u> fürchtet jedermann.

Oft erleben die beiden **gefährliche** <u>Abenteuer</u>.

Die <u>Vertreter</u> **des Dorfes** schiffen sich auf einer Galeere ein. <u>Muskulus</u>, **ein Athlet,** trainiert für die Olympischen Spiele. <u>Tullus</u>, **der zum Centurio aufgestiegen ist,** möchte den Römern zum Sieg verhelfen.

■ Mithilfe von Attributen kann man Sätze und Texte inhaltsreicher und anschaulicher machen.

Beispiel für einen Text ohne Attribute:

Asterix und Obelix sind Freunde. Sie leben in einem Dorf. Asterix ist ein Krieger. Obelix isst am liebsten Wildschweinbraten.

Beispiel für einen Text mit Attributen:

Asterix und Obelix sind gute Freunde. Sie leben in einem kleinen Dorf Galliens. Asterix ist ein lustiger kleiner Krieger. Obelix, ein Liebhaber von Hinkelsteinen, isst am liebsten schmackhaften Wildschweinbraten.

Übung

■ **Welche verschiedenen Formen von Attributen gibt es?**

TIPP Mithilfe der Erweiterungsprobe (→ S. 63) kannst du deine Texte bei der Überarbeitung genauer gestalten und unterschiedliche Attribute einbauen. Im folgenden Beispiel sind die zusätzlich eingebrachten Attribute fett gedruckt.

Beispiel: Das Leben in dem **kleinen gallischen** Dorf geht seinen **gewohnten** Gang. Obelix und sein Lehrling Idefix, **der umweltfreundliche Hund,** tragen Hinkelsteine aus. Asterix nimmt vor seiner Hütte ein **erquickendes** Sonnenbad.

Test

1 Bestimme die folgenden Verbformen, indem du die Person (1., 2., 3. Sg. oder Pl.) und das Tempus angibst.

du gehst
ich habe gegessen
sie werden teilnehmen
wir fuhren
ihr hattet geschrieben
er wird gearbeitet haben

Welche Wörter sind Vollverben, welche sind Hilfsverben?

2 Was kann man mit dem Präsens zum Ausdruck bringen? Wozu wird das Plusquamperfekt verwendet? Was wird durch das Futur II zum Ausdruck gebracht?
Gib zu jeder Verwendungsweise ein Beispiel.

3 Dekliniere:
der Kran – die Mauer – das Häuschen

4 Ein Substantiv erkennt man normalerweise am bestimmten Artikel. Welche weiteren Erkennungsmerkmale gibt es? Erkläre anhand der folgenden Beispiele:

- Durch hartes Arbeiten kam er zum Erfolg.
- Mein Auto gefällt mir gut.
- Solange wir am Arbeiten sind, haben wir keine Zeit.
- In meinem Zimmer steht viel Unbrauchbares.

5 Was versteht man unter einem Reflexivpronomen, was unter einem Relativpronomen?

6 Erkläre den attributiven und den adverbialen Gebrauch beim Adjektiv.

7 Suche aus den folgenden Wortgruppen die Präpositionen heraus:
das Tief über dem Atlantik – der Regen am gestrigen Tag – das Wetter in einigen Stunden – die Sturmflut bei Hamburg – das Gewitter vor einer Woche – das Schönwettergebiet hinter Berlin – die Vorhersage für morgen

Test

8 Konjunktionen verbinden Satzteile oder ganze Sätze miteinander. Welche beiden verschiedenen Arten gibt es?

9 Bestimme die Konjunktionen und was mit ihnen zum Ausdruck gebracht wird:

a Ich mag Sahnepudding, aber Sauerkraut schmeckt mir auch.
b Du hast pausenlos trainiert, darum hast du den Wettkampf gewonnen.
c Wir gehen schwimmen oder wir besuchen unsere Freunde.
d Als ich zu ihm kam, war er schon längst weg.
e Er war gegangen, weil er nicht allzu lange auf mich warten wollte.
f Unser Auto ist kaputt, sodass es in die Werkstatt muss.
g Wenn es repariert ist, können wir es wieder abholen.
h Obwohl das Auto ziemlich neu ist, war es schon drei Mal in der Werkstatt.

10 Hier passen die Adverbien nicht in den Textzusammenhang. Ersetze sie durch passende Adverbien aus der Liste unten. Manche kannst du mehrmals verwenden.

Nachdem Martina und Corinna ziemlich die Schlange an der Kasse überstanden haben, folgen sie morgen dem vorgeschlagenen Rundgang im Zoo. Unterdessen bleiben sie vor dem Riesenkäfig für die Raubvögel stehen. Oft setzen sie sich auf eine Bank am Flamingoteich. Corinna möchte darum die Vorstellung mit den Delfinen sehen. Sie fängt um 11.30 Uhr an. Erfreulicherweise müssen sie sich beeilen. Danach haben sie das Delfinarium im Zentrum des Zoogeländes erreicht. Corinna ist es eilends warm geworden. Draußen kauft sie sich nebenan schnell ein Eis. Heute besorgt Martina schon die Karten. Oben ist es auch schon kurz von 11.30 Uhr. Die beiden Mädchen sind zunächst gespannt auf die Vorführung. Sie gehen ins Delfinarium und finden morgen einen Platz.

Ort:	*oben*
Zeit:	*schließlich – dann – inzwischen – zunächst – endlich – jetzt*
Art und Weise:	*gern – ziemlich – außerordentlich*
Grund:	*deshalb*

Test

11 In den Sätzen fehlt jeweils das Satzglied Prädikat. Schreibe den Text ab und setze dabei jeweils ein passendes Prädikat ein. Bestimme diese gebeugte (= finite) Form des Verbs. Unterstreiche anschließend jedes Subjekt.

beginnen – begrüßen – eilen – holen – jonglieren – vorführen

Die Zirkusvorstellung ________ gerade. Der Zirkusdirektor ________ die Zuschauer. Eine Gruppe von Jongleuren ________ mit rasanter Schnelligkeit in die Manege. Sie ________ mit Ringen und Tellern schwierige Kunststücke ________ . Aus seinem Zylinder ________ der Zauberer am laufenden Band weiße Kaninchen und Tauben. Fünf kleine Mädchen aus China ________ im gleichen Rhythmus mit Tellern und Ringen.

12 Schreibe aus den folgenden Beispielen alle Objekte heraus und bestimme, um welche Art von Objekt es sich handelt.

a Der Dompteur hilft dem Clown.
b Pia bewundert den Zauberkünstler.
c Der Zauberer zeigt den Kindern einen Zaubertrick.
d Der Zirkusdirektor nimmt sich des kleinen Tigers an.
e Der Artist achtet auf den Absprung.
f Der Clown denkt immer nur an seinen Schabernack.

13 Im folgenden Text sind die adverbialen Bestimmungen unterstrichen. Schreibe sie heraus und kläre, um welche adverbiale Bestimmung es sich jeweils handelt.

Der Baron von Münchhausen hat <u>heute</u> mehrere Gäste eingeladen. Alle sind <u>gern</u> <u>in sein Schloss</u> gekommen, denn der Lügenbaron erzählt <u>auf unterhaltsame Weise</u> seine Jagdgeschichten. <u>Jetzt</u> haben sich alle <u>vor den Kamin</u> gesetzt. <u>Behaglich</u> lehnt sich der Baron zurück. Sein Diener zündet ihm <u>bedächtig</u> den Tabak in seiner langen holländischen Pfeife an. Münchhausen schlägt <u>langsam</u> ein Bein über das andere. <u>Einige Male</u> bläst er schöne blaue Ringe in die Luft. <u>Jetzt</u> beginnt der Baron mit seinen Lügengeschichten. Seine Zuhörer lauschen ihm <u>voller Spannung</u>. <u>Im Kaminzimmer</u> serviert der Diener den Gästen seines Herrn <u>anschließend</u> einen heißen Punsch.

1 Schreibung lang gesprochener Vokale (Dehnung)

■ Die Kürze oder die Länge eines Vokals wird im Schriftbild eines Wortes unterschiedlich markiert.

■ Der lange Vokal (Dehnung) ist manchmal durch ein **Dehnungs-h** (Kohle, Fehler) oder durch **Verdopplung des Vokals** (Zoo, Fee) markiert.

■ Oft **fehlt** auch ein **Dehnungszeichen** nach dem langen Vokal (unmarkierte Dehnung).

> **MERKE** Die **Endungen (Suffixe)** *-bar, -ur, -tum, -sam, -sal* werden ohne Dehnungs-h geschrieben, obwohl der Vokal lang gesprochen wird.

■ Der **i-Laut** kann als *i, ie, ieh* oder *ih* geschrieben werden. Hier muss man sich die richtige Schreibweise einprägen, da es keine Regel oder Ableitung gibt.

2 Konsonantenschreibung bei kurzen Vokalen (Schärfung)

■ Wenn ein Konsonant auf einen kurzen, betonten Vokal folgt, so wird er meist verdoppelt.
Beispiele: Halle, Mappe, Ritt, Futter

■ Folgen zwei verschiedene Konsonanten auf einen kurzen Vokal, werden sie meist nicht verdoppelt.
Beispiele: Bank, Wind, insgesamt, Hemd, fremd

- Die Buchstaben *z* und *k* werden nicht verdoppelt. Stattdessen stehen *tz* und *ck* fast immer nach dem betonten kurzen Vokal.

Beispiele: Katze, meckern, jucken, backen

> **MERKE** Ausnahmen gibt es in Fremdwörtern: *Pizza, Razzia.* Auch wenn ein kurzer, betonter Vokal vorangeht, gilt folgende Regel: Nach *l, m, n, r,* das merke ja, steht nie *tz* und nie *ck*!

3 Vokale, die ähnlich klingen

3.1 *ä* oder *e*

- Man schreibt Wörter mit *ä*, wenn sie auf einen Wortstamm mit *a* zurückgeführt werden können.

Beispiele: Fährte → fahren, Gärung → gar, täglich → Tag, Kähne → Kahn, quälen → Qual, älter → alt, kämmen → Kamm

> **MERKE** Es gibt einige Wörter mit *ä*, zu denen es keine Ableitung mit *a* gibt: *allmählich, dämlich, fähig, gähnen, Gerät, Gräte, Käfer, Käfig, Mähne, schräg, spät, Träne, während, zäh.* Deren Schreibweise lernst du am besten auswendig.

FEHLERQUELLEN

Die folgenden Wörter klingen gleich oder ähnlich. Bei der Schreibweise muss man sich nach der jeweiligen Bedeutung richten:

Ehre	Ähre (Korn)
Feld	er fällt
Felle	Fälle (→ Fall)
Lerche	Lärche (Baum)
Schwemme	Schwämme (→ Schwamm)
Segen	sägen
Stelle	Ställe (→ Stall)
Welle	Wälle (→ Wall)
Wende	Wände (→ Wand)
Zeh	zäh

3.2 *äu* oder *eu*

■ Es werden diejenigen Wörter mit dem Doppellaut (Diphthong) *äu* geschrieben, zu denen es ein verwandtes Wort mit *au* gibt.

Beispiele: Mäuschen → Maus, Räuber → Raub, bläulich → blau, häufig → Haufen, Schnäuzer → Schnauze

> **MERKE** Zu den Wörtern *Knäuel, sich räuspern, Säule* gibt es keine verwandten Wörter mit *au*. Deshalb muss man sie sich einprägen.

■ Gleich klingende Wörter, deren Schreibweise man nach ihrer Bedeutung unterscheidet, sind:

heute	die Häute
die Leute	ich läute, läute!

3.3 *ei* oder *ai*

■ Für die Wörter mit dem Doppellaut (Diphthong) *ai* gibt es keine Regel – daher muss man sie sich gut einprägen.

Beispiele: Laich, laichen, Hai, Mai, Kai, Kaiser, Mais

Gleich klingende Wörter sind:

Leib (Körper)	Laib (Brot)
Seite (Buch, Richtung)	Saite (Musikinstrument)
Weise (Art und Weise)	Waise (elternloses Kind)

4 Der *s*-Laut

■ Den *s*-Laut kann man stimmhaft oder stimmlos aussprechen.

▸ **Stimmhaft** wird das *s* gesummt (weich) gesprochen wie in *Sense*.
Der stimmhaft gesprochene *s*-Laut **wird immer mit einem einfachen *s*** geschrieben.

Beispiele: Hase, sauber, Sonntag

▸ **Stimmlos** wird das *s* gezischt (scharf) gesprochen wie in *Reis.*
Der stimmlos gesprochene *s*-Laut wird entweder mit einem einfachen *s* oder mit *ss* oder mit *ß* geschrieben.
Beispiele: Fluss, müssen, Floß, stoßen, Kreis

4.1 Das einfache *s*

■ Wird der *s*-Laut scharf gesprochen, aber trotzdem mit einfachem *s* geschrieben, kann man dies durch Ableitung oder Verlängerung herausfinden. Man hört dann bei der Ableitung das stimmhaft ausgesprochene *s.*
Beispiele: Kreis → Kreise, Glas → Gläser, mies → Miesepeter, fies → fieser, er las → lesen, Preis → Preise

MERKE Mit einfachem *s* geschrieben werden die Wörter
▸ *aus, es, raus, was,*
▸ *das* (als Artikel oder Pronomen, ➜ S. 48, 49).

4.2 Wann schreibt man *ss?*

■ Es wird immer dann *ss* geschrieben, wenn ein **kurzer, betonter Vokal oder Umlaut** dem *s*-Laut vorausgeht.

im Wortinneren	vor Konsonanten	am Wortende
müssen	ihr müsst	ein Muss
essen	sie isst	Iss!
passen	es passt	Pass

■ Ähnlich klingende Wörter, deren Schreibweise man sich je nach Verwendung einprägen muss, sind

bis (Konjunktion)	Biss (beißen)
das (Artikel, Pronomen, ➜ S. 48 f.)	dass (Konjunktion, ➜ S. 58)
fast (beinahe)	er fasst (fassen)
du hast (haben)	er hasst (hassen)
sie ist (sein)	sie isst (essen)
Küste	er küsste (küssen)
Nest	es nässt (nässen, nass)

4.3 Die Schreibung von *ß*

■ Nach einem **langen, betonten** Vokal oder einem **Doppellaut** wird *ß* für den stimmlosen Laut geschrieben.

Beispiele: Floß, flößen, Fuß, schließen (aber: Schluss), Ruß, müßig, Straße, schießen (aber: Schuss), Maß, mäßig, Kreißsaal, Steißbein

■ Wenn der Buchstabe *ß* nicht zur Verfügung steht, schreibt man *ss*, z. B. bei der Schreibung in Großbuchstaben.

Beispiele: STRASSE, FUSSBALL

Übungen

1 Ordne die folgenden Wörter mit *s*-Laut unter diese Rubriken:

a langer Vokal oder Doppellaut vor stimmhaftem *s*-Laut

b kurzer Vokal vor stimmlosem *s*-Laut

besser, Dose, Drossel, Eisen, Essig, Faser, grasen, hassen, Kessel, Hose, nieseln

2 Schreibe den folgenden Text ab und setze dabei die *s*-Schreibung richtig ein.

Zwei Dro___eln __ehen zu, wie der Gärtner flei__ig den Blumen-__amen in die Erde legt. „Da__ dem da__ nicht langweilig wird!", __agt der eine Vogel. „Jede__ Jahr das gleiche Spiel: Er versteckt die Körner, und wir mü___en __uchen."

5 Schreibung des *f*-Lautes

5.1 Schreibung mit *f*

- Die meisten *f*-Laute werden mit *f* geschrieben.

Beispiele: Efeu, fallen, fort, Sofa

5.2 Schreibung mit *v*

- Für den *f*-Laut schreibt man *v:*
- bei den Präfixen *ver-* und *vor-*,
- am Anfang und Ende einiger weiterer Wörter.

Beispiele: verlaufen, verraten
Veilchen, Vetter, Vieh, viel, vielleicht, vier, Volk, von, vor, aktiv, Nerv

5.3 Schreibung in Fremdwörtern

v in Fremdwörtern

- In Fremdwörtern schreibt man regelmäßig *v* für den *w*-Laut.

Beispiele: Aktivität, privat, Revolution, Vase

ph in Fremdwörtern

- In Fremdwörtern wird der *f*-Laut häufig mit *ph* geschrieben.

Beispiele: Atmosphäre, Strophe

MERKE Bei manchen Fremdwörtern gibt es seit Längerem eine deutsche Schreibweise (zum Beispiel: telefonieren, Telefon, Foto, fotografieren), bei vielen bleibt die fremdsprachige Schreibweise weiterhin erlaubt (zum Beispiel: Grafik / Graphik, Delfin / Delphin, Paragraf / Paragraph).
Bei anderen Wörtern wird die Schreibweise mit ph bevorzugt (zum Beispiel: Phon), die Schreibweise mit f ist jedoch erlaubt.

6 Schreibung des *x*-Lautes

■ Der *x*-Laut wird am **Wortanfang** mit *x* geschrieben.
Beispiele: Xylofon, Xanthippe

■ **Im Wortinneren** gibt es für den *x*-Laut verschiedene Schreibweisen:
- mit *x:* Axt, boxen, feixen, Hexe
- mit *chs:* Achsel, Büchse, Deichsel, wachsen
- mit *ks:* schlaksig, Murks

■ **Am Wortende** kommen alle Möglichkeiten der Schreibung vor:
- mit *x:* Box, fix
- mit *chs:* Dachs, Luchs
- mit *ks:* Keks, Koks, links
- mit *gs:* flugs (→ fliegen), geradewegs (→ Weg)
- mit *cks:* augenblicks (→ Augenblick), Knicks (→ Knick)

■ Entsteht bei der Flexion (Beugung) und in Ableitungen ein x-Laut, wird er je nach dem Stammwort mit *gs, ks* oder *cks* geschrieben.
Beispiele: du pflegst (→ pflegen), du hinkst (→ hinken), Häcksel (→ hacken)

Übung

■ **Was ist gemeint? Findest du die Wörter mit *x*-Laut?**
Faustkämpfer – Gegenteil von „rechts“ – Mietauto – Fleck, entsteht oft durch Farbe – Fachmann – männliches Rind – größer werden – männliches Pferd – Furcht

7 Schreibung von *t* im Auslaut

7.1 *tod-* oder *tot-?*

■ Wenn das Wort *Tod* als Substantiv gebraucht wird, schreibt man es mit *d*, ist es ein Adjektiv oder ein zusammengesetztes Verb, so schreibt man es mit *t*. Als zusammengesetztes Adjektiv schreibt man es aber mit *d*.

Beispiele: totschießen, totschlagen
todkrank, todtraurig

7.2 *end-* oder *ent-?*

■ Man unterscheidet die Wortbausteine *end-* und *ent-* folgendermaßen:

- Hat der Wortsinn etwas mit *beenden, aufhören* zu tun, dann schreibt man *d*.
- Wird *ent-* im Sinne von *weg* benutzt, dann schreibt man es mit *t*.

Beispiele: endgültig, endlos, endlich
entleeren, entnehmen, entreißen

8 Großschreibung

■ Großgeschrieben wird der erste Buchstabe des ersten Wortes am **Satzanfang** oder am **Beginn einer wörtlichen Rede**. Auch der **Anfangsbuchstabe einer Überschrift** wird großgeschrieben.

Beispiele: Der Vater ruft: „Dominik, wir wollen zur Post gehen."
Der gestiefelte Kater

■ **Substantive** (Nomen) werden großgeschrieben.

Beispiele: Bauer, Ernte, Hotel

■ **Nach dem Doppelpunkt** schreibt man groß, wenn ein **vollständiger Satz** folgt.

Beispiele: Ich habe dich gewarnt: Wenn du beim Fahren nicht aufpasst, verursachst du schnell einen Unfall.

■ Wenn Wörter aus anderen Wortarten, z. B. Verben oder Adjektive, wie ein Substantiv (Nomen) gebraucht werden, schreibt man sie groß. Diese **Substantivierung (Nominalisierung)** kann man daran erkennen, dass den entsprechenden Wörtern ein Begleiter, etwa der Artikel oder ein unbestimmtes Zahlwort, vorangeht oder vorangehen kann.

Beispiele: Er kann gut schlafen. – Das **S**chlafen fällt ihm leicht.
Der **k**leine Junge weint. – Zwei **K**leine schaffen mehr als ein **G**roßer.
Ich meine es **e**rnst. – Er ist mit großem **E**rnst bei der Sache.

■ Die **Anredepronomen** im Brief werden großgeschrieben, wenn es sich um die **Höflichkeitsform** handelt. Vertrauliche Anreden in der 2. Person Sg. oder Pl. dürfen groß- oder kleingeschrieben werden.

Beispiele:

Lieber Moritz,
ich danke **D**ir für **D**einen letzten Brief. Wie **D**u weißt, ist es für **D**ich wichtiger als für mich, dass **D**u **D**eine Prüfung bestehst. Daher rate ich **D**ir …

Sehr geehrte Frau Müller,
wie ich **I**hrem Schreiben entnehme, setzen **S**ie uns eine Frist bis zum 10.1., **I**hnen den entstandenen Schaden zu ersetzen. Wie uns **I**hr Anwalt mitteilte …

■ Grundsätzlich großgeschrieben werden **Eigennamen**. Bei der Schreibung herkömmlicher Namen wird es kaum Schwierigkeiten geben, da es sich ohnehin um Substantive handelt. Etwas schwieriger wird es bei bestimmten Ereignissen, Gebäuden, Personen usw., die man nicht unbedingt zu den Eigennamen rechnen möchte.

Beispiele: der deutsche Bundespräsident, **aber**:
der **D**eutsche Bundestag

> **MERKE** Was als Ereignis, Person, Institution, Gegenstand usw. **einmalig** und als solches besonders herausgehoben ist, wird großgeschrieben.

■ Paarweise in der Kurzform auftretende Personenbezeichnungen werden großgeschrieben.

Beispiele: Die Darbietung erfreute **J**ung und **A**lt.

Diese Mode gefällt **D**ick und **D**ünn (gefällt Dick**en** und Dünn**en**; aber: Wir gehen gemeinsam durch **d**ick und **d**ünn. → S. 85 Mitte).

Wir sind alle gleich, **A**rm und **R**eich.

Groß und **K**lein arbeiteten gut zusammen.

■ Unbestimmte Zahlwörter werden als Nominalisierung großgeschrieben.

Beispiele: der **E**inzelne, alles **M**ögliche, der **E**inzige, das **G**anze, etwas **V**erschiedenes, **U**nzähliges

> MERKE Alle Formen von *viel, wenig, ein, anderer* werden, wenn es sich nicht ganz ausdrücklich um eine Nominalisierung handelt, kleingeschrieben.
>
> Beispiele: Die **e**inen wollen schwimmen gehen, die **a**nderen wollen Rad fahren.
>
> Wir wollen **v**iel, bekommen manchmal aber nur **w**enig.
>
> Alles **a**ndere interessiert mich nicht.

■ Werden Ordnungszahlen (ordnende Zahlen, die eine Reihung herstellen) und vergleichbare Adjektive wie ein Substantiv gebraucht, werden sie großgeschrieben.

Beispiele: Der **E**rste benötigte 20 Sekunden für die Lösung der Aufgabe.

Karl kam als **Z**weiter ins Ziel.

Der **N**ächste ist an der Reihe.

Selbst der **V**orletzte war noch mit seinem Ergebnis zufrieden.

Kardinalzahlen (Grundzahlen, normale Zahlen) werden nur dann großgeschrieben, wenn ein Zahlsubstantiv im Sinne einer unbestimmten Mengenangabe vorliegt. Hier ist auch Kleinschreibung zulässig.

Beispiele: Der Bau verschlang **T**ausende Euro.

Mehrere **H**undert gingen beim Neujahrslauf an den Start.

■ Angaben der **Tageszeit** werden großgeschrieben, wenn sie mit **Zeitadverbien** wie *vorgestern, gestern, heute, morgen, übermorgen* zusammenstehen.

Beispiele: Ich ging vorgestern **A**bend mit ihr aus.
Ich hatte gestern **N**acht einen schrecklichen Traum.
Ich lege mich heute **M**ittag noch einmal hin.

Übung

■ **Wie wird nach dem Doppelpunkt geschrieben, groß oder klein? Entscheide in folgenden Sätzen:**

a Christiane hat viel eingekauft: d/Drei Hosen, zwei Röcke und einen Pullover.
b Anja hat heute ein volles Programm: z/Zuerst besucht sie Josephine, dann Carla und dann mich.
c Das hätte ich dir gleich sagen können: d/Das geht nicht gut.
d Wenn du mich fragst, wie es mir geht: n/Nicht schlecht.

9 Kleinschreibung

■ Kleingeschrieben werden alle Wortarten außer dem Nomen, nämlich: Verb, Adjektiv, Artikel, Pronomen, Adverb, Präposition, Konjunktion, Numerale, Interjektion. Sie werden nur am Satzanfang großgeschrieben oder wenn sie im Satz als Nomen gebraucht werden (Nominalisierung von Wörtern anderer Wortarten → S. 47).

■ Die folgenden **Zahladjektive** schreibt man in allen ihren Formen klein: *viel, wenig,* (der/die/das) *eine,* (der/die/das) *andere,* die *meisten*

Beispiele: Das haben schon **viele** behauptet.
Der **eine** sagt dies, der **andere** sagt das.

Wenn zum Ausdruck gebracht werden soll, dass das Zahladjektiv als Nomen gebraucht ist, kann es auch großgeschrieben werden.

Beispiele: Die **Einen** sagen dies, die **Anderen** das.
Die **Meisten** stimmten zu.

■ **Pronomen** wie die folgenden werden immer kleingeschrieben:

mancher/manche/manches	*jener/jene/jenes*
einer/eine/eines	*jeder/jede/jedes*
alle/alles/allen	*beide/beides/beiden*

Beispiele: Wir haben das **allen** mitgeteilt.
Das muss ein **jeder** selbst wissen.

■ **Kardinalzahlen** unter einer Million werden kleingeschrieben.

Beispiele: Diese **zwei** kenne ich doch. Sie ist schon über **zwanzig.**

■ Feste Verbindungen aus **Präposition und nicht dekliniertem Adjektiv** werden kleingeschrieben.

Beispiele: von fern, schwarz auf weiß, über kurz oder lang, durch dick und dünn, gegen bar

Beispiel im Satzzusammenhang: Das kann ich dir **schwarz auf weiß** geben.

> **MERKE** Dies ist ein Fest für **Jung** und **Alt.**
> In diesem Beispiel wird die Paarformel großgeschrieben, weil die Adjektive sich auf Personen beziehen.

■ Klein schreibt man **Superlativ-Fügungen,** nach denen mit **„wie?"** gefragt werden kann.

Beispiel: Wenn es **am schönsten** ist, soll man aufhören.
(Frage: Wenn es wie ist? Antwort: am schönsten)
Den Superlativ mit *am* schreibt man deshalb immer klein. Steht der Superlativ mit Präposition und Artikel, kann man neben der Großschreibung auch die Kleinschreibung wählen.

Beispiel: Er hat sie **aufs** (auf das) **Herzlichste** begrüßt.
(Herzlichste: Nomen)
Er hat sie **aufs** (auf das) **herzlichste** begrüßt.
(Frage: Wie hat er sie begrüßt?)

> **MERKE** Es fehlt ihm am Notwendigsten. (Frage: **Woran?**
> Antwort: am [= an dem] Notwendigsten)

■ Klein schreibt man Wörter, die ihre Aufgabe als Nomen (Substantiv) verloren haben und die Aufgabe einer anderen Wortgruppe übernehmen. Man spricht hier von **Desubstantivierung**.

▸ Die Wörter *angst, bange, gram, leid, pleite, schuld* in Verbindung mit den Verben *sein, werden* sind Desubstantivierungen.

Beispiele: Mir wird **angst** und **bange.** Ich bin **schuld.** Er ist **pleite.**

> **MERKE** Ich habe **A**ngst. Er hat **P**leite gemacht. Er trägt die **S**chuld daran.

▸ Adverbien, Konjunktionen und Präpositionen auf *-s: abseits, anfangs, falls, mittags, mittwochs, morgens, seitens, teils … teils.*

Beispiele: Sie empfindet **teils** Freude, **teils** Ablehnung.
Er spielt **mittwochs** immer Basketball.

> **MERKE** die Schreibweise von **Tageszeiten** – einmal klein, einmal groß.

als Adverb (→ S. 58)	**als Nomen / Substantiv** (→ S. 45)
heute	das **H**eute
morgen	gestern **M**orgen
abends	am **A**bend
montagabends	an diesem **M**ontagabend
montags	jeden **S**onntagabend

▸ Bestimmte **Präpositionen**: *anstatt, dank, inmitten, kraft, trotz, statt, zeit*

Beispiel: Er wird **zeit** seines Lebens daran denken.

▸ Die folgenden **unbestimmten Zahlwörter**: *ein **bisschen*** (= ein wenig), *ein **paar*** (= einige)

Beispiel: Sie braucht ein **paar** Stunden dazu.

> **MERKE** Großgeschrieben wird *Paar* in folgender Bedeutung: Die beiden gelten in ihrer Klasse als **Paar.** Heute kaufe ich mir ein **Paar** Schuhe.

▸ **Uhrzeit-** und **Maßangaben** auf *-**tel*** und *-**stel**.*

Beispiele: ein viertel Pfund, eine viertel Stunde, zwei hundertstel Sekunden schneller, um viertel drei (**aber**: um Viertel **vor** drei)

MERKE Großschreibung gilt in allen übrigen Fällen!
Beispiele: das Viertel, ein Viertelkilo, das Vierteljahr, nach drei Viertelstunden, um Viertel vor drei, ein Viertel des Umfangs

10 Einmal groß – einmal klein

■ Dabei kommt es darauf an, wie du die Ausdrücke jeweils verstehst, zum Beispiel als Zusammensetzung oder als Wortgruppe, als Pronomen oder als Nomen.

Zusammensetzung		Wortgruppe
aufgrund	oder	auf Grund
aufseiten	oder	auf Seiten
außerstande setzen	oder	außer Stande setzen
imstande sein	oder	im Stande sein
mithilfe	oder	mit Hilfe
vonseiten	oder	von Seiten
zugrunde gehen	oder	zu Grunde gehen
zulasten	oder	zu Lasten
zumute sein	oder	zu Mute sein
zustande bringen	oder	zu Stande bringen
zutage fördern	oder	zu Tage fördern

Nomen		Pronomen
die Deinen	oder	die deinen
die Meinen	oder	die meinen
die Meinigen	oder	die meinigen
das Ihre	oder	das ihre

Nomen		Adjektiv
aufs (auf das) Herzlichste	oder	aufs (auf das) herzlichste
aufs (auf das) Beste	oder	aufs (auf das) beste
aufs (auf das) Innigste	oder	aufs (auf das) innigste
aufs (auf das) Schönste	oder	aufs (auf das) schönste

11 Zeichensetzung

- **Aufzählungen** von Wörtern oder Wortgruppen werden durch ein **Komma** getrennt. Vor *und* oder *oder* steht aber kein Komma.

Beispiele: Emma kann singen, turnen und Rad fahren.
Fritz kauft Bohnen, Kartoffeln, Lammfleisch und Knoblauch.
Die Gruppe wanderte über die Berge, durch die Heide und an den See.

- **Einschübe (Appositionen)** werden durch **Kommas** vom übrigen Satz getrennt.

Beispiele: Herr Maier, der Klassenlehrer der 7 c, hatte heute überaus schlechte Laune.
Den beiden Besten der Klasse, Mirjam und Elisabeth, war der Vortrag erwartungsgemäß gelungen.

- Ein **Hauptsatz** und der **Gliedsatz (Nebensatz)** werden immer durch ein **Komma** getrennt.

Ein Gliedsatz (Nebensatz) wird oft durch **Konjunktionen** (→ S. 57) wie *weil, dass, als, ob, nachdem* eingeleitet.

Beispiele: Karl hat sich, nachdem er eine Fahrkarte gekauft hatte, schnellstens zum Zug begeben. (*eingeschobener Gliedsatz → zwei Kommas*)
Karl konnte nicht einsteigen, weil er noch keine Fahrkarte gelöst hatte. *(nachgestellter Gliedsatz)*
Dass er ziemlich spät kommen würde, war Karl von Anfang an klar. *(vorangestellter Gliedsatz)*

- **Ausrufe** und **Anreden** werden durch **Komma** abgetrennt.

Beispiele: Ich möchte dich gern zum Essen einladen, Anja.
Mensch, ich werde noch verrückt!
Oh, wie konnte das nur passieren?

■ Für die **direkte (wörtliche) Rede** braucht man mehrere Satzzeichen.

▸ Die wörtliche Rede beginnt und endet mit Anführungszeichen.

Beispiel: „Hallo, wie geht es dir?"

▸ Wenn der **Redebegleitsatz vorangestellt** ist, folgt ihm ein **Doppelpunkt**. Die wörtliche Rede wird mit einem **Satzschlusszeichen** vor dem Anführungszeichen beendet.

Beispiel: **Elvira meinte:** „Das hätte ich nicht gedacht!"

▸ Wenn der **Redebegleitsatz nachgestellt** ist, wird er am Anfang **kleingeschrieben**. In der wörtlichen Rede wird beim Aussagesatz kein Punkt gesetzt, stattdessen ein **Komma nach dem Anführungszeichen**. Auch **Ausrufe- und Fragesätze** werden nach dem Anführungszeichen durch ein **Komma** von der wörtlichen Rede getrennt.

Beispiele: „Ich kann heute nicht kommen", **erklärte Stephanie**.
„Das hätte ich nie gedacht!", **rief Elvira**.
„Meinst du es wirklich so, wie du es gesagt hast?", **fragte Uwe**.

▸ Wenn der **Redebegleitsatz eingeschoben** ist, wird er am Anfang **kleingeschrieben**. Vor ihm und nach ihm steht jeweils ein **Komma**.

Beispiel: „Hast du", **fragte Björn**, „genug für das Wochenende eingekauft?"

Test

1 Suche die zwölf Wörter mit lang gesprochenem *o* und schreibe sie auf.

O	S	O	H	N	K	F
H	R	H	O	H	N	U
R	S	R	D	U	B	V
O	K	O	H	L	E	D
T	J	M	O	O	S	K
Z	O	O	F	L	O	H

2 Schreibe den Text ab und setze an den markierten Stellen *e* oder *ä* ein.

Für Vincent van Goghs Bilder zahlen K___nner heute die höchsten Preise w___ltweit, doch ist er s___lbst in ___rmlichen Verhältnissen gestorben. Wie viele europ___ische Maler war Vincent van Gogh Holl___nder. Schon früh zeichnen sich seine Bilder durch sehr kr___ftige und leuchtende Farben sowie einen h___ftigen Pinselstrich aus. Seine ausdruckssst___rksten Bilder malte er als Insasse einer N___rvenheilanstalt am ___nde seines Lebens. Bis zu seinem S___lbstmord malte er hartn___ckig Landschaften und Portr___ts.

3 Findest du die Lösungswörter mit *äu* und *eu*? Schreibe sie auf.

a dienen zum Abtrennen eines Grundstücks (Mehrzahl)
b reinigen
c wenn ein Raum groß ist, ist er …
d nicht billig
e anderes Wort für „nett“
f eine Frau, die etwas verkauft, ist eine …
g stützender runder Bauteil
h Teile einer Wohnung
i sehr oft

Test

4 Schreibe die folgenden Wörter ab und setze dabei die *s*-Schreibung richtig ein.

Dro__eln	sie lä__t	__ehen
es pa__iert	flei__ig	gro__
Blumen__amen	Fu__weg	mü__en
Wü__te	__uchen	Kü__te
lu__tig	er mü__te	

5 Setze die fehlenden Buchstaben ein: *k* oder *ck*?

die Kran__heit	der Bal__en	du win__st
ich hin__e	wel__en	die Lü__e
sie wel__t	der Ro__	der Sto__
die Nel__e	die Perü__e	die He__e

6 Schreibe die Wörter ab und setze dabei *d* oder *t* ein. Füge in Klammern zur Begründung der Schreibung eine Verlängerung hinzu. Beispiel: Buntpapier (buntes Papier) – Fundbüro (finden)

Bun__papier – Fun__büro – Ra__haus – Ra__dampfer – Gel__börse – Wel__all – lei__tragend – Lei__planke – Nor__licht – Wor__bruch – Wal__horn – Schal__hebel – Schnei__brenner – Wei__winkel

7 Klein- oder großgeschrieben? Schreibe ab und setze jeweils den fehlenden Buchstaben ein.

Die Klasse 6 d macht __orgen eine Fahrt nach Kassel. Weil __ontags viele Museen geschlossen sind, hat sich die Klasse für den __orgigen Tag entschieden. Frau Westermeier, die Klassenlehrerin, hat __eute __orgen mit ihrer Klasse noch alles besprochen. Schon früh am __orgen wird die Fahrt losgehen. Gegen __bend soll der Bus dann wieder zurück sein, denn __orgen __bend wird von der 10 b ein Theaterstück aufgeführt, das einige aus der Klasse gern besuchen möchten.

8 Was ist eine Substantivierung / Nominalisierung? Und das Gegenteil?

Test

9 Wie wird hier geschrieben: groß oder klein? Entscheide über die Schreibweise und schreibe die Sätze ab.

Sie kaufte v/Vieles, obwohl sie kein Geld hatte.
Wir haben in letzter Zeit m/Manches erreicht.
Der e/Eine will lesen, der a/Andere möchte Musik hören, aber a/Alle wollen mehr Freizeit.
Max und Moritz, diese b/Beiden, planen immer neue Streiche.
Ob Sport Spaß macht, muss ein j/Jeder selbst entscheiden.

10 In den folgenden Satzgefügen fehlen die Kommas. Schreibe sie mit Kommas ab. Kennzeichne dabei den Hauptsatz durch Unterstreichung und den Gliedsatz (Nebensatz) durch eine Wellenlinie. Umkreise die Konjunktion. Bedenke, dass der Gliedsatz im Satzgefüge vorn, in der Mitte oder hinten stehen kann.

Dass man für die Haltung eines Kanarienvogels auch Geduld benötigt machen sich manche Tierfreunde nicht genügend klar. Wenn ein kleiner Käfigvogel Luftzug bekommt kann der Vogel sich leicht erkälten. Weil Luchse einen großen Lebensraum beanspruchen macht die Neuansiedlung dieser wilden Katzen Schwierigkeiten. Obwohl Wildschweine harmlos sind werden sie von den Menschen nicht sonderlich geschätzt sodass sie auch gejagt werden.

11 Schreibe die Sätze ab und setze dabei die nötigen Redezeichen und die Kommas ein.

- Lass das! bemerkt Udo.
- Kommst du mit zum Schwimmen? fragt Verena.
- Lothar stöhnt: Wenn doch schon Ferien wären!
- Peter fragt: Hast du Mathe verstanden?
- So ein Pech! ruft Marita vor Enttäuschung.
- Udo hat heute schlechte Laune sagt Lars.
- Hallo, Bianca! grüßt die Lehrerin im Vorbeigehen.
- Halt! ruft der Tankwart Sie haben Ihren Tankdeckel vergessen.

Literarische Formen

1 Kinder- und Jugendbücher

Bei Kinder- und Jugendbüchern handelt es sich zumeist um erzählende Texte, in denen das Verhalten von Menschen zu verschiedenen Zeiten dargestellt wird. Diese Texte werden nicht nur gelesen, um zu erfahren und zu verstehen, was war, sondern es soll auch versucht werden, Bezüge zur eigenen Umwelt herzustellen, selbst wenn der im Buch behandelte Stoff historisch weit weg ist.
Für das Jugendbuch ist charakteristisch, dass meist Jugendliche die Hauptpersonen sind, mit denen sich die Leser gut identifizieren können.

2 Erzählung

Als Erzählung werden im weitesten Sinne epische Texte kürzerer und mittlerer Länge bezeichnet. Das Geschehen in einer Erzählung ist zumeist nachvollziehbar, die Figuren sind real, nicht märchenhaft. Die einzelnen Erzählschritte folgen meist chronologisch, d. h. dem tatsächlichen Zeitverlauf entsprechend, aufeinander. Oft laufen sie auf einen Höhepunkt zu. Das Personal in einer Erzählung ist meistens überschaubar.

3 Fabel

In der Fabel handeln und sprechen zumeist Tiere. Viele dieser Tierfiguren verkörpern feststehende menschliche Charaktereigenschaften: Der Fuchs gilt als schlau, der Esel als dumm, der Löwe als mächtig, der Wolf als gierig. Die Tiere sind häufig Gegner (Fuchs und Rabe, Wolf und Lamm, Löwe und Esel), der Stärkere oder der Listigere siegt. Aus Fabeln soll man Lehren für das eigene Verhalten gegenüber anderen Menschen ziehen. Fabeln können wie Gedichte in Versen oder aber in Prosa (als kurze Erzählung) geschrieben sein.

4 Kalendergeschichte

Wie der Name schon sagt, wurden diese Geschichten ursprünglich für die Kalender geschrieben, die in früheren Jahrhunderten neben der Bibel häufig das einzige Druckerzeugnis in vielen Haushalten waren. Es handelt sich um kurze, überschaubare Erzählungen, die unterhalten und belehren sollen. Meist geht es um merkwürdige, witzige oder auch nachdenklich stimmende Begebenheiten. Der bekannteste Kalendergeschichtenschreiber ist Johann Peter Hebel (1760 bis 1826).

5 Kurzgeschichte

Der Name Kurzgeschichte ist eine Übersetzung des amerikanischen Begriffs *short story*. Die ersten deutschen Kurzgeschichten entstanden nach dem Zweiten Weltkrieg und behandeln Themen der Kriegs- und Nachkriegszeit. Später behandelt die Kurzgeschichte entscheidende Situationen im menschlichen Leben. Obwohl Kurzgeschichten in Form und Darstellungsweise beträchtlich variieren, kann man gemeinsame Tendenzen feststellen: Kürze, Konzentration auf einen Geschehensausschnitt, Wechsel zwischen Erzählerbericht und Figurenrede (direkter oder indirekter Rede), unvermittelter Anfang, Nähe zur Alltagssprache, Mehrdeutigkeit.

6 Dramatische Texte und Drehbücher

Das **Drama** ist neben erzählender Literatur und Gedichten eine der drei Hauptformen der Dichtung. Dramentexte sind in **Dialogform** verfasst und in der Regel für eine **Theateraufführung** vorgesehen. Die Wurzeln des Dramas reichen in das antike Griechenland zurück. Viele unserer im Zusammenhang mit dem Drama heute noch gebräuchlichen Begriffe haben dort ihren Ursprung (z. B. Szene, Dialog, Tragödie).
Eine besondere Form eines dramatischen Textes ist das **Drehbuch**. Es beschreibt in allen Einzelheiten die Szenen eines **Films** und dient als Arbeitsunterlage bei den Dreharbeiten, indem es die **Dialoge**, die **optischen** und die **akustischen Vorgänge** des Films verzeichnet.

7 Comics

Comics (Bildstreifen) sind ein Verfahren, Geschichten in **Abfolgen von Zeichnungen** mit beigefügten **Kurztexten** (meist in **Sprechblasen**) zu erzählen. Sie werden in Zeitungen, Zeitschriften und besonderen Comicheften veröffentlicht. Besonders bekannt sind Walt Disneys Tiercomics (u. a. „Mickey Mouse“ ab 1930). Nach dem Zweiten Weltkrieg fand auch Science-Fiction Eingang in die Comics („Superman“ und „Batman“). Seit Mitte der 1960er-Jahre lässt sich eine größere Auffächerung in viele Gebiete beobachten.

8 Gedicht

Im Folgenden werden die wichtigsten formalen Mittel, die in der 5. und 6. Klasse vorausgesetzt werden, vorgestellt.

■ Vers

Als Vers bezeichnet man die Zeile eines Gedichts, deren Länge nicht wie in einem Prosatext von den Zufälligkeiten des Papierformats und der Schriftgröße abhängig ist, sondern deren Länge bewusst vom Autor bestimmt wird. Häufig – besonders in älteren Gedichten – haben alle Verse eines Textes annähernd dieselbe Länge, d. h., die Anzahl der Silben bleibt in jeder Zeile nahezu gleich.

■ Strophe

Als Strophe bezeichnet man einen Gedichtabschnitt, der sich in der Regel aus mehreren Versen zusammensetzt und der durch einen Absatz von den folgenden Versen getrennt ist. Traditionell gebaute Gedichte bestehen aus mehreren gleich langen Strophen.

■ Reim

In manchen Gedichten werden die einzelnen Verse durch einen **Endreim** miteinander verbunden. Zwei Wörter reimen sich, wenn sie vom letzten betonten Vokal an gleich klingen, z. B. *erhellend – schwellend.* Die regelmäßige Abfolge von Endreimen ergibt verschiedene Reimschemata: Paarreim (aabb), Kreuzreim (abab), umarmender oder umschließender Reim (abba).

Vom Endreim zu unterscheiden ist der **Binnenreim**, bei dem sich zwei Wörter innerhalb desselben Verses reimen: „Wenn die *Meise leise* weint" (James Krüss).
Als **unreinen Reim** bezeichnet man den annähernden Gleichklang von Lauten, besonders von Vokalen, z. B. *gerissen – küssen.*

■ Metrum (Versmaß)

Es geht dabei darum, dass die Abfolge der betonten und unbetonten Silben einem bestimmten Schema folgt. Dadurch ergibt sich ein besonderer Sprechrhythmus. Wechseln betonte und unbetonte Silben unmittelbar einander ab, spricht man von einem alternierenden Metrum. In Anlehnung an die antike Metrik lassen sich verschiedene Versmaße erkennen:
Trochäus: 1. Silbe betont, 2. Silbe unbetont, z. B. *'Haben 'Hasen 'Hasen 'ohren …*
Jambus: 1. Silbe unbetont, 2. Silbe betont, z. B. *Du 'siehst, wo'hin du 'siehst …*

■ Lyrisches Ich

Wie zu jedem Erzähltext ein Erzähler/eine Erzählerin gehört, so gehört auch zu jedem Gedicht eine Sprecherin/ein Sprecher, die/der nicht mit dem Autor oder der Autorin gleichzusetzen ist. Oft stellt sich dieser Sprecher als ein Ich (das sogenannte lyrische Ich) vor, das seine Gefühle, Beobachtungen, Reflexionen und Gedanken so mitteilt, dass die Leser sie mitempfinden können.
Der Sprecher kann aber auch in einem „Wir" aufgehen, das in dem Gedicht spricht, oder gar nicht mehr direkt in Erscheinung treten, also gar nicht von sich selbst sprechen.
In manchen Gedichten wendet sich der Sprecher direkt an ein „Du", zum Beispiel in einigen Liebesgedichten; hier wird also ein Adressat/eine Adressatin in den Text einbezogen.

■ Bildlicher Sprachgebrauch und Metapher

Durch bildliches Sprechen kann etwas anschaulicher dargestellt werden. Wird ein Boot als *Nussschale* bezeichnet, ist sofort klar, dass es ein sehr kleines Boot sein muss, das **wie** eine Nussschale auf dem Wasser schaukelt. Natürlich ist nicht die „Nussschale" im wörtlichen Sinn gemeint.

Die **Metapher** ist eine besonders häufig gebrauchte Form des bildlichen Sprechens. Wenn ein Bild von einem Bereich auf einen anderen übertragen wird, nennt man das Metapher (gr. *metaphérein* = übertragen). In der Alltagssprache gibt es viele Metaphern: *Fluss**bett**, Berg**rücken**, Baum**krone*** usw.
Eine besondere Form der Metapher ist die **Personifikation**. Ein Gegenstand oder ein Begriff wird vermenschlicht, z. B. „der Herbst hat ein buntes Kleid an" für „im Herbst ist die Landschaft von Blättern bunt gefärbt".
Bei einem **Vergleich** werden zwei Vorstellungen durch „wie", „gleich" oder „als ob" miteinander verknüpft, z. B. „ein Mann wie ein Baum" für „ein starker Mann".

Lösungen

S. 13 Übung

Die zweite Einleitung ist nicht gelungen,

a weil sie keine Abwechslung im Satzbau aufweist (einfache Hauptsätze, Wiederholungen),

b weil Unglück, Rettungsaktion und Ausgang der Geschichte verraten werden.

S. 15 Übung oben

- keine Abwechslung im Satzbau
- keine wörtliche Rede
- Darstellung von Gefühlen bleibt zu blass
- keine Dramatik, z.B. „Regentropfen fielen"

Insgesamt ist der Höhepunkt zu „farblos" gestaltet.

S. 15 Übung unten

a abgeschlossenes Ende

b offenes Ende

S. 28 Übung

Zur Personenbeschreibung: (geschätztes) Alter, Gesamteindruck (wenn äußere Merkmale genannt werden wie z. B. „stämmige Figur"), Gesichtsform, Haare, Frisur

Zur Charakterisierung: typische Angewohnheiten, Beruf, Gesamteindruck (wenn das Temperament, der Charakter beschrieben werden), Temperament, Vorlieben, Abneigungen

S. 32 Übungen

1
- Gegenstandsbeschreibung: Man will einem anderen beschreiben, wie etwas aussieht, aus welchen Teilen es zusammengesetzt ist und wie es funktioniert.
- Vorgangsbeschreibung: Man will den Ablauf eines Vorgangs erklären und die Funktion einzelner Teilvorgänge oder einzelner Bestandteile erläutern.

▸ Wegbeschreibung: Man will den Weg von einem Punkt A zu einem Punkt B so anschaulich beschreiben, dass ein Fremder ihn auch ohne Stadtplan oder Karte finden kann.

2 Sie wirken eintönig und langweilig und nehmen den Lesern das Interesse am Text.

S. 38 f. Test

1 Wer? Was? Wo? Wann?

2 Die wesentlichen Informationen nennen, über den weiteren Verlauf aber nur Andeutungen machen. Nicht verraten, wie es ausgeht.

3 1 Abwechslung bei Wortwahl und Satzbau
2 wörtliche Rede
3 Darstellung von Gefühlen
4 Fragen, Ausrufe
5 Andeutungen
6 Darstellung von Sinneseindrücken

4 Die Erzählperspektive ist die Sicht, aus der heraus eine Geschichte erzählt wird.
▸ Ich-Perspektive (1. Person): Der Erzähler ist Teil der Geschichte, oft auch selbst an der Handlung beteiligt („Ich-Erzähler").
▸ Er-Perspektive (3. Person): Der Erzähler ist neutral, an der Geschichte unbeteiligt („Er"-Erzähler, „allwissender Erzähler", auktoriale Erzählperspektive).

5 Es kommt darauf an, dass die Geschichte bei aller Fantasie und Übertreibung **nachvollziehbar** und **logisch** bleibt. Die Regeln des Erzählens müssen eingehalten werden.

6 Damit eine andere Person sich Personen, Gegenstände, Wege, Räume oder Vorgänge vorstellen kann. Beispielsweise wenn die Person eine Person erkennen oder einen Weg finden will.

7 **Absicht, Ziel:** genaue Darstellung einer Person, eines Gegenstands, eines Wegs, eines Raums oder eines Vorgangs (u.a)
Tempus: Präsens
Gliederung/Reihenfolge: vom Allgemeinen zum Besonderen, vom Großen zum Kleinen
Stil: sachlich, genau
Mögliche sprachliche Mittel: konjunktionale Nebensätze, Satzgefüge, um Zusammenhänge deutlich zu machen

8 Man beginnt mit dem Gesamteindruck von der Person und kann entweder von oben nach unten oder vom Auffälligen zum Unauffälligen vorgehen.

9 Passiv, Substantivierungen, Anredeform oder unpersönliches „man"

10 Wenn Fachausdrücke **notwendig** sind, um einen Zusammenhang zu verstehen, und wenn sie als **allgemein bekannt** vorausgesetzt werden können (andernfalls müssen sie erklärt werden).

11 Präpositionen, Substantive (Nomen) und Numeralien.

12 Ein Ereignis wie zum Beispiel ein Unfall, eine Veranstaltung.

13 a Im Präteritum.
b Er muss sachlich, nüchtern sein, darf nicht emotional werden.
c Durch die Beantwortung der W-Fragen.
d Nur aus dem richtigen Zusammenhang der einzelnen Teile ergibt sich das Ganze. Die Leser können sich den Ablauf nicht richtig vorstellen, wenn etwas vertauscht wird.

S. 45 Übungen

1 Vollverb: Ein bedeutungstragendes Verb, das allein stehen kann. Beispiel: Ich ging zur Schule.
Hilfsverb: Form von „sein", „haben" oder „werden", die mit dem Vollverb zusammen verwendet wird und zur Tempusbildung und zur Bildung des Passivs gebraucht wird. Beispiele: Sie hat gelogen. Das Schiff wird gehoben.

2 Numerus: Anzahl (Singular/Einzahl oder Plural/Mehrzahl)
Tempus: Zeitform
Beispiele: er nimmt (1. Person Singular Präsens), wir nahmen (1. Person Plural Präteritum), sie werden nehmen (3. Person Plural Futur I), ihr habt genommen (2. Person Plural Perfekt), du wirst nehmen (2. Person Singular Futur I), ich werde genommen haben (1. Person Singular Futur II)

S. 53 Übungen

1 Maskulinum (männlich), Femininum (weiblich), Neutrum (sächlich). Neben dem Artikel *(der, die, das; einer, eine, ein)* sind sie gelegentlich an den Endungen zu erkennen. Maskulinum: *-ling, -er,* Femininum: *-ei, -ung -schaft, -heit,* Neutrum: *-chen, -nis.*

2 der Baum, des Baums, dem Baum, den Baum; die Bäume, der Bäume, den Bäumen, die Bäume

die Höhle, der Höhle, der Höhle, die Höhle; die Höhlen, der Höhlen, den Höhlen, die Höhlen
das Haus, des Hauses, dem Haus, das Haus; die Häuser, der Häuser, den Häusern, die Häuser

3 Demonstrativpronomen: hinweisendes Fürwort; Wort, mit dem auf etwas hingewiesen oder etwas hervorgehoben wird
Possessivpronomen: besitzanzeigendes Fürwort; Wort, mit dem die Zugehörigkeit einer Sache oder Person angezeigt wird

4 ich → mein/meine, du → dein/deine, er → sein/seine, sie → ihr/ihre, es → sein/seine, wir → unser/unsere, ihr → euer/eure, sie → ihr/ihre

S. 59 Übung

hoffentlich, wissentlich, möglicherweise, glücklicherweise, rückwärts, stückweise, scharenweise, abends/abendlich, samstags, morgens/morgendlich, versehentlich

S. 66 Übungen

1 Subjekte sind: die Kinder, das Podest, eine riesige Reckstange (Subjekt im Passivsatz), das begeisterte Klatschen.

2 Als Akkusativobjekt, Dativobjekt, Genitivobjekt, präpositionales Objekt.

S. 70 Übung

Adjektivattribut: der blaue Ball
Genitivattribut: das Auto des Lehrers
Apposition: Herr Schmidt, der Bürgermeister, …
Präposition und Nomen (Substantiv): das Haus in den Bergen
Adverb: dieser Ball hier
Relativsatz: der Ball, der blau ist, …

S. 71 ff. Test

1 du gehst: 2. Person Sg. Präsens
ich habe gegessen: 1. Person Sg. Perfekt
sie werden teilnehmen: 3. Person Pl. Futur I
wir fuhren: 1. Person Pl. Präteritum
ihr hattet geschrieben: 2. Person Pl. Plusquamperfekt
er wird gearbeitet haben: 3. Person Sg. Futur II

Vollverben: gehst, gegessen, teilnehmen, fuhren, geschrieben, gearbeitet
Hilfsverben: habe, werden, hattet, wird … haben

2 Präsens: Gegenwärtiges, Zukünftiges, regelmäßig sich Wiederholendes. Beispiel: ich schwimme
Plusquamperfekt: etwas, das in der Vergangenheit vor etwas anderem Vergangenen passiert ist. Beispiel: Als die anderen endlich am Schwimmbecken ankamen, hatte ich schon meine zehn Runden geschwommen.
Futur II: etwas Zukünftiges, das bereits als abgeschlossen gedacht wird. Beispiel: Wenn der Wettkampf morgen beendet ist, werde ich über zehn Kilometer geschwommen haben.

3 der Kran, des Krans, dem Kran, den Kran; die Kräne, der Kräne, den Kränen, die Kräne
die Mauer, der Mauer, der Mauer, die Mauer; die Mauern, der Mauern, den Mauern, die Mauern
das Häuschen, des Häuschens, dem Häuschen, das Häuschen; die Häuschen, der Häuschen, den Häuschen, die Häuschen

4 Durch hartes Arbeiten: Adjektiv
Mein Auto: Possessivpronomen
… beim Arbeiten: Präposition, die den Artikel enthält
… viel Unbrauchbares: Indefinitpronomen (siehe unter „verschiedene Wörter“ wie *viel, wenig, alles*, S. 48)

5 Reflexivpronomen: rückbezügliches Fürwort, wird bei reflexiven Verben benötigt
Relativpronomen: bezügliches Fürwort, wird zum Anschluss von Relativsätzen an den Hauptsatz benötigt

6 Attributiv: Adjektiv steht beim Nomen und wird mit ihm zusammen dekliniert. Beispiel: Unter ihm erstreckte sich das weite Land.
Adverbial: Adjektiv gehört zum Verb und wird nicht dekliniert. Beispiel: Er kann weit werfen.

7 über, am (= an dem), in, bei, vor, hinter, für

8 Nebenordnende und unterordnende Konjunktionen

9 a aber: adversativ, bringt Gegensatz zum Ausdruck
b darum: konsekutiv, Folge
c oder: alternativ, Möglichkeit, Auswahl
d als: temporal, Zeitangabe
e weil: kausal, Grund

f sodass: konsekutiv, Folge
g wenn: konditional, Bedingung
h obwohl: konzessiv, Gegensatz/Einschränkung

10 ziemlich → endlich, morgen → jetzt, unterdessen → zunächst, oft → dann, darum → gern, erfreulicherweise → deshalb, danach → endlich, eilends → ziemlich, nebenan → deshalb, heute → inzwischen, oben → schließlich, zunächst → außerordentlich, morgen → oben

11 Passende Prädikate und ihre Bestimmung:
beginnt: 3. Ps. Sg. Präsens, begrüßt: 3. Ps. Sg. Präsens, eilt: 3. Ps. Sg. Präsens, führen … vor: 3. Ps. Pl. Präsens, holt: 3. Ps. Sg. Präsens, jonglieren: 3. Ps. Pl. Präsens
Die Subjekte, die unterstrichen werden müssen:
Die Zirkusvorstellung, Der Zirkusdirektor, Eine Gruppe von Jongleuren, Sie, der Zauberer, Fünf kleine Mädchen aus China

12 a dem Clown: Dativobjekt
b den Zauberkünstler: Akkusativobjekt
c den Kindern: Dativobjekt, einen Zaubertrick: Akkusativobjekt
d des kleinen Tigers: Genitivobjekt
e auf den Absprung: Präpositionalobjekt
f an seinen Schabernack: Präpositionalobjekt

13 heute: Adverbial der Zeit, gern: Art und Weise, in sein Schloss: Ort, auf unterhaltsame Weise: Art und Weise, jetzt: Zeit, vor den Kamin: Ort, behaglich: Art und Weise, bedächtig: Art und Weise, langsam: Art und Weise, Einige Male: Zeit, Jetzt: Zeit, voller Spannung: Art und Weise, Im Kaminzimmer: Ort, anschließend: Zeit

S. 78 Übungen

1 a Dose, Eisen, Faser, grasen, Hose, nieseln
b besser, Drossel, Essig, hassen, Kessel

2 Drosseln, sehen, fleißig, Blumensamen, dass, das, sagt, jedes, müssen, suchen

S. 80 Übung

Boxer, links, Taxi, Klecks, Experte, Ochse, wachsen, Hengst, Angst

S. 84 Übung

a klein
b groß (weil ein vollständiger Satz folgt)
c groß (wie b)
d klein

S. 90 ff. Test

1 Ohr, Hof, Zoo, Floh, Moos, rot, Kohl, Kohle, Hohn, Rom, so, Sohn

2 Kenner, weltweit, selbst, ärmlichen, europäische, Holländer, kräftige, heftigen, ausdrucksstärksten, Nervenheilanstalt, Ende, Selbstmord, hartnäckig, Porträts

3 a Zäune, b säubern, c geräumig, d teuer, e freundlich, f Verkäuferin, g Säule, h Räume, i häufig

4

Drosseln	sie lässt	sehen
es passiert	fleißig	groß
Blumensamen	Fußweg	müssen
Wüste	suchen	Küste
lustig	er müsste	

5

die Krankheit	der Balken	du winkst
ich hinke	welken	die Lücke
sie welkt	der Rock	der Stock
die Nelke	die Perücke	die Hecke

6 Buntpapier (bunte – es sind auch andere Begründungen möglich), Fundbüro (finden), Rathaus (Räte), Raddampfer (Räder), Geldbörse (Gelder), Weltall (Welten), leidtragend (leidende), Leitplanke (leiten), Nordlicht (Norden), Wortbruch (Wörter), Waldhorn (Wälder), Schalthebel (schalten), Schneidbrenner (schneiden), Weitwinkel (weiter)

7 morgen, montags, morgigen, heute Morgen, am Morgen, Abend, morgen Abend

8 Eine Substantivierung liegt vor, wenn Wörter einer anderen Wortart wie ein Substantiv verwendet werden; sie werden dann auch großgeschrieben und dekliniert. Beispiel: Das Laufen fällt ihm schwer. (*Laufen* ist ein Verb, das hier als Substantiv verwendet wird.)
Das Gegenteil ist die Desubstantivierung. Sie liegt vor, wenn ein Substantiv wie ein Wort einer anderen Wortart verwendet wird. Beispiel: Er hat viel <u>Kraft</u>. (Substantiv) → Der Richter verurteilte <u>kraft</u> seines

Amtes den Angeklagten zu einer Geldbuße. (früheres Substantiv wird Präposition)

9 vieles
manches
eine, andere, alle
beiden
jeder

10 Dass man für die Haltung eines Kanarienvogels auch Geduld benötigt, machen sich manche Tierfreunde nicht genügend klar.

Wenn ein kleiner Käfigvogel Luftzug bekommt, kann der Vogel sich leicht erkälten.

Weil Luchse einen großen Lebensraum beanspruchen, macht die Neuansiedlung dieser wilden Katzen Schwierigkeiten.

Obwohl Wildschweine harmlos sind, werden sie von den Menschen nicht sonderlich geschätzt, sodass sie auch gejagt werden.

11 „Lass das!“, bemerkt Udo.
„Kommst du mit zum Schwimmen?“, fragte Verena.
Lothar stöhnt: „Wenn doch schon Ferien wären!“
Peter fragt: „Hast du Mathe verstanden?“
„So ein Pech!“, ruft Marita vor Enttäuschung.
„Udo hat heute schlechte Laune“, sagt Lars.
„Hallo, Bianca!“, grüßt die Lehrerin im Vorbeigehen.
„Halt!“, ruft der Tankwart, „Sie haben Ihren Tankdeckel vergessen.“

Mathematik

Inhaltsverzeichnis

Grundbegriffe der Mengenlehre

Rechnen mit natürlichen Zahlen (und Null)

Grundbegriffe der Mengenlehre

1 Zahlenmengen

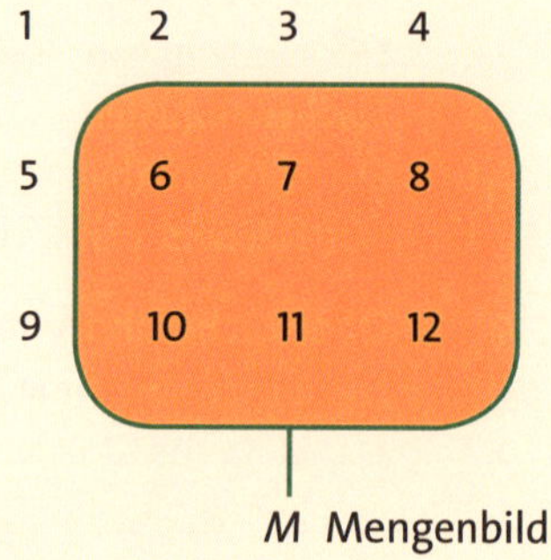

Wenn man verschiedene Zahlen aussortiert und zusammenfasst, wird eine Zahlenmenge gebildet.
Die **Mengenschreibweise** in aufzählender Form sieht so aus:
$M = \{6; 7; 8; 10; 11; 12\}$.
Zur Bezeichnung von Mengen verwenden wir große Buchstaben. Die Zahlen, die zur Menge *M* gehören, nennt man **Elemente** der Menge *M*.
Man schreibt:
$8 \in M$; sprich: „8 ist ein Element von *M*“.
$4 \notin M$; sprich: „4 ist kein Element von *M*“.
Für die Anzahl der Elemente der Menge *M* schreiben wir $|M|$.

Beispiele:

a) $|M| = 6$
b) $|\{1; 2; 3\}| = 3$

1.1 Besondere Zahlenmengen

Die Menge der natürlichen Zahlen: $\mathbb{N} = \{1; 2; 3; 4; 5; \ldots\}$.
Die Menge $\mathbb{N}$ mit der Null: $\mathbb{N}_0 = \{0; 1; 2; 3; 4; 5; \ldots\}$.
Die Menge der Vielfachen von 2: $V(2) = \{2; 4; 6; 8; 10; \ldots\}$.
Die Menge der Vielfachen von 5: $V(5) = \{5; 10; 15; 20; 25; \ldots\}$.
} unendliche Mengen

Die Menge der Teiler von 10: $T(10) = \{1; 2; 5; 10\}$.
Die Menge der Teiler von 17: $T(17) = \{1; 17\}$.
} endliche Mengen

Die Menge, die kein Element enthält, heißt leere Menge { }[1].

---

[1] Oft auch $\varnothing$.

2 Teilmengen

Eine Menge B heißt **Teilmenge** einer Menge A, wenn alle Elemente der Menge B auch Elemente der Menge A sind. Man schreibt:
$B \subset A$; sprich: „B ist Teilmenge von A“.

Beispiele:

a) $A = \{1; 2; 3; 4; 5; 6\}$
$B = \{2; 4; 6\}$
$B \subset A$

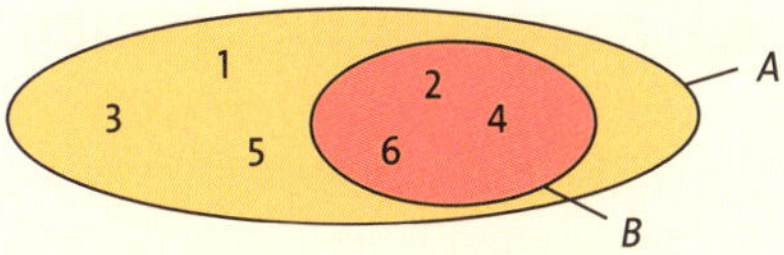

b) $C = \{1; 2; 3; 4; 5\}$
$D = \{0; 1; 2\}$
D ist keine Teilmenge von C.
Man schreibt: $D \not\subset C$.

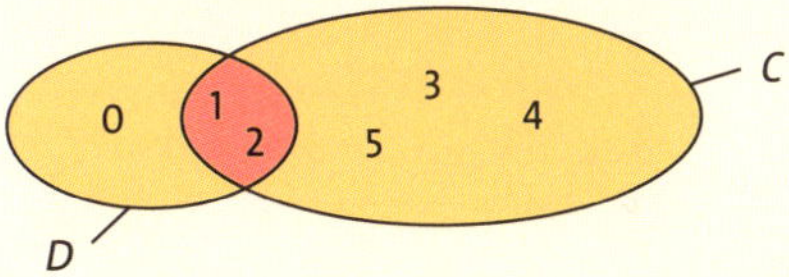

c) Die Menge $M = \{1; 2; 3; 4\}$ hat folgende Teilmengen:
- die leere Menge $\{\ \}$;
- die einelementigen Mengen $\{1\}, \{2\}, \{3\}, \{4\}$;
- die zweielementigen Mengen $\{1; 2\}, \{1; 3\}\ \{1; 4\}\ \{2; 3\}, \{2; 4\},\{3; 4\}$;
- die dreielementigen Mengen $\{1; 2; 3\}, \{1; 2; 4\}, \{1; 3; 4\}, \{2; 3; 4\}$;
- die Menge selbst $\{1; 2; 3; 4\}$.

Test

1 Gib die Menge in aufzählender Form an.

a) Die Menge der Vielfachen von 6.
b) Die Menge der Teiler von 24.

2 Setze das richtige Zeichen ($\in$, $\notin$) ein.

6 ____ $\mathbb{N}_0$; 0 ____ $\mathbb{N}$; 78 ____ $V(8)$

3 Gib die Menge und die Anzahl ihrer Elemente an.

$T(16)$ = ______________________ ; $|T(16)|$ = ____

4 Setze das richtige Zeichen ($\subset$, $\not\subset$) ein.

$\{2; 6; 8\}$ ____ $V(2)$, $T(2)$ ____ $T(4)$, $V(2)$ ____ $V(4)$

Rechnen mit natürlichen Zahlen (und Null)

1 Die natürlichen Zahlen (und Null)

1.1 Das Zehnersystem

In unserem Zahlensystem werden die Zahlen aus den zehn **Ziffern** 0, 1, 2, 3, 4, 5, 6, 7, 8, 9 unter Verwendung der **Stellenwertschreibweise** gebildet. Jede Ziffer einer Zahl hat einen ganz bestimmten **Stellenwert,** der durch die Stelle, an der sie steht, festgelegt ist.
Die Zahlen 1, 10, 100, 1 000 usw. heißen **Stufenzahlen.**
Man erhält jede Stufenzahl aus der vorhergehenden durch Malnehmen mit 10. Deshalb heißt unser Zahlensystem auch **Zehnersystem** oder **Dezimalsystem.**
Es gibt auch andere Zahlensysteme.
Große Zahlen kann man leichter lesen, wenn man sie in die Stellentafel einträgt oder die Ziffern in Dreiergruppen schreibt.

Beispiele: 371 892 050 640 387
7 070 707 070 707

Billion			Milliarde			Million			Tausender			H.	Z.	E.[1]
15.	14.	13.	12.	11.	10.	9.	8.	7.	6.	5.	4.	3.	2.	1.
3	7	1	8	9	2	0	5	0	6	4	0	3	8	7
		7	0	7	0	7	0	7	0	7	0	7	0	7

Die zwei Zahlen heißen:
Dreihunderteinundsiebzig Billionen achthundertzweiundneunzig Milliarden fünfzig Millionen sechshundertvierzigtausenddreihundertsiebenundachtzig.

Sieben Billionen siebzig Milliarden siebenhundertsieben Millionen siebzigtausendsiebenhundertsieben.

---

[1] Die Abkürzungen H., Z. und E. stehen für Hunderter, Zehner und Einer.

Runden

Will man Zahlenangaben nicht genau wissen, so gibt man nur die nächstliegende Zehner-, Hunderter- oder Tausenderzahl usw. an.
Genaue Zahl: 36 238
Abrunden auf die nächstliegende Tausenderzahl: 36 000
Genaue Zahl: 2 487
Aufrunden auf die nächstliegende Hunderterzahl: 2 500
Schreibweise: $36\,238 \approx 36\,000$ bzw. $2\,487 \approx 2\,500$
Das Zeichen $\approx$ bedeutet **„ungefähr gleich“**.

Es gelten folgende **Rundungsregeln:** Ist die Ziffer nach der **Rundungsstelle** 0, 1, 2, 3 oder 4, so wird abgerundet, ist sie 5, 6, 7, 8 oder 9, so wird aufgerundet.

Beispiele:

a) Runden auf Tausender: $56\,367 \approx 56\,000$ – Die Ziffer nach der Rundungsstelle ist 3, also abrunden.

b) Runden auf Millionen: $35\,829\,318 \approx 36\,000\,000$ – Die Ziffer nach der Rundungsstelle ist 8, also aufrunden.

1.2 Veranschaulichung natürlicher Zahlen

Die natürlichen Zahlen lassen sich der Größe nach ordnen. Jede natürliche Zahl besitzt einen **Nachfolger,** die um 1 größere Zahl. Jede natürliche Zahl außer der Zahl 1 besitzt einen **Vorgänger,** die um 1 kleinere Zahl. Es gibt keine größte natürliche Zahl.

▶ **BEACHTE** Die Null ist keine natürliche Zahl![1]

Diese Anordnung der natürlichen Zahlen wird am **Zahlenstrahl** veranschaulicht. Jeder Punkt auf dem Zahlenstrahl stellt eine Zahl dar.

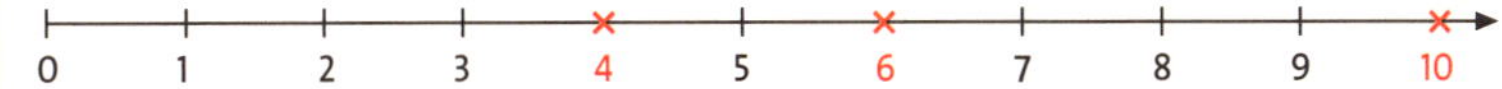

Von zwei Zahlen auf dem Zahlenstrahl ist die größere weiter rechts und die kleinere weiter links: 10 steht rechts von 6. 4 steht links von 6. Man sagt: „10 ist größer als 6“ und „4 ist kleiner als 6“ und schreibt: $10 > 6$ und $4 < 6$.

---

[1] In manchen Büchern wird die Null auch zu den natürlichen Zahlen gezählt.

Übungen

1 Trage die folgenden Zahlen in eine Stellentafel ein. Schreibe dann dazu, wie die Zahlen heißen.

a) 21 597 306 b) 1 234 567 890

2 Schreibe die folgenden Zahlen mit Ziffern.

a) Zwei Milliarden dreißig Millionen siebentausendfünf.

b) Fünfhundertzwei Billionen sechshundert Millionen elf.

3 Gib zu jeder Zahl den Vorgänger und den Nachfolger an. (Verwende folgende Form: 4 < 5 < 6.)

19, 30, 99, 141, 180, 299, 1 000, 9 099, 10 000

4 Gib an, welche Zahlen veranschaulicht sind.

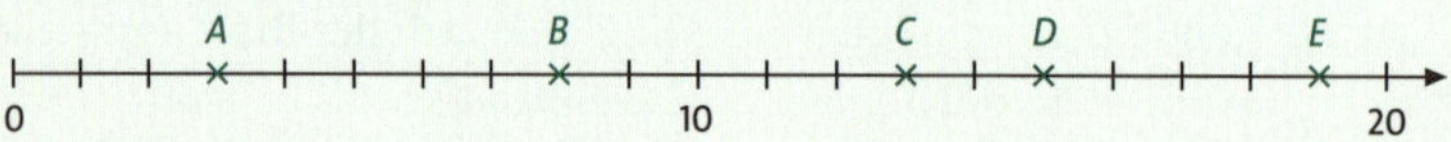

A = 3, B = ____, C = ____, D = ____, E = ____

2 Addition und Subtraktion

2.1 Addieren

Rechenausdrücke mit Pluszeichen wie 12 + 85 oder 87 + 13 + 90 bezeichnet man als **Summen.** Die einzelnen Zahlen, die du addierst (zusammenzählst), werden **Summanden** genannt und der Reihenfolge nach abgezählt. Das Ergebnis einer solchen Rechnung heißt **Wert der Summe.**

MERKE

12	+	85	=	97
1. Summand		**2. Summand**		**Wert der Summe**

(1. Summand + 2. Summand): **Summe**

Beispiele für eine schriftliche Addition (Beachte die Überträge!):

		9	7	3
			5	5
+		$_{1}$	6_{1}	4
	1	0	9	2

			9	2	8
		9	7	3	8
+		$_{1}$		1_{2}	7
	1	0	6	8	3

Rechengesetze

■ Vertauschungsgesetz oder Kommutativgesetz *(commutare [lat.]: vertauschen)* der Addition: Beim Addieren können die Summanden vertauscht werden, ohne dass sich der Wert der Summe ändert.
Kurzform: $a + b = b + a$.

Beispiel: $2 + 3 = 3 + 2$

■ Verbindungsgesetz oder Assoziativgesetz *(associare [lat.]: vereinigen, verbinden)* der Addition: In einer Summe können die Summanden in beliebiger Weise durch Klammern verbunden werden.
Kurzform: $(a + b) + c = a + (b + c)$.

Beispiel: $(2 + 3) + 4 = 2 + (3 + 4)$

Als Zusammenfassung beider Gesetze kannst du dir merken:
In einer Summe darf ich die Summanden in beliebiger Reihenfolge addieren. Dabei kann ich Klammern beliebig setzen und weglassen. Du darfst also bei einer Summe die Summanden so vertauschen, dass zueinander passende Summanden nebeneinanderstehen, und du kannst sie dann bevorzugt addieren.

Beispiel:

Ordne die Summanden geschickt an und verbinde durch Klammern.

$128 + 17 + 32$	128 und 32 passen zusammen.
$= (128 + 32) + 17$	Damit ich diese beiden Summanden
$= 160 + 17 = 177$	direkt addieren kann, vertausche ich 17 und 32 (Kommutativgesetz) und fasse 128 + 32 durch Klammern zusammen (Assoziativgesetz). Jetzt rechne ich noch aus.

2.2 Subtrahieren

Einen Rechenausdruck mit Minuszeichen wie 19 – 7 bezeichnet man als eine **Differenz.** Weitere Fachausdrücke sind:

MERKE

19	–	7	=	12
Minuend		**Subtrahend**		**Wert der Differenz**

(Minuend – Subtrahend:) **Differenz**

Beispiele für eine schriftliche Subtraktion (Beachte die Überträge!):

	3	7	0
–	2[1]	8[1]	1
		8	9

	4	9	2	1
–	1	3[1]	4	0
	3	5	8	1

2.3 Rechenausdrücke mit Klammern

Aus Zahlen, einzelnen Summen und Differenzen lassen sich auch umfangreiche Rechenausdrücke (man sagt auch Terme) bilden.

Beispiel:

1. Term: 185 + 33, **2. Term:** 462 – 97

Der 3. Term soll die Differenz aus dem 2. Term und 77 sein.

3. Term: (462 – 97) – 77

Der 4. Term soll die Summe aus dem 1. Term und dem 3. Term sein.

4. Term: (185 + 33) + [(462 – 97) – 77]

Damit die ursprünglichen Terme erkannt werden, schreiben wir sie in Klammern. Die Differenz (462 – 97) und die Zahl 77 werden durch eine weitere Klammer zusammengefasst. Zur besseren Übersicht wurde eine eckige Klammer verwendet.

(185 + 33) + [(462 – 97) – 77]	Ich berechne zuerst die runden Klammern. Die Zahl 77 wird zum Rechnen noch nicht benötigt, ich schreibe sie deshalb unverändert auf.
= 218 + [365 – 77]	Nun ist die eckige Klammer an der Reihe.
= 218 + 288	218 schreibe ich wieder auf.
= 506	Ich addiere noch einmal. Fertig.

Damit du einen besseren Überblick über den Rechenablauf bekommst, kannst du dir noch den entsprechenden Rechenbaum ansehen:

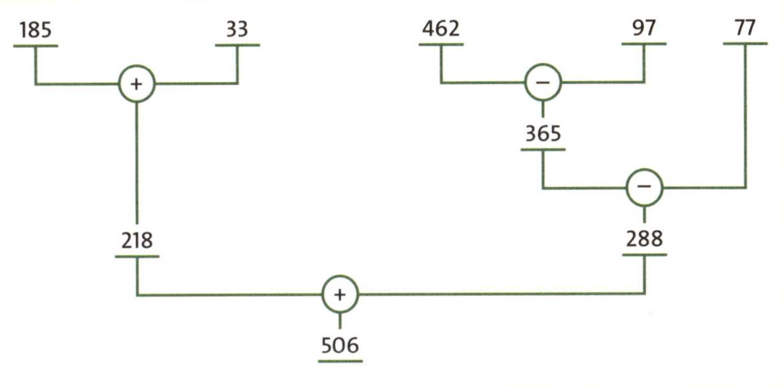

Die Reihenfolge der Rechenschritte wird durch Klammern festgelegt. Sind mehrere Klammern ineinandergeschachtelt, beginne ich mit der innersten Klammer.
Bei Termen mit Plus- und Minuszeichen dürfen die Klammern nicht einfach weggelassen werden. Das ist nur bei Termen erlaubt, die ausschließlich Pluszeichen enthalten – denn dann gilt ja das Assoziativgesetz der Addition.

2.4 Terme gliedern

Beispiel:

(97 + 23) – (96 – 71)	Ist dieser Term eine Summe oder eine Differenz? Wir wissen, wie ein Term berechnet werden kann.
(97 + 23) – (96 – 71)	Wir berechnen die Klammern.
= 120 – 25	Jetzt bleibt noch eine Differenz übrig.

Nun ist es eindeutig: Der Term ist eine Differenz.

Diese Überlegung können wir verallgemeinern: Das Rechenzeichen (+ oder –), das bei der Berechnung am längsten übrig bleibt, bestimmt die Art des Terms (Summe oder Differenz).

2.5 Rechenaufträge übersetzen

Beispiel für die Übersetzung eines Rechenauftrags in einen Term:

Addiere zur Differenz der Zahlen 134 und 59 die Zahl 75.

□ + □	„Addiere" heißt +; es ist eine Summe. Vor und nach dem Pluszeichen lasse ich Platz für die Summanden.

Addiere *zur Differenz der Zahlen 134 und 59* die Zahl 75.

(134 – 59) + □	„zur Differenz der Zahlen …" heißt: Der 1. Summand ist die Differenz (134 – 59).

Addiere zur Differenz der Zahlen 134 und 59 *die Zahl 75.*

(134 – 59) + 75 = 75 + 75 = 150	„die Zahl 75" wird addiert, sie ist der 2. Summand. Jetzt kann ich rechnen.

Übungen

1 Berechne.

a) 654 + 875 + 981 + 54
b) 4870 + 873 + 8623 + 550
c) 8649 – 7533
d) 9572 – 1629

2 Übersetze den Rechenauftrag in einen Rechenausdruck.

a) Addiere zu 4000 die Zahl 8750.
b) Berechne den Wert der Summe der Zahlen 75, 87 und 128.
c) Berechne den Wert der Differenz der Zahlen 7563 und 6158.
d) Subtrahiere 673 von der Zahl 1723.

3 Berechne.

a) [(187 – 133) + (248 – 123)] – 75
b) (652 + 873) – [(98 + 112) – (600 – 531)]

4 Übersetze den Rechenbaum in einen Rechenausdruck und trage die fehlenden Zahlen ein.

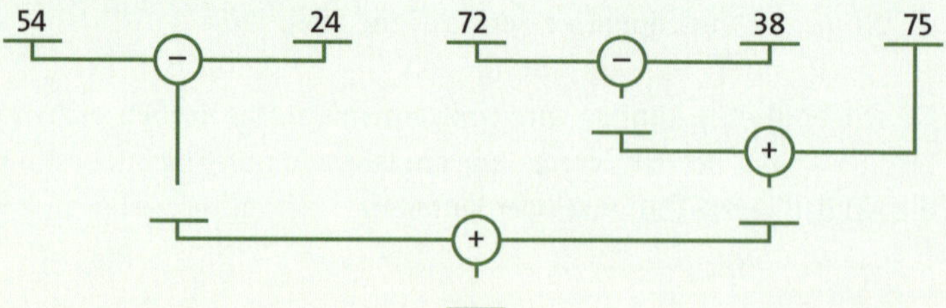

3 Multiplikation und Division

3.1 Multiplizieren

Rechenausdrücke mit Malzeichen wie $12 \cdot 11$ oder $8 \cdot 9 \cdot 5$ bezeichnet man als **Produkte.** Die einzelnen Zahlen, die du miteinander multiplizierst (malnimmst), werden **Faktoren** genannt und der Reihenfolge nach abgezählt. Das Ergebnis einer solchen Rechnung heißt **Wert des Produkts.**

MERKE

12	·	11	=	132
1. Faktor		**2. Faktor**		**Wert des Produkts**
Produkt (1. Faktor · 2. Faktor)				

Beispiele für eine schriftliche Multiplikation:

8	3	4	·	6	7	3
	5	0	0	4		
		5	8	3	8	
+		$_1$	2$_1$	5	0	2
	5	6	1	2	8	2

2	6	2	1	9	·	2	7	6
		5	2	4	3	8		
		1	8	3	5	3	3	
+		$_1$	1$_1$	5$_1$	7$_1$	3	1	4
		7	2	3	6	4	4	4

1 Die Multiplikation hilft dir, Additionsaufgaben mit gleichen Summanden kürzer aufzuschreiben und auch schneller zu berechnen.

Beispiel: $\underbrace{25 + 25 + 25 + 25 + 25}_{\text{5 gleiche Summanden}} = 25 \cdot 5 = 125$

2 Bei der Multiplikation mit der Zahl Null ist der Wert des Produkts immer null.

Beispiele: $6 \cdot 0 = 0$, $0 \cdot 16\,483 = 0$, $0 \cdot 34 \cdot 784 = 0$

Mit Platzhaltern: $a \cdot 0 = 0$, $0 \cdot a = 0$

3 Bei der Multiplikation mit der Zahl Eins verändert sich nichts.

Beispiele: $65 \cdot 1 = 65$, $1 \cdot 8\,392 = 8\,392$, $6 \cdot 9 \cdot 1 = 6 \cdot 9 = 54$

Mit Platzhaltern: $a \cdot 1 = a$ und $1 \cdot a = a$

4 Bei der Multiplikation mit einer Stufenzahl werden an den anderen Faktor so viele Nullen angehängt, wie die Stufenzahl selbst hat.

Beispiele: $157 \cdot 10 = 1\,570$, $35 \cdot 100 = 3\,500$, $16 \cdot 1\,000 = 16\,000$

Rechengesetze

■ Vertauschungsgesetz oder Kommutativgesetz der Multiplikation: Beim Multiplizieren können die Faktoren vertauscht werden, ohne dass sich der Wert des Produkts ändert.
Kurzform mit Platzhaltern: $a \cdot b = b \cdot a$
Beispiel: $2 \cdot 3 = 3 \cdot 2$

■ Verbindungsgesetz oder Assoziativgesetz der Multiplikation: In einem Produkt können die Faktoren in beliebiger Weise durch Klammern verbunden werden.
Kurzform: $(a \cdot b) \cdot c = a \cdot (b \cdot c)$
Beispiel: $(2 \cdot 3) \cdot 4 = 2 \cdot (3 \cdot 4)$

Als Zusammenfassung beider Gesetze kannst du dir merken:
In einem Produkt darf ich die Faktoren in beliebiger Reihenfolge multiplizieren. Klammern kann ich beliebig setzen und weglassen.
Genau wie bei der Addition kannst du auch bei der Multiplikation die Faktoren so vertauschen, dass zueinanderpassende Faktoren nebeneinanderstehen und dann bevorzugt multipliziert werden.
Beispiel: $150 \cdot 51 \cdot 20 = (150 \cdot 20) \cdot 51 = 3\,000 \cdot 51 = 153\,000$

3.2 Potenzieren

Für die Produkte mit gleichen Faktoren gibt es eine abgekürzte Schreibweise.
Beispiel: $4 \cdot 4 \cdot 4 = 4^3$

Eine **Potenz** besteht aus einer **Grundzahl** (oder **Basis**) und einer **Hochzahl** (oder **Exponent**).
Der Exponent gibt an, wie oft die Basis als Faktor genommen werden soll.
Beispiel: 8^5 bedeutet $\underbrace{8 \cdot 8 \cdot 8 \cdot 8 \cdot 8}_{\text{5-mal der Faktor 8}}$

Basis (8) Exponent (5)

Man sagt: Die Zahl 8 wird mit 5 potenziert.

▶ **BEACHTE** $8^1 = 8$

3.3 Dividieren

Einen Rechenausdruck mit Divisionszeichen wie 36 : 12 bezeichnet man als **Quotienten.** Weitere Fachausdrücke sind:

MERKE

36	:	12	=	3
Dividend		**Divisor**		**Wert des Quotienten**

Quotient (= Dividend : Divisor)

Beispiele für schriftliche Division:

```
  1 5 4 7 2 2 : 3 2 1 = 4 8 2
- 1 2 8 4
    2 6 3 2
  - 2 5 6 8
        6 4 2
      - 6 4 2
            0

  5 6 7 2 : 1 9 = 2 9 8  Rest 10
- 3 8
  1 8 7
- 1 7 1
    1 6 2
  - 1 5 2
      1 0
```

▶ BEACHTE

„298 Rest 10" ist keine Zahl. Dieses Ergebnis besagt: 5 672 ist nicht durch 19 teilbar, aber $(5\,672 - 10) : 19 = 298$ oder $5\,672 = 19 \cdot 298 + 10$.
Wenn man den Zahlenbereich erweitert und Bruchzahlen einführt (siehe S. 138), erhält man als Ergebnis der Division eine Bruchzahl.

Besonderheiten bei der Division mit null:

- ▶ Null dividiert durch irgendeine Zahl (außer null) ergibt immer null.
- ▶ Durch null kann man nicht dividieren.

Rechengesetze

Es ist 16 : 8 = 2, aber 8 : 16 ergibt keine natürliche Zahl.
Es ist (120 : 60) : 2 = 2 : 2 = 1, aber es ist 120 : (60 : 2) = 120 : 30 = 4.
Die Beispiele zeigen: Bei der Division dürfen Dividend und Divisor nicht vertauscht werden. Die Veränderung der Klammersetzung ist ebenfalls nicht erlaubt.

3.4 Rechenausdrücke mit Klammern

Es gilt auch hier:
Was in Klammern steht, wird zuerst ausgerechnet. Treten mehrere Klammern auf, beginne ich mit der innersten Klammer.

Beispiel:

$[(800 : 5) \cdot 30] : [(32 \cdot 5) : 2^3]$	Ich berechne zuerst die runden Klammern und die Potenz. Die Zahl 30 wird zum Rechnen noch nicht
$= [160 \cdot 30] : [160 : 8]$	benötigt. Ich schreibe sie deshalb unverändert auf. Nun sind die eckigen Klammern an der Reihe.
$= 4800 : 20$	
$= 240$	Zum Schluss muss ich noch dividieren.

3.5 Terme gliedern

Beispiel:

$(1\,000 : 8) \cdot (16 \cdot 5)$	Wir berechnen die Klammern.
$= \quad 125 \quad \cdot \quad 80$	Jetzt bleibt noch ein Produkt übrig.

Nun ist es eindeutig: Der Term ist ein Produkt.

Es gilt also auch bei Produkten und Quotienten: Das Rechenzeichen (· oder :), das bei der Berechnung am längsten übrig bleibt, bestimmt die Art des Terms (Produkt oder Quotient).

3.6 Rechenaufträge übersetzen

Beispiele:

a) Multipliziere das Produkt der Zahlen 14 und 9 mit 50.
$(14 \cdot 9) \cdot 50 = 126 \cdot 50 = 6\,300$

b) Dividiere die dritte Potenz von 6 durch das Produkt aus 12 und 9.
$6^3 : (12 \cdot 9) = 216 : 108 = 2$

3.7 Zählprinzip, Baumdiagramm

Beispiel: Petra hat vier Hosen, nämlich eine rote (rH), eine schwarze (sH), eine blaue (bH) und eine weiße (wH). Sie hat drei T-Shirts, nämlich ein weißes (wT), ein gelbes (gT) und ein blaues (bT). Auf wie viele Arten kann sie sich kleiden?

Für die Hose hat sie vier Möglichkeiten:

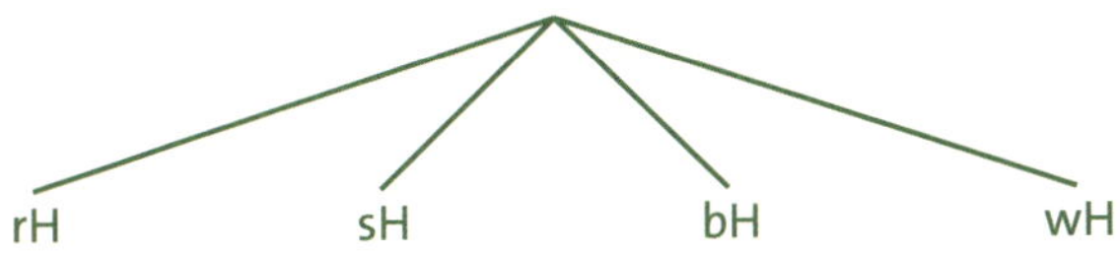

Zu jeder Hose kann Petra eines von drei T-Shirts auswählen:

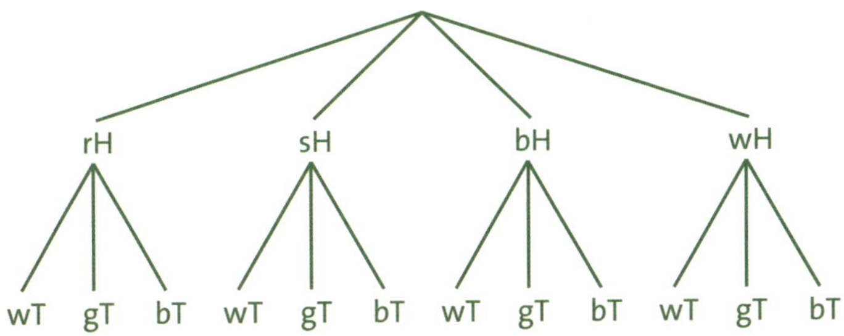

Sie hat also $4 \cdot 3 = 12$ Möglichkeiten, sich zu kleiden.
Diese Art der Darstellung ist ein **Baumdiagramm.**

> **MERKE** Wenn es bei einer zweistufigen Entscheidung auf der ersten Stufe *m* Möglichkeiten und auf der zweiten Stufe *n* Möglichkeiten gibt, so gibt es insgesamt $m \cdot n$ Möglichkeiten.

Übungen

1 Rechne schriftlich.

a) $245 \cdot 15$ b) 11^4 c) $500 : 14$

2 Bestimme, ob der Term ein Produkt oder ein Quotient ist. Zeichne dazu einen Rechenbaum und berechne den Wert des Terms.

a) $144 : (6 \cdot 4)$ b) $(4000 : 250) \cdot 125$

3 Beachte beim Dividieren die Besonderheiten.

a) $763 : 763$ b) $0 : 78$ c) $873 : 1$

4 Übersetze in einen Term und berechne ihn anschließend.

a) Multipliziere das Produkt der Zahlen 38 und 26 mit 175.
b) Dividiere das Produkt der Zahlen 195 und 60 durch 390.
c) Multipliziere den Quotienten der Zahlen 476 und 7 mit 4^5.

5 In der Kantine gibt es zwei Vorspeisen (Suppe, Nudeln) und drei Hauptgerichte (Pizza, Schnitzel, Braten). Zeichne ein Baumdiagramm. Auf wie viele Arten kann man ein Menü mit Vorspeise und Hauptgericht zusammenstellen?

4 Verbindung der Grundrechenarten

4.1 Vorrangregeln, Distributivgesetz

Treten in einer Rechnung verschiedene Rechenzeichen auf, so gelten Vorrangregeln für die Reihenfolge der Berechnung:

MERKE

- Was in Klammern steht, wird zuerst ausgerechnet. Treten mehrere Klammern auf, wird mit der innersten Klammer begonnen.
- Potenzen werden vor Punktrechnungen gerechnet.
- Punktrechnung (· , :) geht vor Strichrechnung (+, –) (kurz: „Punkt vor Strich“).

Beispiele:

a) $5 \cdot (2 + 18) = 5 \cdot 20 = 100$
b) $5 + 6 \cdot 3^2 = 5 + 6 \cdot 9 = 5 + 54 = 59$

Verteilungsgesetz oder Distributivgesetz: Soll eine Summe mit einer Zahl multipliziert werden, so kann auch jeder Summand einzeln mit der Zahl multipliziert werden.
Kurzform: $(a + b) \cdot c = a \cdot c + b \cdot c$
Entsprechend gilt bei einer Differenz: $(a - b) \cdot c = a \cdot c - b \cdot c$
Das Distributivgesetz gilt auch beim Dividieren:
$(a + b) : c = a : c + b : c$ $\quad$ $(a - b) : c = a : c - b : c$
(Distributivgesetz von lat.: *distribuere,* verteilen, austeilen)

Beispiele:

a) $(100 - 3) \cdot 7 = 100 \cdot 7 - 3 \cdot 7 = 700 - 21 = 679$
b) $(90 + 6) : 3 = 90 : 3 + 6 : 3 = 30 + 2 = 32$

Das Distributivgesetz wird auch verwendet, wenn in einer Summe bzw. in einer Differenz gleiche Faktoren oder gleiche Divisoren auftreten. Man spricht dann von **Ausklammern.**

Beispiele:

a) $47 \cdot 17 + 53 \cdot 17 = (47 + 53) \cdot 17 = 100 \cdot 17 = 1\,700$
b) $144 : 6 + 72 : 6 = (144 + 72) : 6 = 216 : 6 = 36$

4.2 Terme gliedern

Rechenart	Term	Termname	9 heißt	3 heißt
Addition	$9 + 3$	Summe	1. Summand	2. Summand
Subtraktion	$9 - 3$	Differenz	Minuend	Subtrahend
Multiplikation	$9 \cdot 3$	Produkt	1. Faktor	2. Faktor
Division	$9 : 3$	Quotient	Dividend	Divisor

Auch bei größeren Termen gilt wieder: Das Rechenzeichen, das bei der Berechnung am längsten übrig bleibt, bestimmt die Art des Terms.

Beispiel:

$144 : 16 + (74 - 6 \cdot 7)$ Der Term ist eine Summe.
Der 1. Summand ist der Quotient aus 144 und 16.
Der 2. Summand ist die Differenz, deren Minuend 74 und deren Subtrahend das Produkt aus 6 und 7 ist.

Der Rechenbaum dazu sieht so aus:

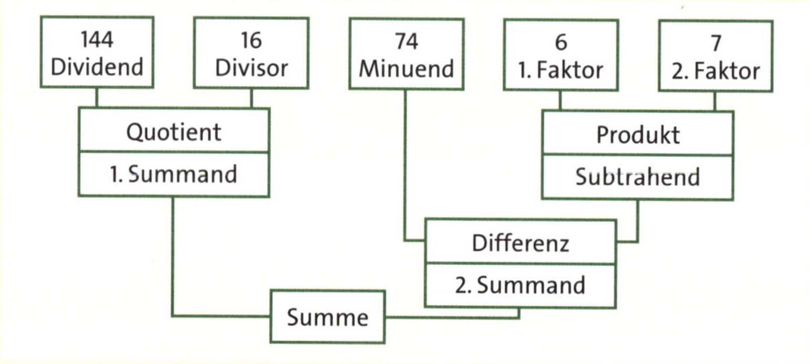

4.3 Rechenaufträge übersetzen

Beispiele:

a) Subtrahiere die dreifache Summe der Zahlen 26 und 16 vom Quotienten aus 4992 und 32.
$4992 : 32 - 3 \cdot (26 + 16) = 156 - 3 \cdot 42 = 156 - 126 = 30$

b) Multipliziere die Differenz der Zahlen 15 und 9 mit dem Quotienten der Zahlen 39 und 13.
$(15 - 9) \cdot (39 : 13) = 6 \cdot 3 = 18$

Übungen

1 Rechne im Kopf und verwende dabei das Distributivgesetz.

a) $51 \cdot 5$ b) $99 \cdot 7$ c) $306 : 3$

2 Berechne unter Beachtung der Regeln.

a) $7 \cdot (2 + 4 \cdot 2)$ b) $6 \cdot 7 - 32 : 4^2$

3 Gliedere die folgenden Terme und berechne sie dann.

a) $(1024 : 16) + (627 - 384)$ b) $[574 - (253 + 138)] \cdot 11$

4 Übersetze in einen Term und berechne ihn anschließend.

Addiere zum Produkt der Zahlen 13 und 17 den Quotienten der Zahlen 279 und 31.

5 Teilbarkeit

5.1 Teiler und Vielfache

Eine natürliche Zahl a heißt **Teiler** einer natürlichen Zahl b, wenn die Division $b : a$ aufgeht, d. h., wenn es eine natürliche Zahl c gibt mit $a \cdot c = b$. Man schreibt:

$a \mid b$; sprich „a ist Teiler von b" oder „a teilt b".

$a \nmid b$; sprich „a ist kein Teiler von b" oder „a teilt b nicht".

Beispiele:

$2 \mid 8 \quad 5 \mid 25 \quad 7 \nmid 10 \quad 3 \mid 21 \quad 12 \nmid 100$

Für alle natürlichen Zahlen n gilt: $n \mid n$, $n \mid 0$, $1 \mid n$.

Wenn a Teiler von b ist, heißt b **Vielfaches** von a und man sagt: „b ist durch a **teilbar**".

Die Vielfachen von 2 heißen **gerade Zahlen,** die anderen natürlichen Zahlen heißen **ungerade Zahlen.**

Natürliche Zahlen, die größer als 1 sind und nur durch 1 und durch sich selbst teilbar sind, heißen **Primzahlen.**

Beispiele:

a) 2, 3, 5, 7, 11, 13, 19, 23, 29, 31, 37 …

b) Die Zahl 2 ist die einzige gerade Primzahl. Es gibt unendlich viele Primzahlen.

Die eindeutige Darstellung einer natürlichen Zahl n als Produkt, dessen sämtliche Faktoren Primzahlen sind, heißt **Primfaktorzerlegung** von n.

Beispiele:

a) $24 = 2 \cdot 2 \cdot 2 \cdot 3 \quad = 2^3 \cdot 3$

b) $252 = 2 \cdot 2 \cdot 3 \cdot 3 \cdot 7 \quad = 2^2 \cdot 3^2 \cdot 7$

c) $540 = 2 \cdot 2 \cdot 3 \cdot 3 \cdot 3 \cdot 5 \quad = 2^2 \cdot 3^3 \cdot 5$

5.2 Teilbarkeitsregeln

Eine natürliche Zahl ist durch 2 teilbar, wenn ihre letzte Ziffer 0, 2, 4, 6, oder 8 ist.
Eine natürliche Zahl ist durch 3 teilbar, wenn ihre Quersumme (die Summe aller Ziffern) durch 3 teilbar ist.
Eine natürliche Zahl ist durch 4 teilbar, wenn ihre letzten beiden Ziffern eine durch 4 teilbare Zahl bilden oder wenn sie auf 00 endet.
Eine natürliche Zahl ist durch 5 teilbar, wenn ihre letzte Ziffer 0 oder 5 ist.
Eine natürliche Zahl ist durch 9 teilbar, wenn ihre Quersumme durch 9 teilbar ist.

Beispiele:

a) 516 ist durch 2 teilbar, da ihre letzte Ziffer 6 ist.
b) 516 ist durch 3 teilbar, da die Quersumme $5+1+6=12$ durch 3 teilbar ist.
c) 516 ist durch 4 teilbar, da die Zahl 16 aus den beiden letzten Ziffern durch 4 teilbar ist.
d) 516 ist nicht durch 5 teilbar, da die letzte Ziffer weder 0 noch 5 ist.
e) 516 ist nicht durch 9 teilbar, da die Quersumme 12 nicht durch 9 teilbar ist.

5.3 Größter gemeinsamer Teiler (ggT) und kleinstes gemeinsames Vielfaches (kgV)

Der größte gemeinsame Teiler (ggT) und das kleinste gemeinsame Vielfache (kgV) zweier Zahlen kann mithilfe der Primfaktorzerlegung dieser Zahlen bestimmt werden.

Beispiel:

$$120 = 2 \cdot 2 \cdot 2 \cdot 3 \cdot 5 = 2^3 \cdot 3 \cdot 5$$
$$300 = 2 \cdot 2 \cdot 3 \cdot 5 \cdot 5 = 2^2 \cdot 3 \cdot 5^2$$
$$\text{ggT}(120; 300) = 2 \cdot 2 \cdot 3 \cdot 5 = 2^2 \cdot 3 \cdot 5 = 60$$
$$\text{kgV}(120; 300) = 2 \cdot 2 \cdot 2 \cdot 3 \cdot 5 \cdot 5 = 2^3 \cdot 3 \cdot 5^2 = 600$$

Der **größte gemeinsame Teiler (ggT)** zweier natürlicher Zahlen a und b ist das Produkt aus allen gemeinsamen Primfaktoren. Das **kleinste gemeinsame Vielfache (kgV)** zweier natürlicher Zahlen a und b ist das Produkt aus den höchsten auftretenden Primzahlpotenzen.
Ist a Teiler von b, so gilt: $\text{ggT}(a; b) = a$ und $\text{kgV}(a; b) = b$.
Ist $\text{ggT}(a; b) = 1$, so heißen a und b **teilerfremd.** Sind a und b teilerfremd, so gilt: $\text{kgV}(a; b) = a \cdot b$.

Test

1 Trage die Zahlen mit Ziffern in eine Stellentafel ein.

a) Zwei Milliarden dreißig Millionen siebentausendfünf.

b) Fünfhundertzwei Billionen sechshundert Millionen elf.

c) Vierzig Billionen acht Milliarden zweiundsiebzig Millionen zwölftausendvierhundertsieben.

d) Neunhundertneun Milliarden neunundneunzig Millionen neunzigtausendneunhundertneun.

2 Runde die folgenden Zahlen zuerst auf Hunderter, dann auf Tausender und schließlich auf Zehntausender.

a) 123 456 b) 256 825 c) 345 789

3 Berechne.

a) $87 - (125 - 55)$ b) $65 - [158 - (90 + 33)]$

4 Subtrahiere die Summe der Zahlen 199 und 301 von der Zahl 750.

5 Löse die Potenz auf und berechne.

a) 10^3 b) 5^5 c) 11^4 d) 1000^2

6 Berechne.

a) $100 \cdot [510 : (17 \cdot 2)]$ b) $7^2 \cdot (16 \cdot 9) \cdot (24 \cdot 5)$

7 Dividiere das Produkt aus 10^4 und 15 durch das Produkt der Zahlen 200 und 75.

8 Zerlege in Primfaktoren.

a) 200 b) 72 c) 135

9 Bilde den ggT und das kgV von 16 und 24.

10 Wie heißt die größte zweistellige Primzahl?

Rechnen mit Größen, Sachaufgaben

1 Größen aus dem Alltag

Angaben wie 4,35 €, 3 m 20 cm, 4 kg usw. nennt man **Größen**.
€, m, cm, kg usw. nennt man **Einheiten**.
Die Zahlen, die vor den Einheiten stehen, heißen **Maßzahlen**.

1.1 Größen und ihre Einheiten

Geld

Einheiten: Euro (€), Cent
1 € = 100 Cent

Masse

Einheiten: Tonne (t), Kilogramm (kg), Gramm (g)
1 t = 1 000 kg = 1 000 000 g
1 kg = 1 000 g

Länge

Einheiten: Kilometer (km), Meter (m), Dezimeter (dm), Zentimeter (cm), Millimeter (mm)

1 km = 1 000 m			= 1 000 000 mm
1 m = 10 dm	= 100 cm		= 1 000 mm
1 dm = 10 cm	= 100 mm		
1 cm = 10 mm			

Zeit

Einheiten: Tag (d), Stunde (h), Minute (min), Sekunde (s)
1 d = 24 h
1 h = 60 min
1 min = 60 s

1.2 Umwandeln in andere Einheiten

Geld

12 € 5 Cent	256 Cent
= 12 · 100 Cent + 5 Cent	= 200 Cent + 56 Cent
= 1 200 Cent + 5 Cent	= 2 € + 56 Cent
= 1 205 Cent	= 2 € 56 Cent
	= 2,56 €

Masse

2 t 50 kg	3 507 g
= 2 · 1 000 kg + 50 kg	= 3 000 g + 507 g
= 2 000 kg + 50 kg	= 3 kg + 507 g
= 2 050 kg	= 3 kg 507 g

Länge

2 m 8 cm 5 mm	3 450 m
= 2 000 mm + 80 mm + 5 mm	= 3 000 m + 450 m
= 2 085 mm	= 3 km + 450 m
	= 3 km 450 m

Zeit

2 d 5 h	140 min
= 2 · 24 h + 5 h	= 120 min + 20 min
= 53 h	= 2 h + 20 min
	= 2 h 20 min

2 Summen und Differenzen von Größen

Es können nur gleichartige Größen addiert bzw. subtrahiert werden.

Beispiele:

a) 55 cm + 75 cm = 130 cm

b) 7 € – 5 € = 2 €

Zum Addieren bzw. Subtrahieren müssen die Größen in der **gleichen Einheit** vorliegen. Sie müssen also eventuell erst umgewandelt werden. Dann werden jeweils die Maßzahlen addiert bzw. subtrahiert und mit der gemeinsamen Einheit versehen.

Beispiele:

a) 5 m + 34 cm = 500 cm + 34 cm = 534 cm

b) 7 t – 4 365 kg = 7 000 kg – 4 365 kg = 2 635 kg

Sind die Größen in **gemischten Einheiten** angegeben, so kann man eine solche Summe bzw. Differenz auf zwei Arten berechnen.

1. Methode: Wandle zuerst in die gleiche Einheit um und addiere bzw. subtrahiere dann. Schreibe das Ergebnis wieder in gemischten Einheiten.

Beispiel:

3 m 86 cm 5 mm + 4 m 37 cm 3 mm
= 3 865 mm + 4 373 mm
= 8 238 mm
= 8 m 23 cm 8 mm

2. Methode: Addiere bzw. subtrahiere die einzelnen Teile mit der jeweils gleichen Einheit gesondert. Wandle am Ende noch in die übliche Schreibweise um.

Beispiel:

3 m 86 cm 5 mm + 4 m 37 cm 3 mm
= (3 m + 4 m) + (86 cm + 37 cm) + (5 mm + 3 mm)
= 7 m + 123 cm + 8 mm
= 7 m + 1 m 23 cm + 8 mm
= 8 m 23 cm 8 mm

3 Produkte und Quotienten von Größen

Multipliziert man eine Größe mit einer Zahl, so ist das Ergebnis eine Größe der gleichen Art. Kurz: Größe · Zahl = Größe. Bei gemischten Einheiten kann man ein Produkt aus einer Größe und einer Zahl auf zwei Arten berechnen:

1. Methode: Multipliziere die einzelnen Teile der Größe mit der Zahl gesondert. Am Ende wandle noch in die übliche Schreibweise mit gemischten Einheiten um.

Beispiel: 2 € 75 Ct · 5 = 2 € · 5 + 75 Ct · 5 = 10 € + 375 Ct
= 10 € + 3 € 75 Ct = 13 € 75 Ct

Wer sicher rechnet, kann kürzer so schreiben: 2 € 75 Ct · 5 = 10 € + 375 Ct = 13 € 75 Ct

2. Methode: Wandle die Größe zuerst in die kleinste vorkommende Einheit um und multipliziere dann. Schreibe das Ergebnis wieder in gemischten Einheiten.

Beispiel: 2 € 75 Ct · 5 = 275 Ct · 5 = 1 375 Ct = 13 € 75 Ct

Dividiert man eine Größe durch eine Zahl, so ist das Ergebnis eine Größe der gleichen Art. Kurz: Größe : Zahl = Größe. Eine solche Rechnung nennt man auch **Teilung**. Die Größe wird in mehrere Portionen aufgeteilt. Ist die Größe dabei in gemischten Einheiten angegeben, so wird zuerst in die kleinste vorkommende Einheit umgewandelt und dann dividiert. Wenn es nötig ist, wird das Ergebnis wieder in gemischten Einheiten angegeben.

Beispiel: 4 h 54 min : 14 = 294 min : 14 = 21 min

Damit die Division aufgeht, ist es manchmal nötig, in noch kleinere Einheiten umzuwandeln: 9 m 5 dm : 25 = 95 dm : 25 = 950 cm : 25 = 38 cm

Teilt der Divisor alle einzelnen Teile der Größe, kann man auch einzeln dividieren: 48 kg 200 g : 4 = 48 kg : 4 + 200 g : 4 = 12 kg 50 g.

Dividiert man eine Größe durch eine Größe der gleichen Art, so ist das Ergebnis eine Zahl. Kurz: Größe : Größe = Zahl. Eine solche Rechnung nennt man Größenvergleich oder **Messung**.

Beispiel: 3 m 50 cm : 14 cm = 350 cm : 14 cm = 25

Bei der Multiplikation und der Division verschiedenartiger Größen ist das Ergebnis eine neue Größe.

Beispiel: Wegstrecke s : Zeit t = Geschwindigkeit v
60 km : 2 h = 30 km/h.

4 Sachaufgaben

Bei Sachaufgaben besteht die Schwierigkeit oft darin, Text bzw. Fragestellung in einen mathematischen Ansatz zu übertragen. Erst dann kann gerechnet werden. Bei der Übertragung helfen folgende Überlegungen:

▶ Lies den Text genau.

▶ Stelle dir die beschriebene Situation möglichst genau vor.

▶ Zeichne gegebenenfalls zur Veranschaulichung eine Skizze.

▶ Suche für die vorkommenden Größen passende Begriffe. Schreibe die gegebenen Größen heraus.

▶ Überlege genau, was gesucht ist. Bezeichne die gesuchte Größe mit einem passenden Begriff.

▶ Überlege, wie die gegebenen und die gesuchten Größen zusammenhängen. Gibt es eine Berechnungsformel?

▶ Überprüfe deinen Ansatz, ob er auch sinnvoll ist.

▶ Mache nach der Rechnung die Probe. Überprüfe auch, ob dein Ergebnis zur Aufgabenstellung passt und nach deiner Erfahrung stimmen kann.

▶ Schreibe einen Antwortsatz.

Beispiel: Ein Lieferwagen darf mit 1 t 500 kg beladen werden. Im Wagen befinden sich schon 15 Säcke Kartoffeln zu je 50 kg und 30 Kisten mit Gemüse zu je 15 kg. Wie viele Säcke Zwiebeln zu je 20 kg können noch zugeladen werden?

Gegeben: Gesamtgewicht: 1 t 500 kg
Gewicht der Kartoffeln: $15 \cdot 50$ kg
Gewicht der Gemüsekisten: $30 \cdot 15$ kg
Gewicht eines Zwiebelsacks: 20 kg

Gesucht: Anzahl der Zwiebelsäcke

Lösung: Zunächst in einzelnen Schritten:
Wie viel wurde bereits aufgeladen?
$15 \cdot 50 \text{ kg} + 30 \cdot 15 \text{ kg} = 750 \text{ kg} + 450 \text{ kg} = 1\,200 \text{ kg}$
Wie viel kann noch zugeladen werden? Dazu wird von der maximalen Zuladung das gesamte Gewicht der bereits aufgeladenen Säcke und Kisten subtrahiert:
$1 \text{ t } 500 \text{ kg} - 1\,200 \text{ kg} = 1\,500 \text{ kg} - 1\,200 \text{ kg} = 300 \text{ kg}.$
Wie viele Zwiebelsäcke ergeben 300 kg? $300 \text{ kg} : 20 \text{ kg} = 15$

Antwort: Man kann noch 15 Zwiebelsäcke zuladen.

Soll die Aufgabe in einem Gesamtterm gelöst werden, fasst man die einzelnen Rechenschritte zusammen und rechnet schrittweise aus:
[1 t 500 kg – (15 · 50 kg + 30 · 15 kg)] : 20 kg
= [1 t 500 kg – (750 kg + 450 kg)] : 20 kg
= [1 t 500 kg – 1 200 kg] : 20 kg = 300 kg : 20 kg = 15.

Test

1 Addiere oder subtrahiere.

a) 18 m 75 cm 8 mm + 6 m 24 cm 1 mm
b) 8 km 55 m + 12 km 950 m
c) 8 kg 972 g + 42 kg 75 g
d) 77 t 850 kg + 145 t 500 kg
e) 66 kg 155 g – 32 kg 95 g
f) 17 t 884 kg – 9 t 79 kg
g) 45 min 16 s – 38 min 45 s
h) 12 h 37 min 8 s – 9 h 55 min 43 s

2 Multipliziere oder dividiere.

a) 12 € 80 Ct · 8
b) 16 m 35 cm · 4
c) 22 kg 250 g · 6
d) 6 h 18 min : 9
e) 30 t 336 kg : 30
f) 1200 € : 32
g) 480 m : 32 m
h) 826 kg : 14 kg
i) 3 m 50 cm : 14 cm

3 Wie viele Stücke zu 30 cm kann man von einer 6 m 45 cm langen Latte absägen?

4 Ein Satellit umrundet die Erde einmal in 90 min. Wie viele Umrundungen macht er an einem Tag?

5 Ein Computerladen verkauft einen PC im Ausverkauf für 984 € mit 132 € Verlust. Wie hoch war der Einkaufspreis, wenn die Geschäftskosten 43 € betrugen?

6 Ein Händler kann von einer Lieferung Erdbeeren am ersten Tag 60 kg zu 2,98 € je 500 g und am nächsten Tag 30 kg zu 2,48 € je 500 g verkaufen, 10 kg verderben. Wie hoch war sein Gewinn, wenn 1 kg Erdbeeren 2,30 € gekostet hat und seine Geschäftskosten 35 € betragen?

7 Ein Energielieferant verlangt einen Grundpreis von 6 € 45 Ct pro Monat sowie für den Energieverbrauch 16 Ct pro Kilowattstunde. Wie hoch ist die jährliche Energierechnung bei einem Verbrauch von 4 000 Kilowattstunden?

Rechnen mit Bruchzahlen

1 Bruchteile und Bruchzahlen

1.1 Fachbegriffe

Ein **Bruch** besteht aus **Zähler**, **Bruchstrich** und **Nenner**.

4	Zähler
—	Bruchstrich
12	Nenner

Der Nenner n gibt an, in wie viele gleich große Teile ein Ganzes zerlegt wird. Der Zähler z gibt an, wie viele dieser Teile zusammengefasst werden ($z \in \mathbb{N}_0$, $n \in \mathbb{N}$).

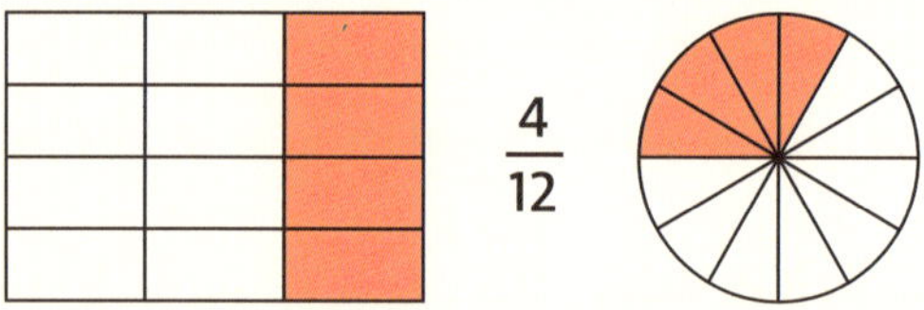

Ist der Zähler eines Bruches kleiner als der Nenner, so heißt der Bruch **echter** Bruch.
Ist der Zähler eines Bruches größer als der Nenner, so heißt der Bruch **unechter** Bruch. Ein unechter Bruch lässt sich auch als **gemischte Zahl** aus Ganzen und einem echten Bruch schreiben.
Ein Bruch mit dem Zähler 1 heißt **Stammbruch**.

Beispiele:

Echte Brüche: $\frac{5}{7}$; $\frac{1}{5}$; $\frac{7}{9}$; $\frac{36}{72}$

Unechte Brüche: $\frac{7}{5}$; $\frac{9}{2}$; $\frac{8}{3}$; $\frac{16}{12}$

Gemischte Zahlen: $7\frac{2}{75}$; $1\frac{1}{2}$; $2\frac{2}{3}$; $4\frac{4}{12}$

Stammbrüche: $\frac{1}{3}$; $\frac{1}{5}$; $\frac{1}{9}$; $\frac{1}{35}$

1.2 Kürzen und Erweitern

Einen Bruch **kürzen** heißt, Zähler und Nenner des Bruches durch dieselbe natürliche Zahl dividieren:

$$\frac{z}{n} = \frac{z : a}{n : a}$$

Ein Bruch heißt **vollständig gekürzt**, wenn er sich nicht weiter kürzen lässt.

Einen Bruch **erweitern** heißt, Zähler und Nenner des Bruches mit derselben natürlichen Zahl multiplizieren:

$$\frac{z}{n} = \frac{z \cdot a}{n \cdot a}$$

Das kleinste gemeinsame Vielfache (kgV) der Nenner von Brüchen heißt **Hauptnenner** der Brüche.

Beispiele:

Kürzen mit 6: $\frac{18}{48} = \frac{18:6}{48:6} = \frac{3}{8}$

Vollständiges Kürzen: $\frac{21}{84} = \frac{21:3}{84:3} = \frac{7}{28} = \frac{7:7}{28:7} = \frac{1}{4}$

Erweitern mit 4: $\frac{17}{25} = \frac{17 \cdot 4}{25 \cdot 4} = \frac{68}{100}$

Erweitern auf den Hauptnenner: $\frac{3}{5} + \frac{4}{7} = \frac{21}{35} + \frac{20}{35}$; $\frac{13}{16} + \frac{19}{24} = \frac{39}{48} + \frac{38}{48}$

1.3 Brüche am Zahlenstrahl

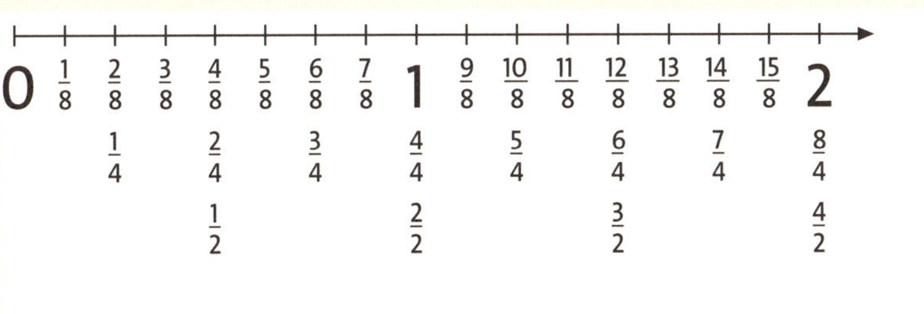

Alle Brüche, die zum selben Punkt des Zahlenstrahls gehören, haben trotz verschiedener Schreibweise denselben Wert. Dieser Wert heißt **Bruchzahl**. Die **Menge der Bruchzahlen** (einschließlich Null) bezeichnet man mit $\mathbb{Q}_0^+$, manchmal auch mit $\mathbb{B}$.

Beispiele: $\frac{1}{2} = \frac{2}{4} = \frac{4}{8}$; $\frac{16}{8} = \frac{8}{4} = \frac{4}{2} = \frac{2}{1} = 2$

Auch alle natürlichen Zahlen lassen sich als Brüche schreiben. Sie heißen **Scheinbrüche.** Es gilt also: $\mathbb{N} \subset \mathbb{Q}_0^+$.

1.4 Größenvergleich von Brüchen

Brüche mit gleichem Nenner heißen **gleichnamige Brüche.** Von zwei gleichnamigen Brüchen ist derjenige kleiner, der den kleineren Zähler hat. Von zwei Brüchen mit gleichem Zähler ist derjenige kleiner, der den größeren Nenner hat.

Beispiele: $\frac{3}{7} < \frac{5}{7}$; $\frac{4}{9} < \frac{4}{7}$

Brüche mit verschiedenen Zählern und Nennern werden zum Größenvergleich auf den Hauptnenner erweitert.

Beispiele: $\frac{3}{5} = \frac{21}{35}$; $\frac{4}{7} = \frac{20}{35} \Rightarrow \frac{3}{5} > \frac{4}{7}$

Übungen

1 **Stelle die Brüche $\frac{5}{8}$; $\frac{3}{2}$; $\frac{7}{10}$; $\frac{19}{20}$ an einem Zahlenstrahl dar. Wähle als Einheit $e = 8$ cm.**

2 **Kürze vollständig.**

a) $\frac{120}{180}$ b) $\frac{60}{90}$ c) $\frac{60}{84}$ d) $\frac{126}{210}$

3 **Erweitere auf den gegebenen Nenner bzw. Zähler.**

a) $\frac{6}{10} = \frac{?}{30}$ b) $\frac{4}{15} = \frac{?}{75}$ c) $\frac{15}{16} = \frac{?}{48}$ d) $\frac{2}{3} = \frac{?}{60}$

e) $\frac{1}{2} = \frac{20}{?}$

4 **Ordne jeweils der Größe nach. Beginne mit dem kleinsten Bruch.**

a) $\frac{2}{3}$; $\frac{11}{9}$; $\frac{7}{9}$ b) $\frac{8}{3}$; $\frac{20}{7}$ c) $\frac{14}{25}$; $\frac{21}{30}$; $\frac{4}{15}$

2 Addition und Subtraktion von Brüchen

2.1 Brüche mit gleichem Nenner

Brüche mit gleichem Nenner **(gleichnamige Brüche)** werden addiert bzw. subtrahiert, indem man die Zähler addiert bzw. subtrahiert und den Nenner beibehält.

Kurz: $\frac{a}{c} + \frac{b}{c} = \frac{a+b}{c}$; $\frac{a}{c} - \frac{b}{c} = \frac{a-b}{c}$

Beispiele:

$\frac{7}{12} + \frac{4}{12} = \frac{11}{12}$; $\frac{14}{15} - \frac{6}{15} = \frac{8}{15}$

2.2 Brüche mit verschiedenem Nenner

Um Brüche mit verschiedenen Nennern addieren bzw. subtrahieren zu können, muss man sie zuerst auf den gleichen Nenner bringen. Das kleinste gemeinsame Vielfache (kgV) der gegebenen Nenner heißt **Hauptnenner.**

Beispiele:

a) $\frac{1}{2} + \frac{1}{3} = \frac{3}{6} + \frac{2}{6} = \frac{3+2}{6} = \frac{5}{6}$; Hauptnenner: kgV(2; 3) = 6

b) $\frac{11}{18} + \frac{5}{36} - \frac{3}{24} = \frac{44}{72} + \frac{10}{72} - \frac{9}{72} = \frac{45}{72} = \frac{5}{8}$

Zum Schluss werden alle Ergebnisse vollständig gekürzt.

2.3 Gemischte Zahlen und unechte Brüche

Ein unechter Bruch wird in eine gemischte Zahl umgewandelt, indem man den Zähler durch den Nenner dividiert. Dadurch erhält man die Ganzen. Der Divisionsrest ergibt den Zähler des Bruches, der zu den Ganzen addiert wird.

Beispiele:

a) $\frac{17}{2} = 17 : 2 = 8 + 1 : 2 = 8\frac{1}{2}$

b) $\frac{134}{11} = 134 : 11 = 12 + 2 : 11 = 12\frac{2}{11}$

Will man eine gemischte Zahl in einen unechten Bruch umwandeln, schreibt man die Ganzen als Bruch und addiert dann.

Beispiel:

$$4\frac{3}{5} = 4 + \frac{3}{5} = \frac{4}{1} + \frac{3}{5} = \frac{4 \cdot 5}{5} + \frac{3}{5} = \frac{23}{5}; \text{ kurz: } 4\frac{3}{5} = \frac{4 \cdot 5 + 3}{5} = \frac{23}{5}$$

Addieren bzw. Subtrahieren gemischter Zahlen

1. Weg: Man addiert bzw. subtrahiert die Ganzen und die Brüche einzeln. Bei der Subtraktion ist es manchmal nötig, beim Minuenden ein Ganzes in einen Bruch umzuwandeln (siehe drittes Beispiel).

Beispiele zum 1. Rechenweg:

a) $4\frac{3}{4} + 2\frac{1}{5} = \left(4 + \frac{3}{4}\right) + \left(2 + \frac{1}{5}\right) = (4 + 2) + \left(\frac{3}{4} + \frac{1}{5}\right) = 6 + \frac{15 + 4}{20} = 6\frac{19}{20}$

b) $5\frac{3}{4} - 2\frac{1}{6} = \left(5 + \frac{3}{4}\right) - \left(2 + \frac{1}{6}\right) = (5 - 2) + \left(\frac{3}{4} - \frac{1}{6}\right) = 3 + \frac{9 - 2}{12} = 3\frac{7}{12}$

c) $7\frac{1}{5} - 3\frac{5}{6} = 7\frac{6}{30} - 3\frac{25}{30} = 6\frac{36}{30} - 3\frac{25}{30} = 3\frac{11}{30}$

2. Weg: Man wandelt die gemischten Zahlen zuerst in unechte Brüche um und addiert bzw. subtrahiert dann. Das Ergebnis schreibt man wieder als gemischte Zahl.

Die obigen Beispiele noch einmal zum 2. Rechenweg:

a) $4\frac{3}{4} + 2\frac{1}{5} = \frac{19}{4} + \frac{11}{5} = \frac{95 + 44}{20} = \frac{139}{20} = 139 : 20 = 6\frac{19}{20}$

b) $5\frac{3}{4} - 2\frac{1}{6} = \frac{23}{4} - \frac{13}{6} = \frac{69 - 26}{12} = \frac{43}{12} = 43 : 12 = 3\frac{7}{12}$

c) $7\frac{1}{5} - 3\frac{5}{6} = \frac{36}{5} - \frac{23}{6} = \frac{216 - 115}{30} = \frac{101}{30} = 101 : 30 = 3\frac{11}{30}$

TIPP Meistens kommt man auf dem ersten Weg leichter zum Ergebnis, da man mit kleineren Zahlen rechnen kann.

Übungen

1 Addiere oder subtrahiere.

a) $\frac{7}{50}+\frac{18}{25}$ b) $\frac{3}{5}+\frac{1}{6}$ c) $\frac{11}{25}-\frac{4}{15}$ d) $\frac{29}{33}-\frac{21}{44}$

2 Schreibe jeden unechten Bruch als gemischte Zahl.

a) $\frac{7}{2}$ b) $\frac{11}{4}$ c) $\frac{23}{6}$ d) $\frac{45}{8}$

3 Rechne die gemischte Zahl in einen unechten Bruch um.

a) $6\frac{1}{5}$ b) $1\frac{4}{7}$ c) $9\frac{1}{3}$ d) $4\frac{1}{5}$

4 Addiere oder subtrahiere.

a) $4\frac{3}{4}+6\frac{3}{4}$ b) $3\frac{7}{12}+4\frac{5}{18}$ c) $26\frac{8}{15}-5\frac{3}{10}$ d) $12\frac{3}{16}-7\frac{1}{20}$

3 Multiplikation und Division von Brüchen

3.1 Brüche multiplizieren

Brüche werden miteinander multipliziert, indem man Zähler mit Zähler und Nenner mit Nenner multipliziert.

Kurz: $\frac{a}{b}\cdot\frac{c}{d}=\frac{a\cdot c}{b\cdot d}$

Beispiele: $\frac{2}{3}\cdot\frac{4}{5}=\frac{2\cdot 4}{3\cdot 5}=\frac{8}{15}$; $\frac{4}{15}\cdot\frac{5}{6}=\frac{4\cdot 5}{15\cdot 6}=\frac{2\cdot 1}{3\cdot 3}=\frac{2}{9}$

Das Ergebnis wird immer vollständig gekürzt. Es empfiehlt sich, bereits vor dem Multiplizieren zu kürzen. Erhält man als Ergebnis einen unechten Bruch, so wandelt man ihn in eine gemischte Zahl um.

3.2 Brüche mit natürlichen Zahlen multiplizieren

Wird ein Bruch mit einer natürlichen Zahl multipliziert, so schreibt man diese als Bruch mit dem Nenner 1:

$\frac{5}{8}\cdot 3=\frac{5}{8}\cdot\frac{3}{1}=\frac{5\cdot 3}{8\cdot 1}=\frac{15}{8}=1\frac{7}{8}$; kurz: $\frac{5}{8}\cdot 3=\frac{5\cdot 3}{8}=\frac{15}{8}=1\frac{7}{8}$

In der Kurzform multipliziert man direkt den Zähler mit der natürlichen Zahl und behält den Nenner bei.

3.3 Gemischte Zahlen multiplizieren

Gemischte Zahlen werden vor dem Multiplizieren in unechte Brüche umgewandelt:

$$4\tfrac{1}{8} \cdot 2\tfrac{8}{11} = \frac{33}{8} \cdot \frac{30}{11} = \frac{33 \cdot 30}{8 \cdot 11} = \frac{3 \cdot 15}{4 \cdot 1} = \frac{45}{4} = 11\tfrac{1}{4}$$

Manchmal geht es auch einfacher ohne Umwandeln. Dabei wird das Distributivgesetz verwendet:

$$12\tfrac{1}{8} \cdot 3 = \left(12 + \tfrac{1}{8}\right) \cdot 3 = 12 \cdot 3 + \tfrac{1}{8} \cdot 3 = 36 + \tfrac{3}{8} = 36\tfrac{3}{8}$$

3.4 Bruchteile berechnen

Die Berechnung von Bruchteilen entspricht der Multiplikation.

$\frac{3}{4}$ von $\frac{1}{2} = \frac{3}{4} \cdot \frac{1}{2} = \frac{3 \cdot 1}{4 \cdot 2} = \frac{3}{8}$

Allgemein: $\frac{a}{b}$ von $\frac{c}{d} = \frac{a}{b} \cdot \frac{c}{d}$

3.5 Brüche mit Hochzahlen

Soll ein Bruch potenziert werden, so muss der Bruch in Klammern gesetzt werden, da der Exponent sich sonst nur auf den Zähler bezieht.

Beispiel:

$\left(\frac{3}{5}\right)^4 = \frac{3}{5} \cdot \frac{3}{5} \cdot \frac{3}{5} \cdot \frac{3}{5} = \frac{81}{625}$ dagegen: $\frac{3^4}{5} = \frac{3 \cdot 3 \cdot 3 \cdot 3}{5} = \frac{81}{5}$

3.6 Brüche dividieren

Vertauscht man bei einem Bruch Zähler und Nenner, so erhält man den zugehörigen **Kehrbruch.**

Beispiel: Zum Bruch $\frac{5}{8}$ heißt der Kehrbruch $\frac{8}{5}$.

Durch einen Bruch wird dividiert, indem man mit seinem Kehrbruch multipliziert.

Kurz: $\frac{a}{b} : \frac{c}{d} = \frac{a}{b} \cdot \frac{d}{c}$

Beispiele:

$\frac{1}{4} : \frac{3}{5} = \frac{1}{4} \cdot \frac{5}{3} = \frac{1 \cdot 5}{4 \cdot 3} = \frac{5}{12}$

Natürliche Zahlen schreibt man als Bruch mit Nenner 1:

$\frac{3}{4} : 5 = \frac{3}{4} : \frac{5}{1} = \frac{3}{4} \cdot \frac{1}{5} = \frac{3 \cdot 1}{4 \cdot 5} = \frac{3}{20}$

3.7 Gemischte Zahlen dividieren

Gemischte Zahlen werden wieder zuerst umgewandelt:

$5\frac{1}{2} : 4\frac{1}{8} = \frac{11}{2} : \frac{33}{8} = \frac{11}{2} \cdot \frac{8}{33} = \frac{11 \cdot 8}{2 \cdot 33} = \frac{1 \cdot 4}{1 \cdot 3} = \frac{4}{3} = 1\frac{1}{3}$

TIPP Vor dem Ausmultiplizieren vollständig kürzen. Wenn es möglich ist, schreibt man das Ergebnis als gemischte Zahl.

3.8 Doppelbrüche

Bei Doppelbrüchen stehen im Zähler und Nenner ebenfalls Brüche. Ein Doppelbruch ist nur eine andere Schreibweise für einen Quotienten zweier Brüche. Zum Vereinfachen wird deshalb der Hauptbruchstrich durch ein Divisionszeichen ersetzt. Wenn nötig, setzt man Zähler und Nenner in Klammern.

Beispiel:

Zähler: $\frac{2}{7}$

Hauptbruchstrich: $\frac{\frac{2}{7}}{\frac{4}{5}} = \frac{2}{7} : \frac{4}{5} = \frac{2}{7} \cdot \frac{5}{4} = \frac{2 \cdot 5}{7 \cdot 4} = \frac{1 \cdot 5}{7 \cdot 2} = \frac{5}{14}$

Nenner: $\frac{4}{5}$

Übungen

1 Berechne.

a) $\frac{4}{5} \cdot \frac{7}{9}$ b) $\frac{6}{7} \cdot \frac{4}{15}$ c) $3 \cdot \frac{2}{10}$ d) $\frac{2}{3}$ von 18

2 Berechne.
Kürze das Ergebnis stets vollständig und wandle es in eine gemischte Zahl um, falls möglich.

a) $2\frac{1}{2} \cdot \frac{4}{5}$ b) $9\frac{3}{10} \cdot 1\frac{2}{3}$ c) $\left(\frac{9}{10}\right)^3$ d) $3\frac{3}{5} \cdot \left(\frac{5}{9}\right)^2$

3 Berechne.
Kürze das Ergebnis stets vollständig und wandle es in eine gemischte Zahl um, falls möglich.

a) $\frac{3}{4} : \frac{2}{5}$ b) $\frac{1}{10} : \frac{2}{25}$ c) $2\frac{1}{2} : 5\frac{1}{4}$ d) $26\frac{2}{15} : 2\frac{37}{55}$

4 Vereinfache die Doppelbrüche. Wandle sie dazu in eine Divisionsaufgabe um und berechne diese dann.

a) $\dfrac{\frac{8}{11}}{\frac{1}{2}}$ b) $\dfrac{5\frac{29}{32}}{\frac{27}{48}}$ c) $\dfrac{7\frac{1}{2}}{3\frac{4}{7}}$

4 Verbindung der Grundrechenarten

4.1 Die vier Grundrechenarten kommen gleichzeitig vor

MERKE Auch für Bruchzahlen gelten folgende Regeln:
- Ich berechne zuerst, was in Klammern steht.
- Potenzen haben Vorrang vor Punkt- und Strichrechnungen.
- Punktrechnungen (· und :) haben Vorrang vor Strichrechnungen (+ und –).

Und nicht vergessen: Was du noch nicht zum Rechnen verwendest, wird unverändert wieder aufgeschrieben.

Beispiel:

$1\frac{5}{6} : \left(\frac{3}{8} - \frac{1}{6}\right)$	Klammern zuerst: Hauptnenner ist 24.
$= 1\frac{5}{6} : \left(\frac{9}{24} - \frac{4}{24}\right)$	Klammern ausrechnen.
$= 1\frac{5}{6} : \frac{5}{24}$	Division: Bruch mal Kehrbruch
$= 1\frac{5}{6} \cdot \frac{24}{5}$	Umwandeln der gemischten Zahl.
$= \frac{11}{6} \cdot \frac{24}{5} = \frac{11 \cdot 24}{6 \cdot 5}$	Multiplizieren und kürzen mit 6.
$= \frac{11 \cdot 4}{1 \cdot 5} = \frac{44}{5} = 8\frac{4}{5}$	Ausrechnen und umwandeln.

Test

1 **Stelle die Brüche $\frac{1}{4}, \frac{3}{3}, \frac{11}{8}, \frac{7}{10}$ an einem Zahlenstrahl dar. Wähle als Einheit e = 4 cm.**

2 **Addiere oder subtrahiere.**

a) $\frac{3}{10} + \frac{4}{7}$ b) $\frac{8}{15} + \frac{7}{20}$ c) $\frac{4}{5} - \frac{3}{20}$ d) $\frac{7}{15} - \frac{1}{4}$

e) $5\frac{1}{4} - 2\frac{3}{4}$ f) $6\frac{3}{10} - 4\frac{7}{10}$ g) $10\frac{4}{7} + 3\frac{5}{14} + 9\frac{9}{28}$

3 **Berechne den Bruchteil.**

a) $\frac{4}{5}$ von $\frac{3}{4}$ b) $\frac{3}{10}$ von $\frac{1}{2}$

4 **Multipliziere oder dividiere.**

a) $9\frac{3}{4} \cdot 5$ b) $3\frac{4}{15} \cdot 3\frac{3}{14}$ c) $\left(\frac{2}{3}\right)^2 \cdot \left(\frac{3}{8}\right)^2$ d) $\frac{7}{8} : \frac{14}{5}$

e) $\frac{3}{10} : \frac{9}{25}$ f) $4\frac{7}{20} : 29$ g) $100\frac{4}{7} : 32$

5 **Vereinfache den Doppelbruch.**

a) $\dfrac{15}{\frac{8}{25}}$ b) $\dfrac{36}{9\frac{1}{3}}$

6 **Berechne.**

$5\frac{1}{2} + 3\frac{3}{8} : 4\frac{1}{2} - \left(3\frac{1}{18} \cdot 1\frac{4}{5} + \frac{1}{2}\right)$

Rechnen mit Dezimalbrüchen

1 Dezimale Schreibweise

Brüche mit dem Nenner 10, 100, 1 000 … lassen sich in Bruchstrich- oder Dezimalschreibweise darstellen. Man erweitert dazu die Stellenwerttafel um eine Zehntel-, Hundertstel-, Tausendstel-Stelle und so fort.

		H	Z	E	z	h	t		
		100	10	1	$\frac{1}{10}$	$\frac{1}{100}$	$\frac{1}{1000}$		
$\frac{5}{10}$	→			0	5			→	0,5
$1\frac{3}{100}$	→			1	0	3		→	1,03
$\frac{17}{100}$	→			0	1	7		→	0,17

Beispiel: Welche Zahl ist größer: 0,351 oder 0,349?

Vergleiche die Ziffern von links nach rechts.

Antwort: 0,349 < 0,351, weil 4 < 5.

Man kann Dezimalbrüche auch auf dem Zahlenstrahl eintragen.

Beispiel:

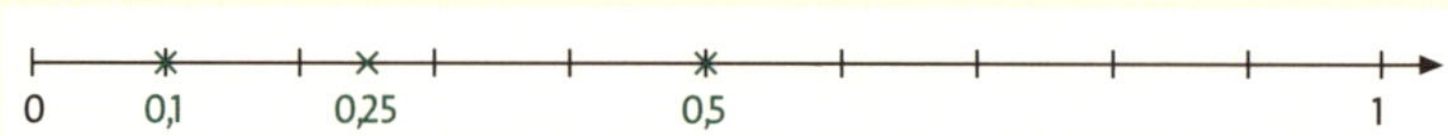

Endliche Dezimalstellen lassen sich direkt in einen Bruch umwandeln: Der Nenner ist eine Stufenzahl mit genauso vielen Nullen, wie Dezimalen vorhanden sind. Der Zähler des Bruches ist durch die Dezimalzahl ohne Komma (gegebenenfalls ohne führende Nullen) gegeben.

Beispiel:

1,345 $= 1\frac{345}{1\,000}$

3 Dezimalen 3 Nullen

Die Anzahl der Dezimalen ist gleich der Anzahl der Nullen der Stufenzahl im Nenner.

MERKE Die folgenden Dezimalbrüche solltest du dir merken:

$0{,}5 = \frac{1}{2}$; $0{,}25 = \frac{1}{4}$; $0{,}75 = \frac{3}{4}$

1.1 Dezimalbrüche runden

Auch bei Dezimalbrüchen gilt:
Ist die erste weggelassene Ziffer 0, 1, 2, 3 oder 4, so wird abgerundet.
Ist die erste weggelassene Ziffer 5, 6, 7, 8 oder 9, so wird aufgerundet.

Beispiele:

a) 0,2347 soll auf 2 Dezimalen gerundet werden. Die erste weggelassene Ziffer ist 4, also wird abgerundet: $0{,}2347 \approx 0{,}23$.

b) 1,19 soll auf 1 Dezimale gerundet werden. Die erste weggelassene Ziffer ist 9, also wird aufgerundet: $1{,}19 \approx 1{,}2$.

2 Addition und Subtraktion von Dezimalbrüchen

2.1 Dezimalbrüche addieren

Folgende Reihenfolge ist beim Addieren von Dezimalbrüchen zu beachten:

1 Beim schriftlichen Addieren von Dezimalbrüchen schreiben wir diese so untereinander, dass Komma unter Komma steht.

2 Fehlende Stellen ergänzen wir durch Nullen.

3 Dann addieren wir stellenweise.

Beispiele:

a) 2,34 + 17,795 = ?

```
   2,340
 +17,795
  11 1
 -------
  20,135
 =======
```

b) 254,3 + 2,847 = ?

```
  254,300
 +  2,847
      1
 --------
  257,147
 ========
```

2.2 Dezimalbrüche subtrahieren

Beim schriftlichen Subtrahieren von Dezimalbrüchen schreiben wir diese zunächst so untereinander, dass Komma unter Komma steht. Dann subtrahieren wir stellenweise.

Beispiele:

a) 3,5 – 2,75 = ?

$$\begin{array}{r} 3{,}50 \\ -\ 2{,}75 \\ \scriptstyle 1\ \ 1 \\ \hline 0{,}75 \\ \hline\hline \end{array}$$

b) 142,1 – 63,99 = ?

$$\begin{array}{r} 142{,}10 \\ -\ 63{,}99 \\ \scriptstyle 111\ \ 1 \\ \hline 78{,}11 \\ \hline\hline \end{array}$$

3 Multiplikation und Division von Dezimalbrüchen

Multiplikation und Division mit Zehnerzahlen

Beim Multiplizieren eines Dezimalbruches mit 10, 100, 1 000, … wird das Komma um 1, 2, 3, … Stellen nach rechts verschoben.
Beim Dividieren eines Dezimalbruches durch 10, 100, 1 000, … wird das Komma um 1, 2, 3, … Stellen nach links verschoben.

Beispiele:

a) 0,478 · 10 (um 1 nach rechts) = 4,78

b) 0,25 · 1 000 (um 3 nach rechts; dazu muss eine Null angehängt werden) = 250

c) 1,5 : 10 (um 1 nach links) = 0,15

d) 1,5 : 1 000 (um 3 nach links; dazu müssen Nullen eingefügt werden) = 0,0015

Multiplikation zweier Dezimalbrüche

Dezimalbruch mal natürliche Zahl oder Dezimalbruch mal Dezimalbruch:

1 Ich multipliziere, ohne auf das Komma zu achten.

2 Ich setze im Ergebnis das Komma so, dass der Dezimalbruch genauso viele Dezimalen hat, wie beide Faktoren zusammen haben.

Beispiele:

a) $0{,}\underbrace{75}_{2D} \cdot 5 = 3{,}\underbrace{75}_{2D}$

b)

$$\begin{array}{l} 3{,}\overbrace{15}^{2D} \cdot 2{,}\overbrace{5}^{1D} \\ \hline 6\ \ 30 \\ 1\ \ 575 \\ \hline 7{,}\underbrace{875}_{3D} \end{array}$$

Division durch eine natürliche Zahl

Sobald ich beim Dividieren das Komma überschreite, setze ich das Komma im Ergebnis.

Beispiel:

1) 13,6 : 4 = 3 …
```
12
 1
```

2) 13,6 : 4 = 3, …
```
12
 1 6
```
Jetzt überschreite ich das Komma.

3) 13,6 : 4 = 3,4
```
12
 1 6
 1 6
   0
```

Wenn kein Komma vorhanden ist, schreibe ich (oder denke ich mir) nach der Einerstelle ein Komma.

Beispiel: 13 : 8 = 13,0 : 8

Division durch einen Dezimalbruch

Ich verschiebe das Komma bei Dividend und Divisor um gleich viele Stellen nach rechts, bis der Divisor eine natürliche Zahl ist.

Beispiel:

1,69 : 1,3 = ? Ich verschiebe das Komma um 1 Stelle nach rechts.

= 16,9 : 1 3 = 1,3
```
13
 39
 39
  0
```

Division, die nicht aufgeht

Beispiel:

2 : 3 = 2,0 : 3 = 0,666…
```
18
 20
 18
  20
  18
   …
```

Man erhält ein Ergebnis mit unendlich vielen Stellen. Alles Papier der Welt würde nicht ausreichen, um diese Zahl aufzuschreiben.
Ist dieses Ungeheuer denn überhaupt eine Zahl? Ja, denn wir wissen:

$2 : 3 = \frac{2}{3}$ und $\frac{2}{3}$ ist eine Zahl.

Zum Glück gibt es eine abgekürzte Schreibweise für solche periodischen Dezimalbrüche. Die sich wiederholenden Ziffern (eine oder mehrere) werden durch einen Balken gekennzeichnet:

$0{,}666\ldots = 0{,}\overline{6}$ („Null Komma Periode sechs“)
$1{,}161616\ldots = 1{,}\overline{16}$ („Eins Komma Periode eins sechs“)
$1{,}16666\ldots = 1{,}1\overline{6}$ („Eins Komma eins Periode sechs“)

Wann geht eine Division auf, wann nicht?

Wenn der vollständig gekürzte Quotient (bzw. Bruch) im Divisor (bzw. Nenner) nur die Primfaktoren 2 oder 5 enthält, geht die Division immer auf; man erhält einen endlichen Dezimalbruch.

Beispiele:

a) $\frac{15}{12} = \frac{5}{4}$ — Der Nenner 4 enthält nur den Primfaktor 2, die Division geht auf.

$5 : 4 = 1{,}25$

b) $\frac{15}{14}$ — Der Nenner 14 enthält die Primfaktoren 2 und 7. Der Bruch lässt sich nicht kürzen.

$15 : 14 = 1{,}0\overline{714285}$ — Die Division geht nicht auf.

Wie kann man einen periodischen Dezimalbruch in einen gewöhnlichen Bruch verwandeln?
Dazu ist es nützlich, sich Folgendes zu merken (du kannst es leicht nachrechnen):

$\frac{1}{9} = 0{,}\overline{1}$; $\frac{1}{99} = 0{,}\overline{01}$; $\frac{1}{999} = 0{,}\overline{001}$

Beispiele:

a) $0{,}\overline{3}$ ist offensichtlich $3 \cdot 0{,}\overline{1}$; also: $0{,}\overline{3} = 3 \cdot 0{,}\overline{1} = 3 \cdot \frac{1}{9} = \frac{1}{3}$

b) $0{,}0\overline{6} = 0{,}\overline{6} : 10 = 6 \cdot 0{,}\overline{1} : 10 = 6 \cdot \frac{1}{9} : 10 = \frac{6}{90} = \frac{1}{15}$

c) $1{,}\overline{42} = 1 + 0{,}\overline{42} = 1 + 42 \cdot 0{,}\overline{01} = 1 + 42 \cdot \frac{1}{99} = 1\frac{14}{33}$

Übungen

1 Markiere die drei Zahlen auf dem Zahlenstrahl.

0,2 ; 0,4 ; 0,8

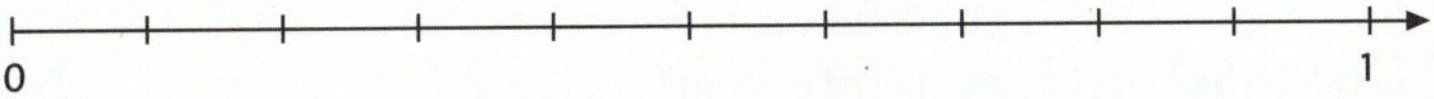

2 Ordne die Dezimalbrüche der Größe nach. Beginne mit der kleinsten Zahl.

a) 2,11 ; 0,23 ; 2,01 ; 2,2

b) 0,017 ; 0,170 ; 0,701 ; 0,071

3 Berechne im Kopf.

a) $0{,}4 \cdot 10$ b) $2{,}3 \cdot 10$ c) $40{,}9 : 10$ d) $384 : 100$

4 Berechne schriftlich.

a) $0{,}73 \cdot 1{,}5$ b) $4{,}56 \cdot 1{,}2$ c) $0{,}05 : 0{,}8$ d) $1{,}96 : 1{,}4$

5 Schreibe das Ergebnis, falls die Division nicht aufgeht, als periodischen Dezimalbruch.

a) $7 : 3$ b) $1 : 11$ c) $4 : 6$ d) $0{,}8 : 1{,}2$

Test

1 Berechne.

a) $14{,}8 - (11{,}2 - 3{,}75) - 1{,}9$

b) $(0{,}5 + 1{,}13) + (11{,}0 - 2{,}7) - 4{,}5$

c) $5 \cdot 1{,}4 - 0{,}7 : 0{,}14$

d) $\left(1\frac{1}{4} + 0{,}25\right) : 0{,}48$

2 Runde auf 3 Dezimalen.

a) $0{,}\overline{3}$ b) $0{,}\overline{6}$ c) $2{,}\overline{57}$ d) $7{,}\overline{17}$

3 Verwandle in einen gewöhnlichen Bruch.

a) $0{,}\overline{4}$ b) $0{,}0\overline{4}$ c) $1{,}0\overline{4}$ d) $0{,}\overline{15}$

Durchschnitt, relative Häufigkeit, Diagramme

1 Durchschnitt, relative Häufigkeit

In einer Schulaufgabe wurden folgende Noten vergeben:

Note	absolute Häufigkeit
1	3
2	3
3	5
4	4
5	4
6	1
Summe	20

Das heißt: Note 1 wurde dreimal vergeben und so weiter. Die Klasse hat 20 Schüler. Den Notendurchschnitt erhält man, indem man alle Noten addiert und dann diese Summe durch die Anzahl der Schüler dividiert. Statt **„Durchschnitt“** sagt man auch **„Mittelwert“** oder **„arithmetisches Mittel“**.

$$\text{Durchschnitt} = \frac{3 \cdot 1 + 3 \cdot 2 + 5 \cdot 3 + 4 \cdot 4 + 4 \cdot 5 + 1 \cdot 6}{20} = 3{,}3$$

Dividiert man die absolute Häufigkeit durch die Gesamtzahl der Noten(hier: 20), so erhält man die **relative Häufigkeit.**

Note	absolute Häufigkeit	relative Häufigkeit
1	3	0,15
2	3	0,15
3	5	0,25
4	4	0,20
5	4	0,20
6	1	0,05
Summe	20	1,00

Die Summe der relativen Häufigkeiten ist 1.

2 Diagramme

Ein Diagramm ist eine bildliche Darstellung von Daten.

Beispiele:

a) Die relativen Häufigkeiten der Noten (s. Tabelle auf Seite 154) werden in einem Säulendiagramm dargestellt.

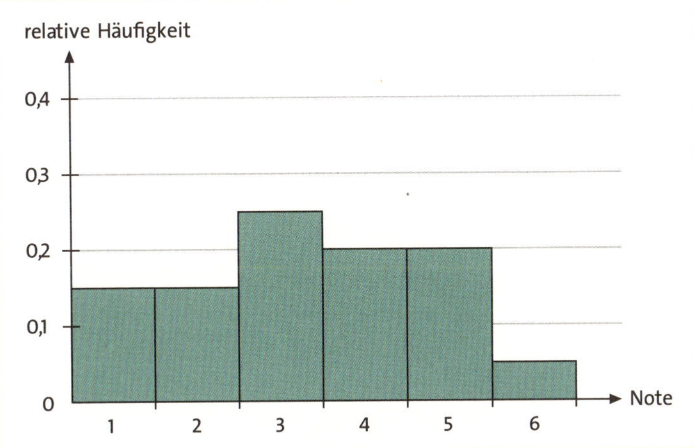

b) Temperaturmessungen eines Patienten werden in einem Kurvendiagramm („Fieberkurve“) dargestellt.

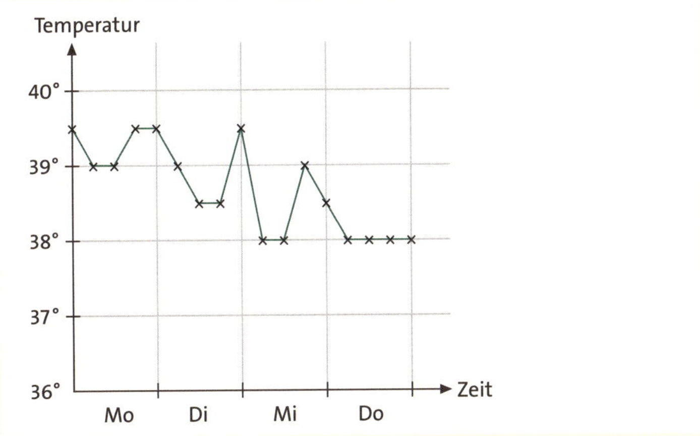

c) Im Kapitel 3.7 (S. 125) hast du Baumdiagramme kennengelernt. Weitere Diagramme folgen im Kapitel „Proportionalität“ (S. 157 ff.).

Übungen

1 Zeichne ein Kurvendiagramm mit den folgenden Temperaturwerten:

Zeit in h	0	6	12	18	24
Temperatur in °C	5,1	4,0	8,5	10,4	7,3

2 Entnimm dem Diagramm die Temperatur um 21 Uhr.

Test

Beim 100-maligen Werfen eines Würfels wurden folgende Augenzahlen erzielt:

Augenzahl	1	2	3	4	5	6
Abs. Häufigkeit	11	17	20	14	20	18

a) Berechne die Durchschnittsaugenzahl.
b) Berechne die relativen Häufigkeiten der Augenzahlen.
c) Zeichne ein Säulendiagramm für die relative Häufigkeit.

Proportionalität

1 Direkte Proportionalität

MERKE Zwei Größen heißen **zueinander proportional** oder direkt proportional, wenn dem Doppelten, Dreifachen, … der einen Größe das Doppelte, Dreifache, … der anderen Größe entspricht. Zueinander proportionale Größen sind quotientengleich.

Beispiel: x l Benzin kosten y Euro.

x	0	1	2	3	4	5	6
y	0	1,20	2,40	3,60	4,80	6,00	7,20

Der Quotient $\frac{y}{x}$ ergibt (außer bei x = 0 und y = 0) immer den gleichen Wert: $\frac{2,40}{2} = \frac{7,20}{6} = 1,20$.

Preis und Menge sind zueinander proportional. Wir tragen die Wertepaare $(x|y)$ als Punkte in ein Koordinatensystem ein. Wenn wir die Punkte miteinander verbinden, erhalten wir eine **Halbgerade**, die im Nullpunkt (Ursprung) beginnt.

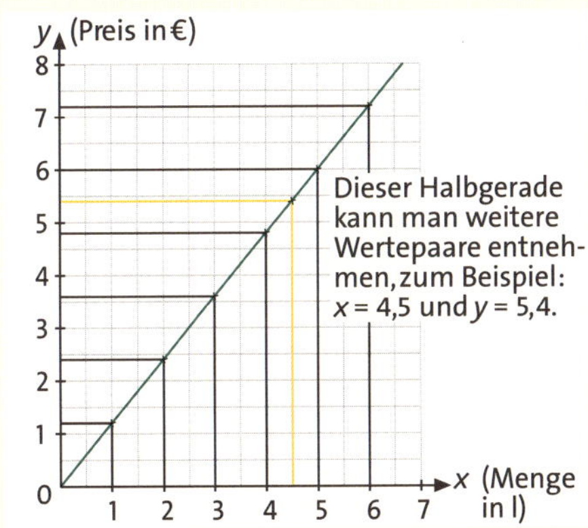

Die grafische Darstellung zueinander proportionaler Größen ist eine Halbgerade, die im Ursprung beginnt.

2 Indirekte Proportionalität

MERKE Zwei Größen heißen zueinander umgekehrt oder indirekt proportional, wenn dem Doppelten, Dreifachen, … der einen Größe die Hälfte, der dritte Teil, … der anderen Größe entspricht. Indirekt proportionale Größen sind produktgleich.

Beispiel: Nimm an, du möchtest Rechtecke mit dem vorgegebenen Flächeninhalt 6 cm² zeichnen. Wie musst du die Seiten wählen?
Ihr Produkt muss 6 cm² ergeben. Du könntest z. B. 6 cm und 1 cm wählen oder 3 cm und 2 cm. Wenn du die eine Seite halbierst, musst du die andere Seite verdoppeln. Die Seitenlängen seien x cm und y cm.

x	1	1,5	2	3	4	6	12
y	6	4	3	2	1,5	1	0,5

x: von 1 nach 2 $\cdot 2$; von 2 nach 12 $\cdot 6$
y: von 6 nach 3 $:2$; von 3 nach 0,5 $:6$

Das Produkt $x \cdot y$ ist konstant gleich 6.
Die Seitenlängen eines Rechtecks (bei gegebenem Flächeninhalt) sind zueinander umgekehrt proportional oder indirekt proportional.
Wir tragen die Wertepaare der Tabelle als Punkte in ein Koordinatensystem ein und verbinden sie durch eine glatte Kurve. Diese Kurve heißt **Hyperbel**.

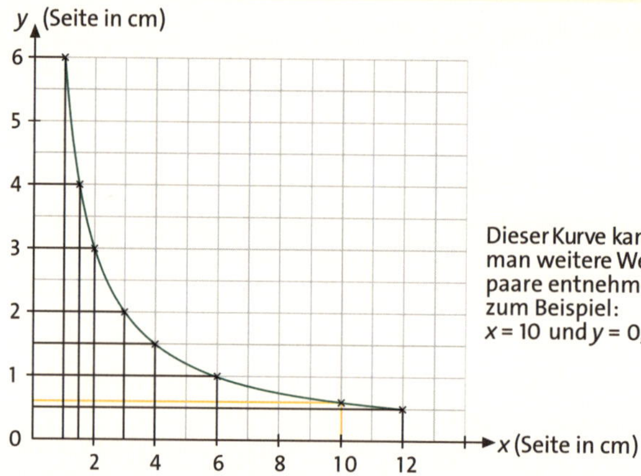

Dieser Kurve kann man weitere Wertepaare entnehmen, zum Beispiel: $x = 10$ und $y = 0{,}6$.

3 Schlussrechnung für direkte und indirekte Proportionalität

Beispiel für direkte Proportionalität:

15 Hefte kosten 13,50 Euro. Wie viel kosten 13 Hefte?

Mit welchem Operator kommt man von 15 auf 13? Einfacher ist es, einen Zwischenschritt mit der Anzahl 1 einzulegen.

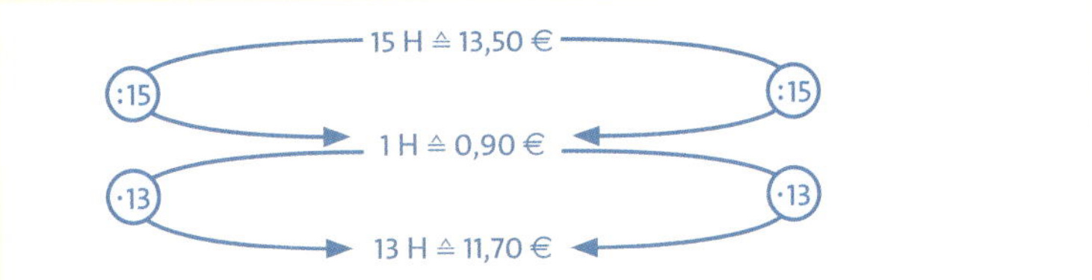

13 Hefte kosten also 11,70 Euro.

Beispiel für indirekte Proportionalität:

2 Maler brauchen 6 Tage, um ein Haus zu streichen. Wie lange brauchen 3 Maler?

Je mehr Maler, desto weniger Zeit braucht es. Wir haben also indirekte Proportionalität. Wir schreiben Wertepaare untereinander und beachten: Wenn wir die eine Größe dividieren, müssen wir die andere Größe multiplizieren, und umgekehrt. Also so:

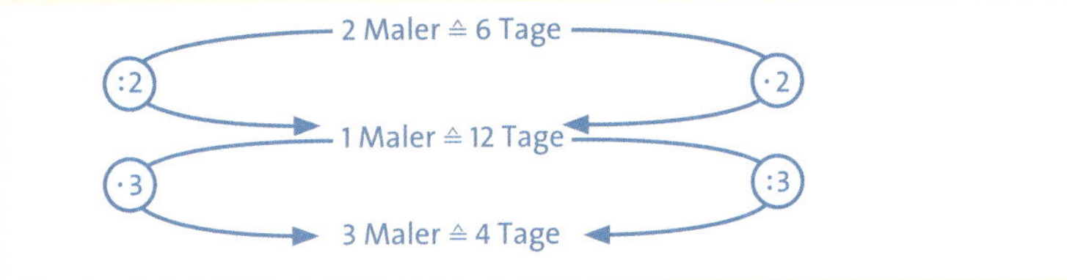

3 Maler brauchen also 4 Tage.

Übungen

1 Ergänze die Tabellen (direkt/indirekt proportional) und trage die Werte in ein Koordinatensystem ein.

a)

2	3	4	5	
	4,5	6		9

b)

1		3	4	6
6	3		1,5	

c)

0	2		6	10
0		2		5

d)

1	2	4	5	8
8		2		

2 Direkt, indirekt oder gar nicht proportional? Entscheide.

a) Stückpreis und Stückzahl bei gegebenem Gesamtbetrag.
b) Volumen und Höhe einer Säule bei gegebenem Querschnitt.
c) Anzahl der Schüler und Notendurchschnitt.
d) Zähler und Nenner von Brüchen, die durch Kürzen oder Erweitern auseinander hervorgehen.

3 Zwei Mähdrescher brauchen 24 Stunden, um die Felder eines Guts zu ernten. Wie lange würden 3 Mähdrescher brauchen?

4 12 Kühe liefern 9 000 l Milch. Wie viel Milch wird man bei 8 Kühen im gleichen Zeitraum erwarten?

Test

1 Von München nach Starnberg (20 km) braucht ein Radler eine Stunde. Wie lange braucht er um den Starnberger See herum (55 km)? (Antwort in h, min)

2 Ein Projekt kann von 5 Kollegen in 30 Arbeitstagen bewältigt werden. Nach 10 Arbeitstagen fällt ein Kollege wegen Krankheit aus. Wie lange dauert das Projekt nun?
Ein Tipp: Betrachte die restliche Arbeit, die nach dem Ausfall des Kollegen noch zu leisten ist.

Geometrie

1 Geometrische Grundformen

1.1 Körper

Regelmäßig geformte Gegenstände nennt man in der Mathematik **geometrische Körper**. Die wichtigsten geometrischen Körper nennen wir **Grundkörper**.

Die Grundkörper

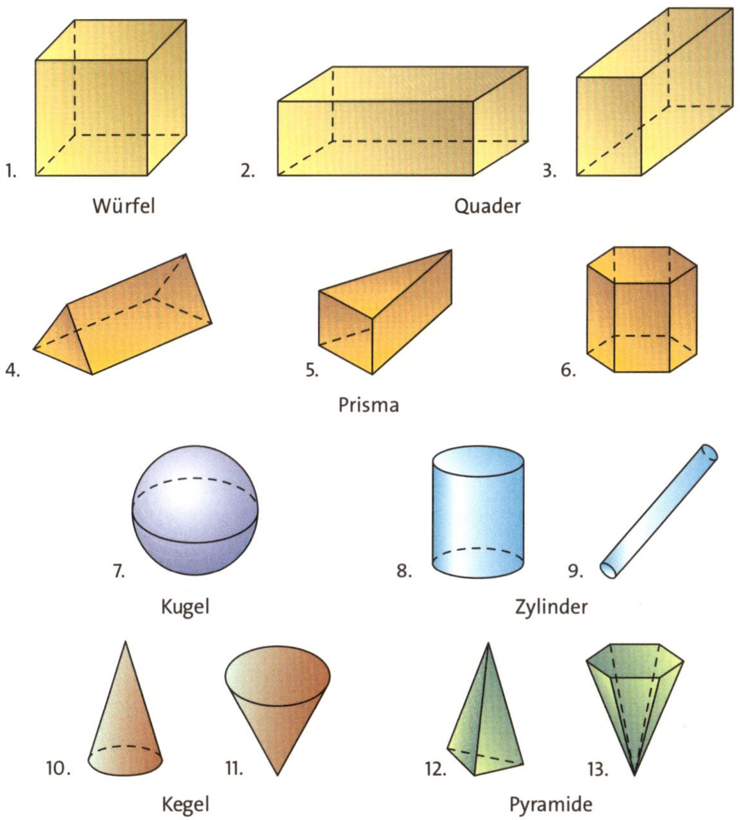

Körper werden von **Flächen** begrenzt. Es gibt **ebene** und **gekrümmte Begrenzungsflächen**. Wo zwei Flächen zusammentreffen, entsteht eine **Begrenzungslinie (Kante)**. Es gibt **gerade** und **gekrümmte** Begrenzungslinien. Treffen sich zwei Kanten, entsteht eine **Ecke**. Bei gekrümmten Begrenzungsflächen kann eine Spitze entstehen (z. B. beim Kegel).

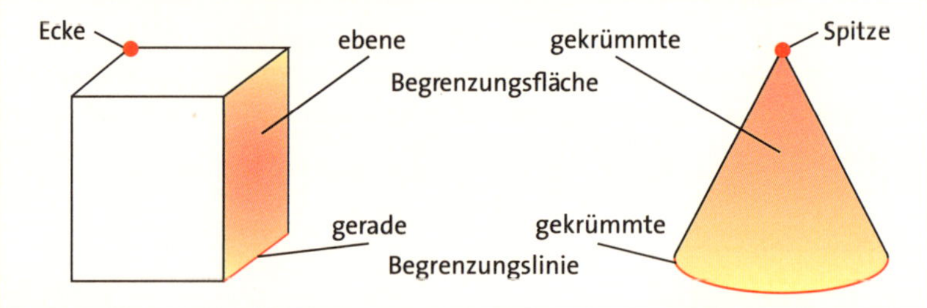

1.2 Flächen

Als Begrenzungsflächen der Körper treten gekrümmte Flächen und ebene Flächen auf. Wir betrachten zunächst die ebenen Flächen genauer.

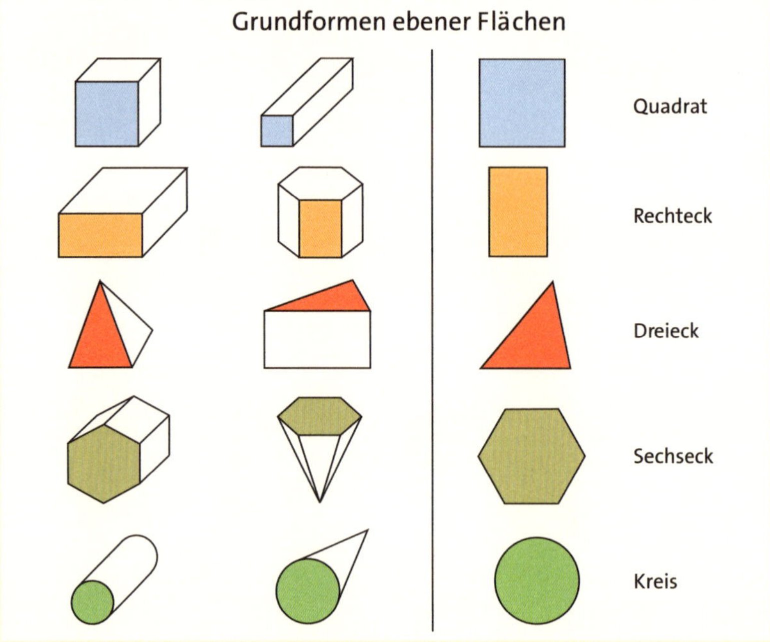

Übungen

1

a) Welcher Grundkörper hat nur Quadrate als Begrenzungsflächen?
b) Welche Grundkörper haben Kreise als Begrenzungsflächen?
c) Welche Grundkörper haben Dreiecke als Begrenzungsflächen?
d) Welche Grundkörper haben nur ebene Begrenzungsflächen?
e) Welcher Grundkörper hat nur Dreiecke als Begrenzungsflächen?
f) Welcher Grundkörper hat keine ebenen Begrenzungsflächen?

2 Du siehst hier vier Körper.

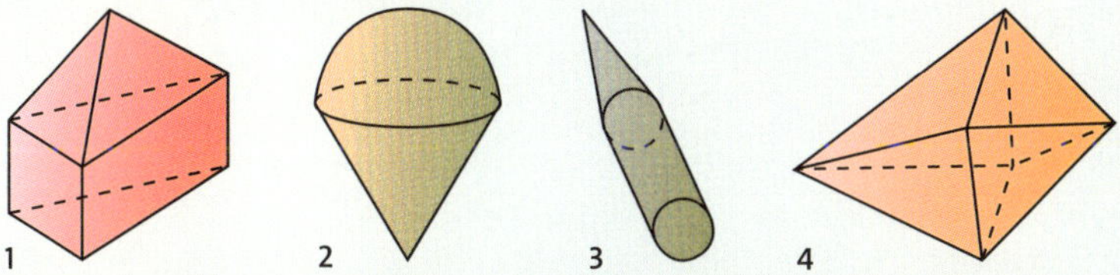

a) Aus welchen Grundkörpern sind sie zusammengesetzt?
b) Wie viele Begrenzungslinien hat jeder Körper?
c) Wie viele Begrenzungsflächen hat jeder Körper und wie heißen die Begrenzungsflächen?

2 Geometrische Grundbegriffe und Schreibweisen

2.1 Punktmengen

Punkte bezeichnen wir in der Geometrie mit großen Buchstaben und zeichnen sie als kleine Kreuze[1].

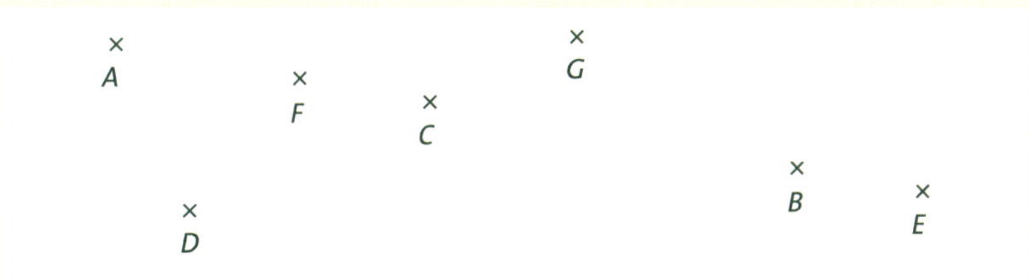

[1] In manchen Büchern werden auch dicke Punkte gezeichnet (z. B. •A, •B).

Verbinde die Punkte A und B durch eine gerade Linie. Es entsteht eine Strecke, die wir mit $\overline{AB}$ bezeichnen[1].
Ihre Länge, die du mit einem Lineal messen kannst, bezeichnen wir auch mit $\overline{AB}$.

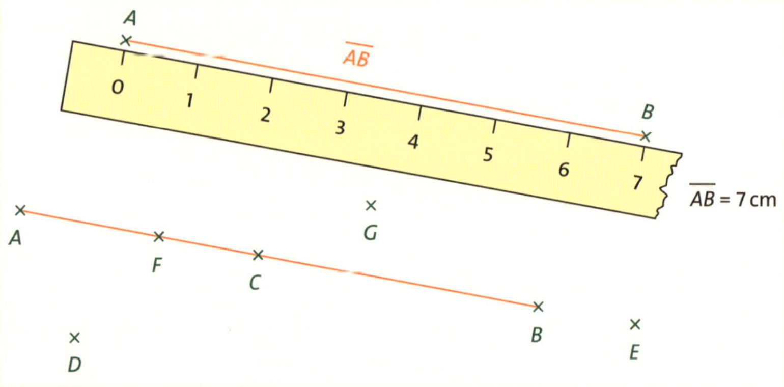

In der Abbildung oben liegt der Punkt C auf der Strecke $\overline{AB}$, der Punkt D nicht. Wir fassen die Strecke $\overline{AB}$ als Menge aller Punkte zwischen A und B einschließlich der Randpunkte A und B auf und schreiben dann:

- C liegt auf $\overline{AB}$;
- D liegt nicht auf $\overline{AB}$.

Denken wir uns das Zeichenblatt nach allen Seiten beliebig weit fortgesetzt, so entsteht ein unbegrenztes Zeichenblatt, das wir **Ebene** nennen.
In einer Ebene kann man die Strecke $\overline{AB}$ über B hinaus beliebig weit geradlinig fortsetzen. Es entsteht ein **Strahl** (auch **Halbgerade** genannt), den wir mit h bezeichnen[2].

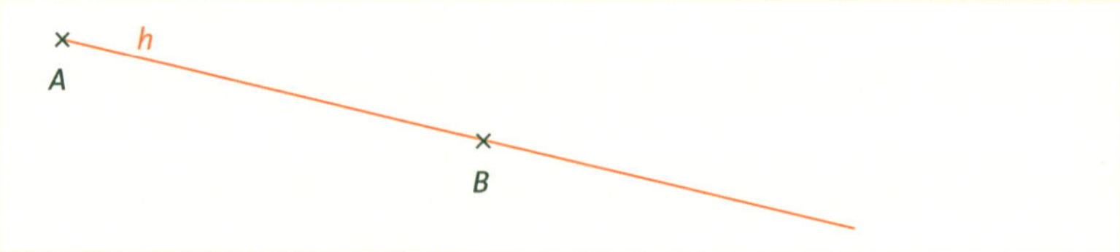

[1] In manchen Büchern $[AB]$ statt $\overline{AB}$.

[2] In manchen Büchern auch $[AB$.

Verlängert man die Strecke $\overline{AB}$ geradlinig über beide Endpunkte hinaus beliebig weit, so erhält man eine **Gerade**, die wir mit AB bezeichnen.

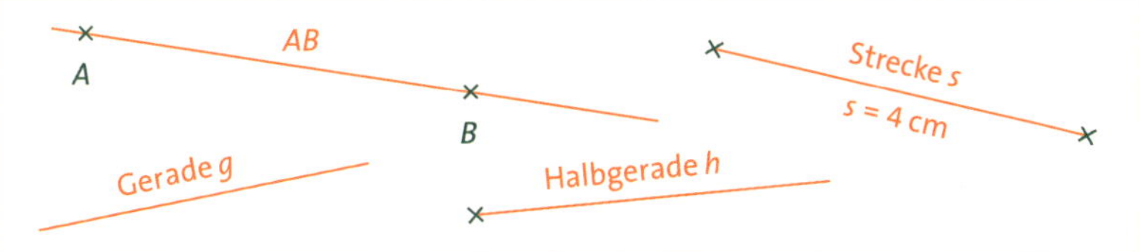

Strecken, Geraden und Halbgeraden werden oft auch durch kleine Buchstaben bezeichnet. Bei Strecken wird der kleine Buchstabe auch zur Bezeichnung der Streckenlänge benutzt.

Die Kennzeichnung, ob ein Punkt auf einer Strecke, Halbgeraden oder Geraden liegt, erfolgt auch mit den Zeichen $\in$ oder $\notin$.

Beispiel:

$A \notin \overline{BD}$ (A liegt nicht auf $\overline{BD}$.)
$C \in g$ (C liegt auf g.)
$B \notin \overline{CD}$ (B liegt nicht auf $\overline{CD}$.)
$E \in h$ (E liegt auf h.)

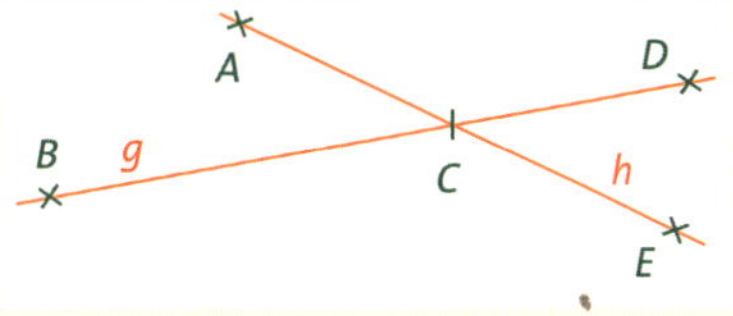

Kreuzen sich zwei Linien, so haben sie einen gemeinsamen Punkt, den man **Schnittpunkt** nennt.

Man schreibt $g \cap h = \{S\}$ (Sprich: „g geschnitten h ist S“.)

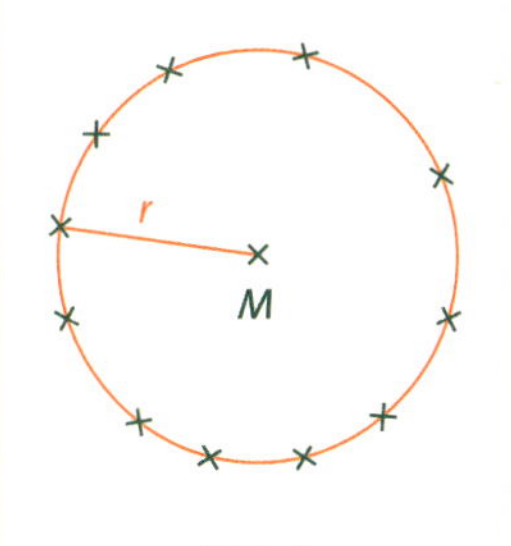

$k(M;r)$

Die **Kreislinie** um den **Mittelpunkt** M mit dem **Radius** r ist eine Menge von Punkten. Wir bezeichnen sie mit $k\,(M; r)$. Der Mittelpunkt M gehört nicht zur Kreislinie $k\,(M; r)$.

Wie zeichnet man einen Kreis?

- Markiere mit einem Kreuz den Mittelpunkt.
- Stelle den Zirkel (mit der Stellschraube) genau auf den Radius ein.
- Zeichne die Kreislinie, ohne dass der Zirkel sich verstellt.

2.2 Senkrecht und parallel

Die Kanten eines Würfels oder Quaders, die sich in einer Ecke treffen, stehen **aufeinander senkrecht** (sind **zueinander senkrecht**). Wir kennzeichnen zueinander senkrechte Linien in Zeichnungen durch das Zeichen ⊥ und schreiben $\overline{AB} \perp \overline{AE}$. (Sprich: „Strecke $\overline{AB}$ ist senkrecht zu Strecke $\overline{AE}$".) Eine senkrechte Gerade wird kurz **Senkrechte** genannt.

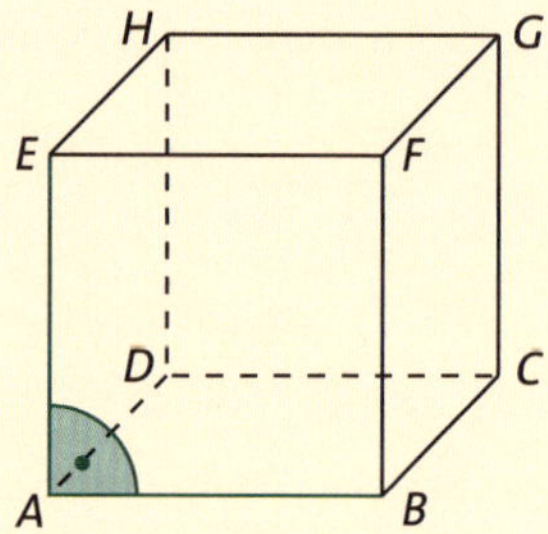

Wenn Strecken, Geraden oder Halbgeraden die gleiche Lage zueinander haben wie die senkrechten Kanten des Quaders, so nennt man sie ebenfalls zueinander senkrecht.

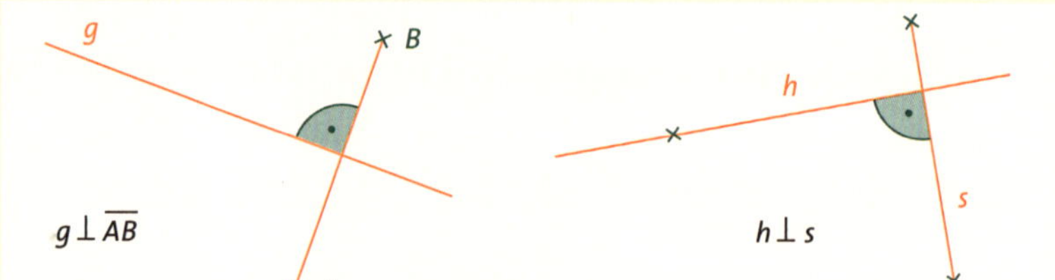

Senkrechte Linien

Ist eine Strecke (Gerade, Halbgerade) zu einer anderen geraden Linie senkrecht, so nennt man sie auch **Lotstrecke (Lotgerade, Lothalbgerade)**.
Zum Überprüfen und zum Zeichnen von Senkrechten kannst du das Geodreieck verwenden.
Und so gehst du vor:

Beim Überprüfen:

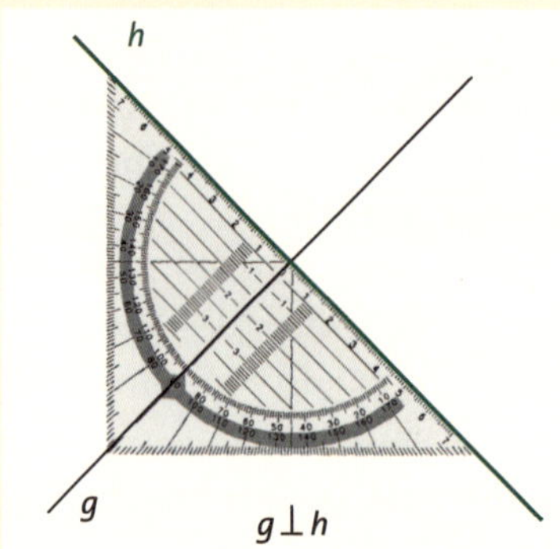

Beim Zeichnen:

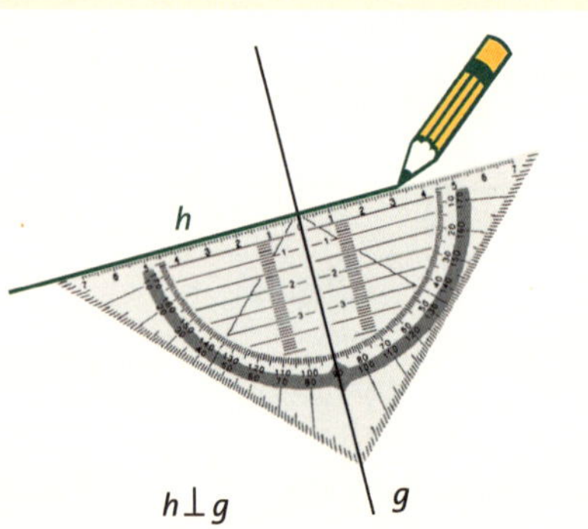

Die Kanten eines Würfels oder Quaders, die in gleicher Richtung verlaufen, sind **zueinander parallel**. Wir schreiben $\overline{BC} \parallel \overline{FG}$ … (Sprich: „Strecke $\overline{BC}$ ist parallel zu Strecke $\overline{FG}$".) Eine parallele Gerade wird kurz **Parallele** genannt.

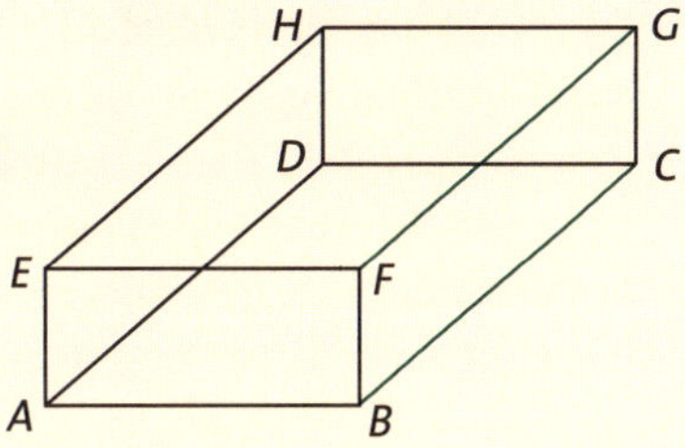

Wenn Strecken, Geraden oder Halbgeraden die gleiche Lage zueinander haben wie die parallelen Kanten des Quaders, so nennt man sie ebenfalls zueinander parallel.

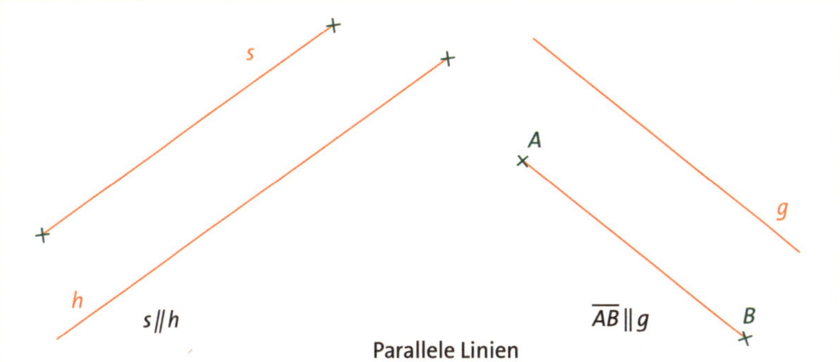

Parallele Linien

Zum Überprüfen und zum Zeichnen von Parallelen kannst du das Geodreieck verwenden.
Und so gehst du vor:
Beim Überprüfen: *Beim Zeichnen:*

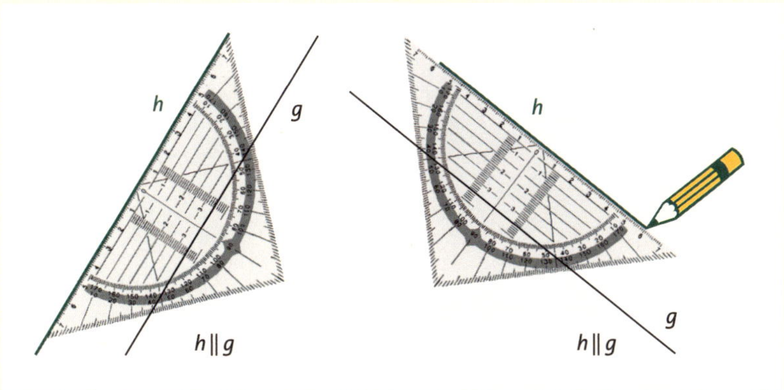

2.3 Das Koordinatensystem

Das **Koordinatensystem** (Gitternetz, Quadratgitter) besteht aus dem **Ursprung** (Nullpunkt), der ***x*-Achse** (Rechtswertachse) mit angegebener Längeneinheit (1 LE) und der ***y*-Achse** (Hochwertachse) mit angegebener Längeneinheit[1].

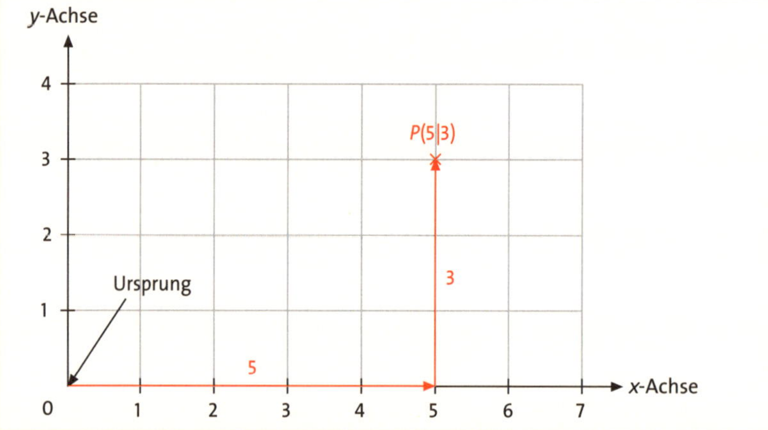

Die Lage des Punktes *P* ist durch die Zahlen 5 und 3 festgelegt. Sie geben an, dass du vom Ursprung 5 LE in *x*-Richtung (waagerecht nach rechts) und 3 LE in *y*-Richtung (senkrecht nach oben) gehen musst. Man beschreibt die Lage des Punktes *P* im Koordinatensystem mithilfe des geordneten Zahlenpaares *P*(5|3). Die beiden Zahlen heißen **Koordinaten** des Punktes *P*.
5 heißt **1. Koordinate** (*x*-Koordinate, Rechtswert),
3 heißt **2. Koordinate** (*y*-Koordinate, Hochwert) des Punktes *P*.

---

[1] Die Längeneinheit beträgt meistens 1 cm.

Übungen

1 Zeichne durch die Punkte *A, B* und *C* senkrechte Geraden zu *g* und zu *h*.

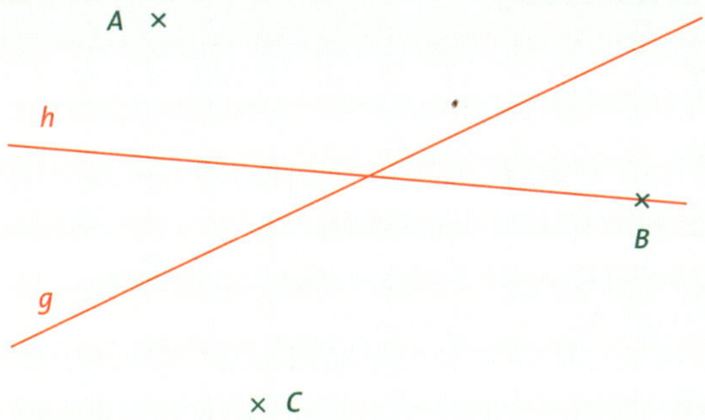

2

a) Gib die Koordinaten aller Punkte an.

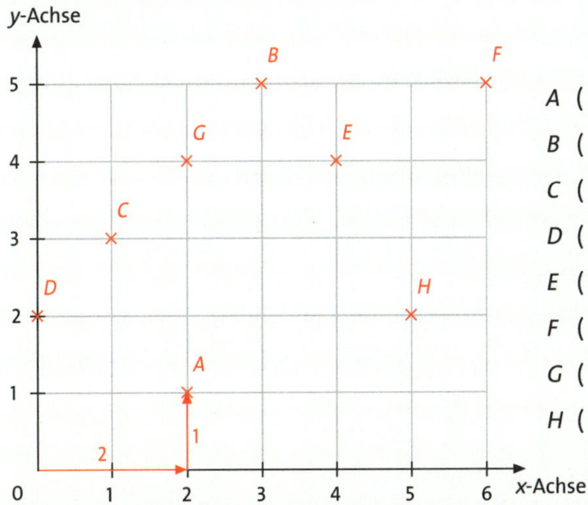

A (2 | 1)
B (3 | ___)
C (___ | 3)
D (___ | ___)
E (___ | ___)
F (___ | ___)
G (___ | ___)
H (___ | ___)

b) Zeichne folgende Punkte in dieses Koordinatensystem ein: *P* (3|0), *Q* (0|4), *R* (6|3), *S* (3|5), *T* (1|2) und *Z* (0|0).

c) Die Punkte *R, S, T* aus Aufgabe b) und der Punkt *U* sind die Ecken eines Quadrates. Zeichne den fehlenden Punkt *U* ein und gib seine Koordinaten an.

3 Umfang und Flächeninhalt

3.1 Rechteck und Quadrat

Hier gilt:
$a = \overline{AB} = \overline{DC}$
$b = \overline{AD} = \overline{BC}$

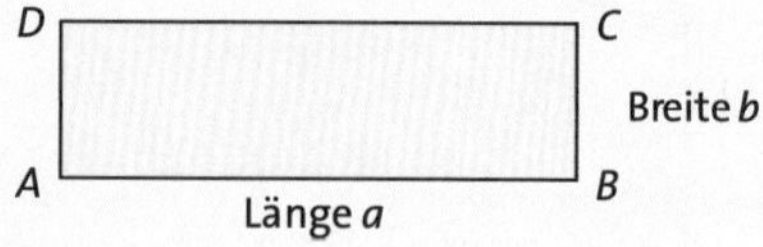

Solche regelmäßigen Vierecke hast du als Begrenzungsflächen z. B. beim Quader kennengelernt. Sie heißen **Rechtecke.**

1. Im Rechteck sind gegenüberliegende Seiten gleich lang.
2. Gegenüberliegende Seiten sind parallel.
3. Aneinanderstoßende Seiten stehen aufeinander senkrecht.

Die größere Seitenlänge nennen wir **Länge a**, die kleinere **Breite b**.

Die Ecken eines Rechtecks werden mit großen Buchstaben bezeichnet, z. B. mit A, B, C und D.
Ein Rechteck mit vier gleich langen Seiten heißt **Quadrat**.

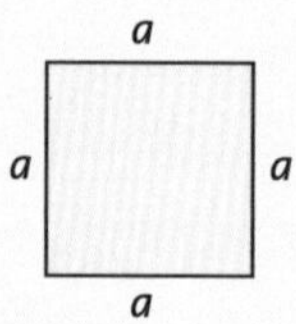

3.2 Der Umfang von Rechteck und Quadrat

Der Umfang einer ebenen Figur ist der Weg „außen herum“, d. h. die Summe aller Seitenlängen. Beim Rechteck sind es vier Seitenlängen, die paarweise gleich sind.

Den Umfang eines Rechtecks berechne ich so:

$u_R = 2 \cdot a + 2 \cdot b$ Umfang = Zweimal Länge plus zweimal Breite.

Oder so:

$u_R = 2 \cdot (a + b)$ Umfang = Länge plus Breite mal 2.

Umfang eines Quadrats:

$u_Q = 4 \cdot a$ Umfang = Viermal die Länge einer Seite.

3.3 Flächeneinheiten

Ein Quadrat mit der Seitenlänge 1 cm hat den Flächeninhalt 1 cm^2 (Quadratzentimeter).
Solche Quadrate mit einer Längeneinheit als Seitenlänge nennt man auch Einheitsquadrate, da sie eine Flächeneinheit festlegen.

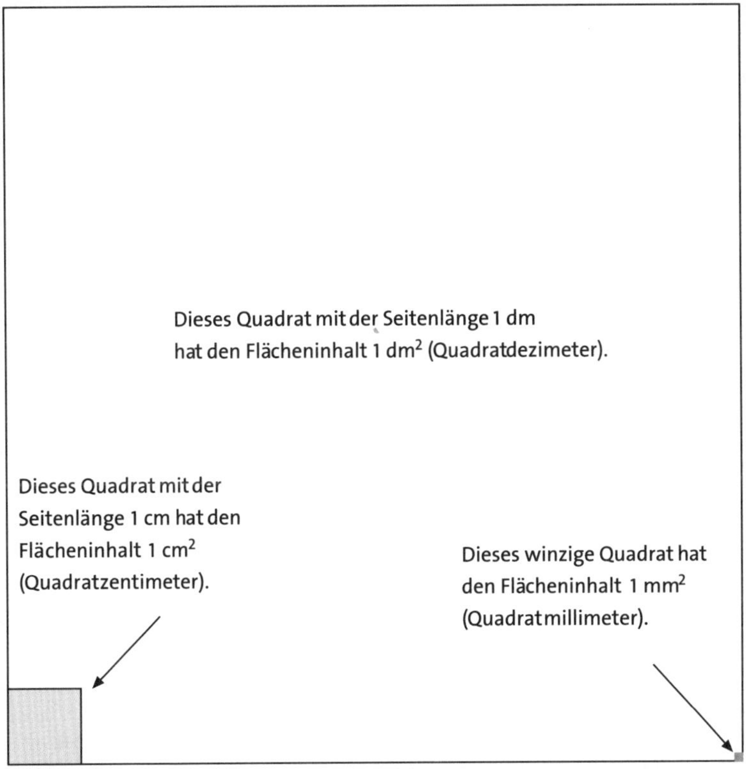

Messverfahren für den Flächeninhalt: Wir legen Figuren z. B. mit Einheitsquadraten zu $1\ \text{cm}^2$ vollständig aus und zählen die Einheitsquadrate ab.
In das Quadrat mit der Seitenlänge 1 dm passen $10 \cdot 10 = 100$ Quadrate zu $1\ \text{cm}^2$.
Für den Zusammenhang der Flächeneinheiten gilt deshalb: **$1\ \text{dm}^2 = 100\ \text{cm}^2$**.
Das gilt auch für die anderen Flächeneinheiten: Jeweils 100 Quadrate einer Flächeneinheit füllen das Quadrat der nächstgrößeren Einheit vollständig aus. Es gilt also:

$1\ \text{km}^2 = 100\ \text{ha}$

$1\ \text{ha} = 100\ \text{a}$

$1\ \text{a} = 100\ \text{m}^2$

$1\ \text{m}^2 = 100\ \text{dm}^2$

$1\ \text{dm}^2 = 100\ \text{cm}^2$

$1\ \text{cm}^2 = 100\ \text{mm}^2$

Das 100fache einer Einheit ergibt also immer die nächstgrößere Einheit.

Beim Wechsel in die **nächstgrößere** Einheit musst du deshalb die Maßzahl durch 100 **dividieren**. Beim Wechsel in die *nächstkleinere* Einheit musst du die Maßzahl mit 100 *multiplizieren*.

Beispiele:

a) Wandle in die nächstgrößere Einheit um.

$600\ dm^2 = 6\ m^2$ (: 100) $1\ 800\ cm^2 = 18\ dm^2$ (: 100)

Ich dividiere die Maßzahl durch 100.

b) Wandle in die nächstkleinere Einheit um.

$7\ m^2 = 700\ dm^2$ (· 100) $15\ cm^2 = 1\ 500\ mm^2$ (· 100)

Ich multipliziere die Maßzahl mit 100.

3.4 Der Flächeninhalt von Rechteck und Quadrat

Flächeninhalt eines Rechtecks

$A_R = \text{Länge} \cdot \text{Breite}$

$A_R = a \cdot b$

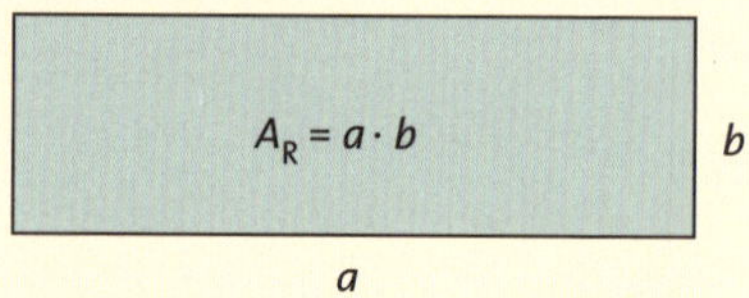

Da das Quadrat ein Rechteck mit vier gleich langen Seiten ist, schreiben wir hier als Flächenformel:

Flächeninhalt eines Quadrats

$A_Q = \text{Seite} \cdot \text{Seite}$

$A_Q = a \cdot a = a^2$

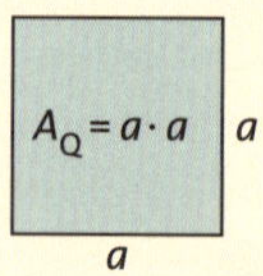

▶ **BEACHTE** Beim Rechnen musst du darauf achten, dass die beiden Seitenlängen dieselbe Einheit haben – wo es nötig ist, musst du entsprechend umwandeln. Der berechnete Flächeninhalt hat dann die zugehörige Flächeneinheit.

Beispiele:

Berechne den Flächeninhalt des Rechtecks.

a) Länge $a = 4$ dm; Breite $b = 12$ cm; Flächeninhaltberechnung:
$A_R = a \cdot b = 4\ dm \cdot 12\ cm = 40\ cm \cdot 12\ cm = 480\ cm^2$

b) Länge $a = 50$ cm; Breite $b = 50$ cm
Aha, ein Quadrat: Seitenlänge 50 cm. Flächeninhaltberechnung:
$A_Q = a \cdot a = 50\ cm \cdot 50\ cm = 2\ 500\ cm^2 = 25\ dm^2$

3.5 Der Flächeninhalt bei zusammengesetzten Figuren

Beispiel: Gesucht ist der Flächeninhalt des Gartens.

Unser Wissen können wir anwenden, wenn wir das gesamte Flächenstück in Rechtecke zerlegen:

Plan des Gartens

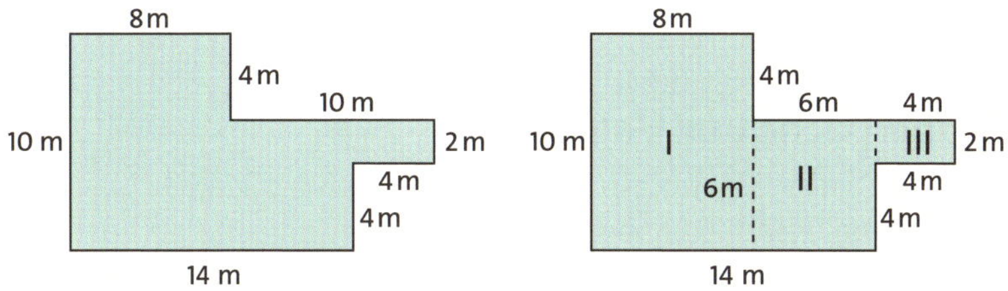

$$A = A_{\mathrm{I}} + A_{\mathrm{II}} + A_{\mathrm{III}}$$
$$= 10\,\mathrm{m} \cdot 8\,\mathrm{m} + 6\,\mathrm{m} \cdot 6\,\mathrm{m} + 4\,\mathrm{m} \cdot 2\,\mathrm{m}$$
$$= 80\,\mathrm{m}^2 + 36\,\mathrm{m}^2 + 8\,\mathrm{m}^2 = 124\,\mathrm{m}^2$$

TIPP Eine andere Möglichkeit wäre, das zu berechnende Flächenstück zu einem Rechteck zu ergänzen. Von dessen Flächeninhalt subtrahiert man die Flächeninhalte der ergänzten Flächenstücke.

Übungen

1 Berechne jeweils den Flächeninhalt und den Umfang des Rechtecks.

	a)	b)	c)	d)
Länge *a*	16 cm	25 dm	5 m 4 dm	450 m
Breite *b*	10 cm	75 cm	2 m 25 cm	265 m

2 Bestimme die Flächeninhalte der gezeichneten Figuren. Die Maße sind jeweils in cm angegeben.

a)

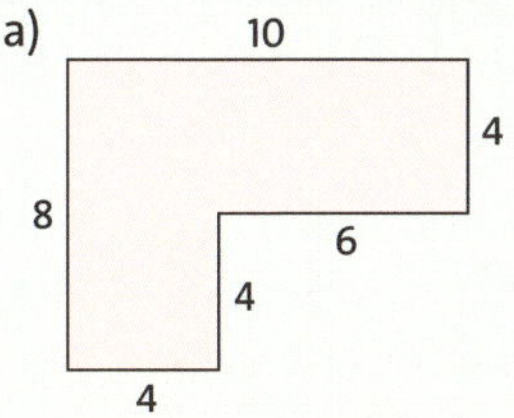

b)

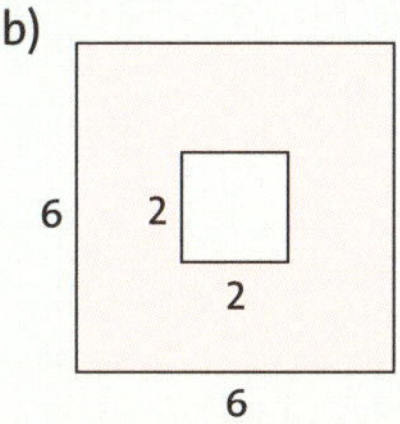

3 **Wandle jeweils in die kleinste vorkommende Einheit um.**

a) 4 a 56 m^2 b) 36 m^2 75 dm^2 c) 4 m^2 20 cm^2
d) 12 km^2 36 a e) 3 m^2 89 dm^2 75 cm^2 f) 6 ha 25 a 8 m^2

4 Oberfläche und Volumen

4.1 Die Oberfläche von Quader und Würfel

Ein **Quader** wird von 6 Rechtecken begrenzt. Je zwei gegenüberliegende Rechtecke sind dabei auch gleich groß: Alle sechs Rechtecke zusammen bilden die *Oberfläche* des Quaders.

Durch die Angabe der drei Kantenlängen ist ein Quader eindeutig bestimmt. Die Bezeichnung dieser drei Kantenlängen am Quader erfolgt im Allgemeinen so:
Länge a = Kante $\overline{AB}$
Breite b = Kante $\overline{BC}$
Höhe c = Kante $\overline{CG}$

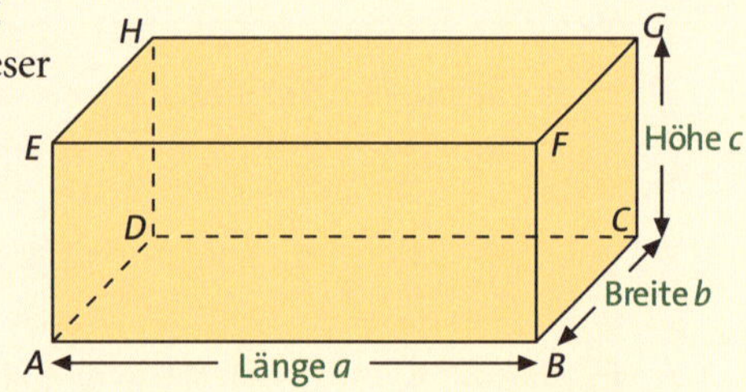

Ein besonderer Quader, nämlich einer mit gleich langen Kanten, ist der **Würfel**.
Ein Würfel wird von 6 gleichen Quadraten begrenzt.
Die Oberfläche eines Würfels besteht aus sechs gleichen Quadraten.
Als Berechnungsformel für die Würfeloberfläche kannst du dir merken:
$O_W = 6 \cdot a \cdot a = 6 \cdot a^2$.

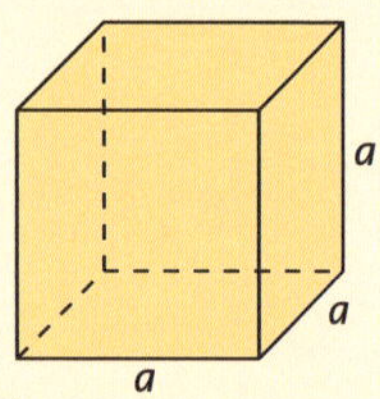

Die Oberfläche eines Quaders besteht aus sechs Rechtecken, die paarweise gleich sind. Die Berechnungsformel für die Quaderoberfläche ist also:

$O_Q = 2 \cdot \text{Grundfläche} + 2 \cdot \text{vordere Seitenfläche} + 2 \cdot \text{rechte Seitenfläche}$

$O_Q = 2 \cdot a \cdot b \quad + 2 \cdot a \cdot c \quad + 2 \cdot b \cdot c$

4.2 Das Netz von Quader und Würfel

Denken wir uns einen Quader an einigen Kanten aufgeschnitten und auseinandergefaltet, so erhalten wir das **Netz** eines Quaders. Man nennt das Netz auch die **Abwicklung** des Quaders.

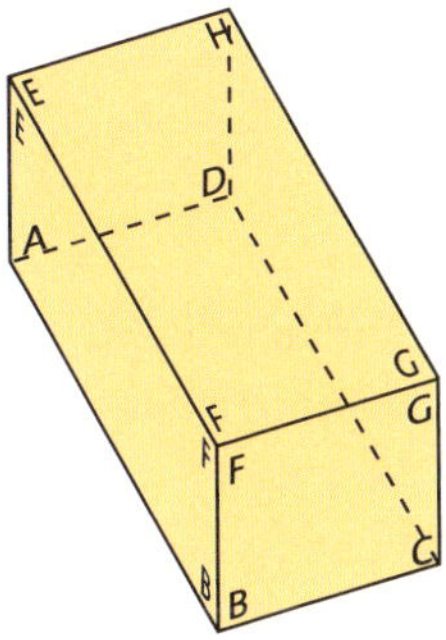

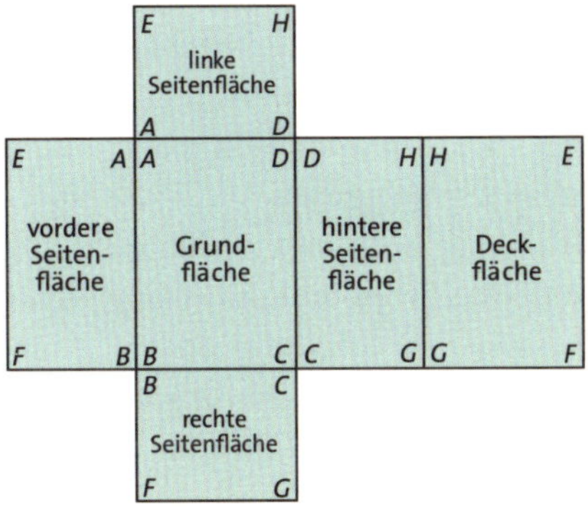

4.3 Das Schrägbild von Quader und Würfel

> **MERKE** Ein Schrägbild ist die räumliche Darstellung eines Körpers.

Beispiel:

Zeichne das Schrägbild eines Quaders mit den Maßen Länge $a = 3$ cm, Breite $b = 2$ cm und Höhe $c = 2$ cm.

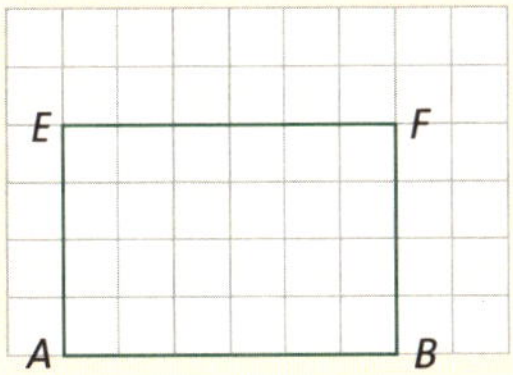

1. Schritt: Zeichne die vordere Seitenfläche des Quaders in der richtige Größe aus Länge a und Höhe c.

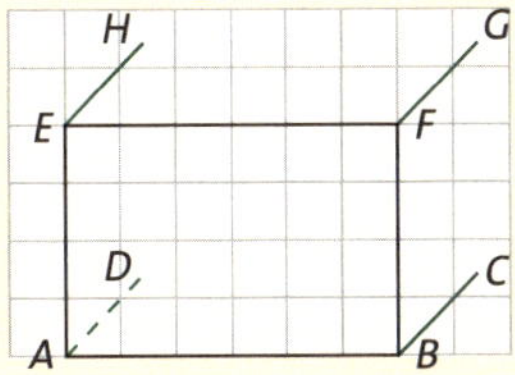

2. Schritt: Zeichne in jeder Ecke für die nach hinten verlaufenden Kanten Diagonallinien im Karopapier. Trage auf dieser Kantenlänge b in halber Länge ab: statt 2 cm nur 1 cm. „Unsichtbare" Kanten werden dabei gestrichelt gezeichnet.

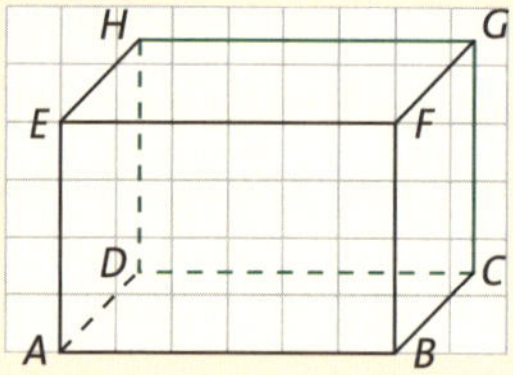

3. Schritt: Verbinde die Endpunkte zu einem Rechteck. Es hat die gleiche Größe wie die Vorderseite. Zeichne „unsichtbare“ Kanten wieder gestrichelt.
Beim Würfel zeichnest du das Schrägbild entsprechend.

4.4 Volumeneinheiten

Als Vergleichsgröße für den Rauminhalt oder das **Volumen** verwendet man Würfel, bei denen die Kantenlänge genau 1 Längeneinheit ist: also 1 mm oder 1 cm oder 1 dm oder …
Diese Würfel heißen deshalb auch **Einheitswürfel**.

Ein Würfel mit der Kantenlänge 1cm hat das Volumen 1 cm^3 (Kubikzentimeter).

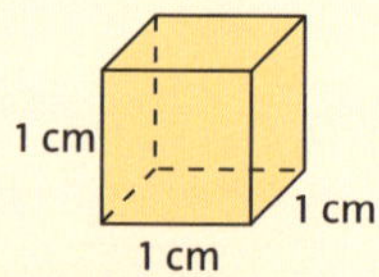

Einen großen Würfel mit der Kantenlänge 1 dm können wir ganz mit kleinen Würfeln der Kantenlänge 1 cm ausfüllen.
In den Würfel mit der Kantenlänge 1 dm passen $10 \cdot 10 \cdot 10 = 1\,000$ Würfel mit der Kantenlänge 1 cm.
Für den Rauminhalt des Würfels heißt dies:
$1\ dm^3 = 1\,000\ cm^3$.

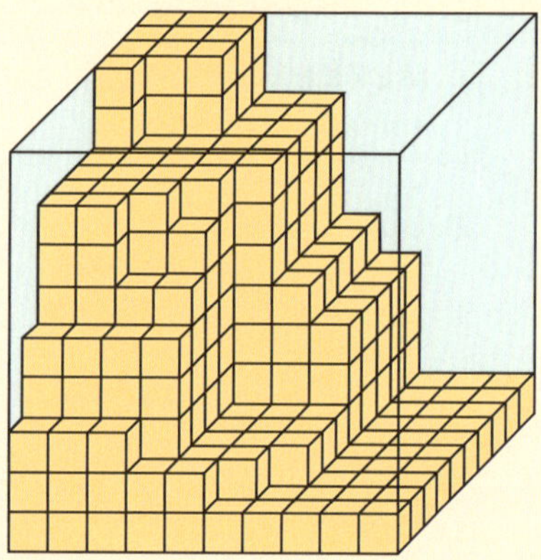

Und dies gilt immer: Jeweils 1 000 Würfel einer Volumeneinheit füllen den Würfel der nächstgrößeren Einheit vollständig aus.

$1\ m^3 = 1\,000\ dm^3$

$1\ dm^3 = 1\,000\ cm^3$

$1\ cm^3 = 1\,000\ mm^3$

Das 1 000fache einer Einheit ergibt also immer die nächstgrößere Einheit.
Ausnahme: $1\ km^3 = 1\,000\,000\,000\ m^3 = 1\,000 \cdot 1\,000 \cdot 1\,000\ m^3$

Beim Wechsel in die **nächstgrößere** Einheit musst du deshalb die Maßzahl durch 1000 **dividieren**. Beim Wechsel in die *nächstkleinere* Einheit musst du die Maßzahl mit 1000 *multiplizieren*.
Außerdem werden noch die Einheiten 1 Liter (1 l) und 1 Hektoliter (1 hl) und Milliliter (1 ml) verwendet. Für sie gelten:
$1\,l = 1\,dm^3 = 1\,000\,ml$ $\quad 1\,hl = 100\,l$ $\quad 1\,ml = 1\,cm^3$
Die Vorsilbe „hekto“ bedeutet 100 und „milli“ Tausendstel.

Beispiele:

a) Wandle in die nächstgrößere Einheit um.

$8\,000\,dm^3 = 8\,m^3$ (: 1000) $\quad 17\,000\,cm^3 = 17\,dm^3$ (: 1000)

Ich dividiere die Maßzahl durch 1000.

b) Wandle in die nächstkleinere Einheit um.

$4\,m^3 = 4\,000\,dm^3$ (· 1000) $\quad 21\,cm^3 = 21\,000\,mm^3$ (· 1000)

Ich multipliziere die Maßzahl mit 1000.

4.5 Das Volumen von Quader und Würfel

Volumen des Quaders:
V_Q = Länge · Breite · Höhe
$V_Q = a \cdot b \cdot c$

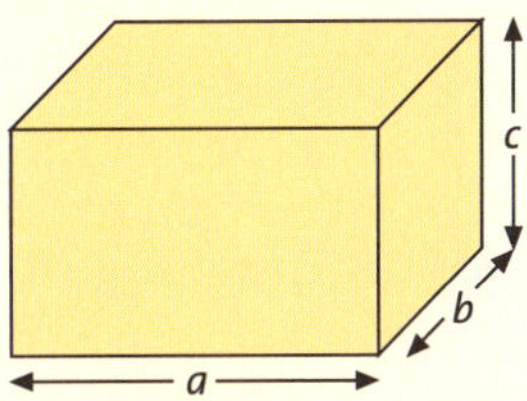

Volumen des Würfels:
V_W = Kante · Kante · Kante
$V_W = a \cdot a \cdot a = a^3$

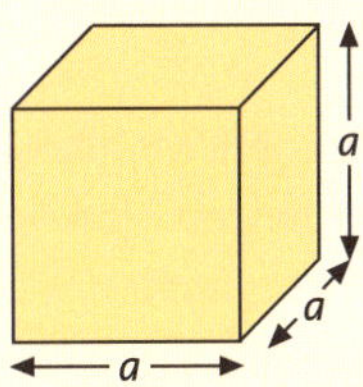

Beispiel:

Berechne das Volumen des Quaders mit $a = 5$ dm, $b = 35$ cm, $c = 7$ dm.

$V_Q = a \cdot b \cdot c$	Ich setzte die Volumenformel an.
$= 5\text{ dm} \cdot 35\text{ cm} \cdot 7\text{ dm}$	
$= 50\text{ cm} \cdot 35\text{ cm} \cdot 70\text{ cm}$	Ich passe die Einheiten an.
$= 50 \cdot 35 \cdot 70\text{ cm}^3$	Zu cm gehören cm³.
$= 122\,500\text{ cm}^3$	Ausrechnen und umformen.
$= 122\text{ dm}^3\ 500\text{ cm}^3$	

4.6 Das Volumen zusammengesetzter Körper

Beispiel:

Dieser Körper kann in Quader zerlegt werden, etwa so:

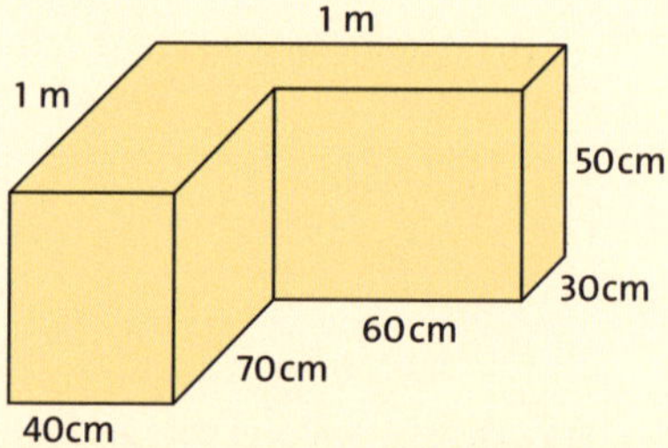

$$V = V_I + V_{II}$$
$$= 1\text{ m} \cdot 40\text{ cm} \cdot 50\text{ cm} + 60\text{ cm} \cdot 30\text{ cm} \cdot 50\text{ cm}$$
$$= 100 \cdot 40 \cdot 50\text{ cm}^3 + 60 \cdot 30 \cdot 50\text{ cm}^3$$
$$= 200\,000\text{ cm}^3 + 90\,000\text{ cm}^3$$
$$= 290\,000\text{ cm}^3$$
$$= 290\text{ dm}^3$$

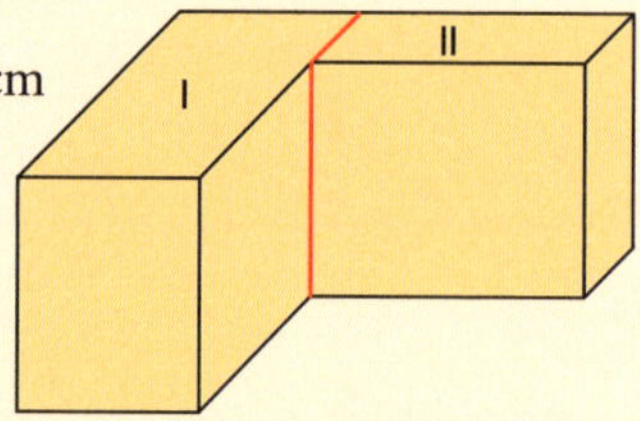

TIPP Eine andere Möglichkeit wäre, den Körper zu einem größeren Quader zu ergänzen. Von dessen Volumen subtrahiert man die Volumina der ergänzten Stücke.

Übungen

1 Überlege, warum die gezeichneten Figuren keine Netze eines Quaders oder Würfels sind. Zeichne die falsch angehängten Rechtecke an die richtige Stelle.

a)
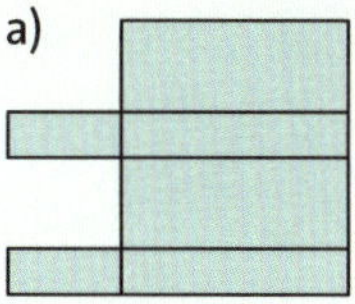

b)
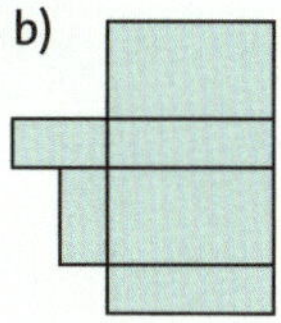

c)
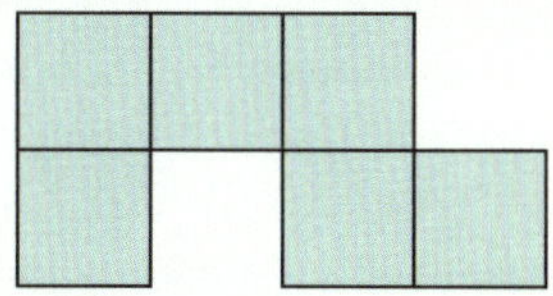

2 Wandle in die kleinste vorkommende Einheit um.

a) 1 m³ 730 dm³ b) 400 dm³ 25 cm³
c) 6 m³ 370 dm³ 40 cm³ d) 75 dm³ 15 mm³
e) 4 m³ 5 cm³ f) 47 m³ 1 dm³ 65 mm³

3 Berechne das Volumen und die Oberfläche des Quaders aus Länge, Breite und Höhe. Schreibe das Endergebnis auch in gemischten Einheiten.

	a)	b)	c)
Länge *a*	12 cm	35 dm	4 m
Breite *b*	9 cm	25 dm	25 dm
Höhe *c*	15 cm	18 dm	2 m

4 Berechne das Volumen des Körpers. Berechne fehlende Längen aus den gegebenen Größen. Die Maße sind jeweils in cm angegeben.

a)
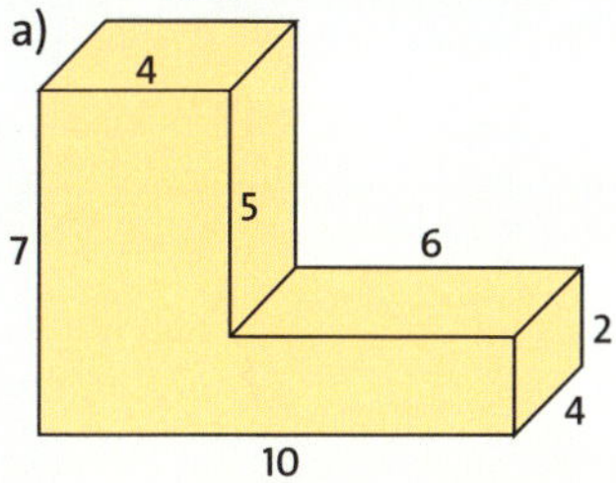

b)
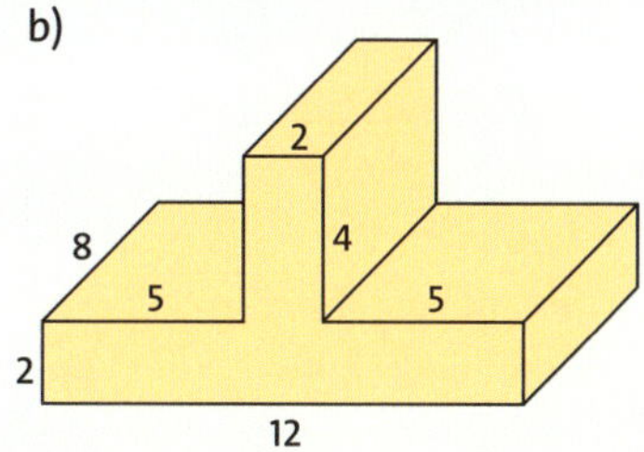

5 Winkel und Winkelmessung

5.1 Drehungen und Winkel

Wird ein Strahl um einen Punkt gedreht, so entsteht ein **Winkel**.
Der Drehpunkt *S* heißt **Scheitel**.
Der Strahl *a* in der Anfangslage und der Strahl *b* in der Endlage heißen **Schenkel**. Die Drehung erfolgt gegen den Uhrzeigersinn.

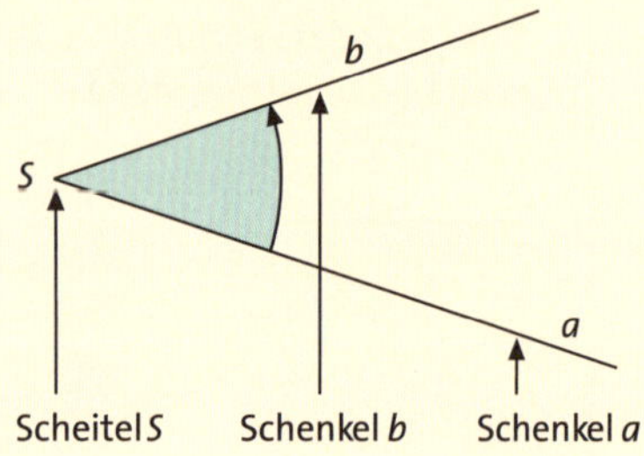

Je nach Größe der Drehung unterscheidet man verschiedene **Winkelsorten**:

Spitzer Winkel

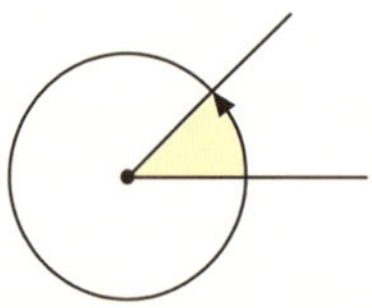

Er entsteht durch weniger als eine Vierteldrehung.

Rechter Winkel

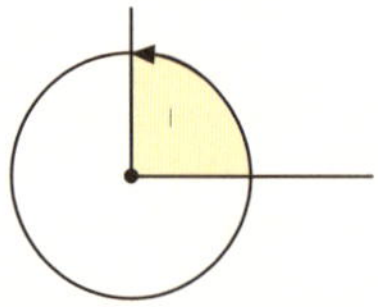

Er entsteht durch eine Vierteldrehung.

Stumpfer Winkel

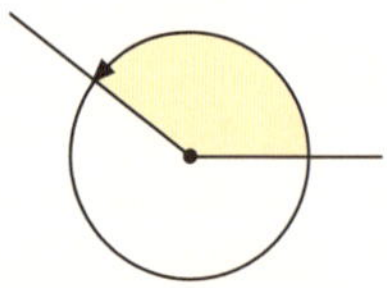

Er entsteht durch mehr als eine Viertel-, aber weniger als eine Halbdrehung.

Gestreckter Winkel

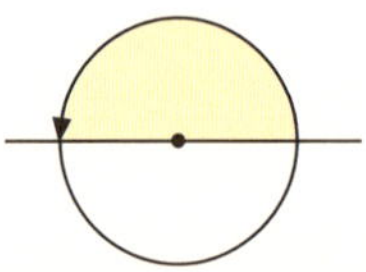

Er entsteht durch eine Halbdrehung.

Überstumpfer Winkel

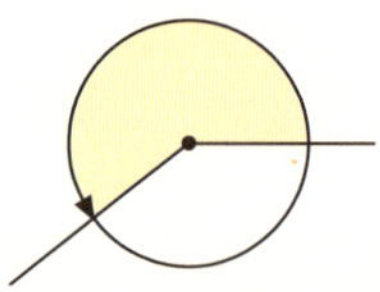

Er entsteht durch mehr als eine Halbdrehung und weniger als eine volle Drehung.

Vollwinkel

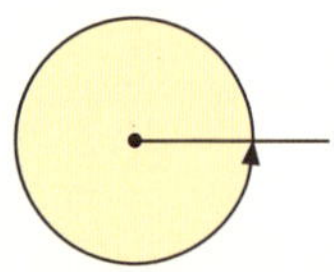

Er entsteht durch eine volle Drehung.

5.2 Bezeichnung von Winkeln

Es gibt verschiedene Arten, einen Winkel zu bezeichnen.

Bezeichnung durch 3 Großbuchstaben

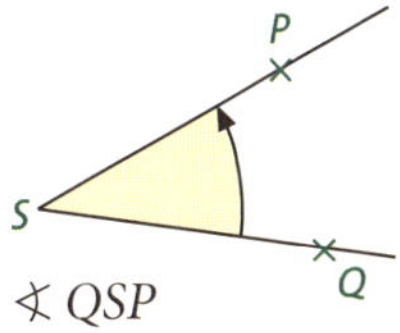

∢ QSP

Bezeichnung durch 2 Kleinbuchstaben

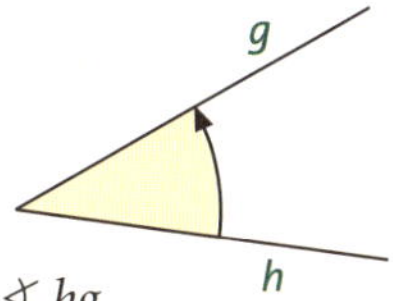

∢ hg

Bezeichnung durch einen griechischen Buchstaben

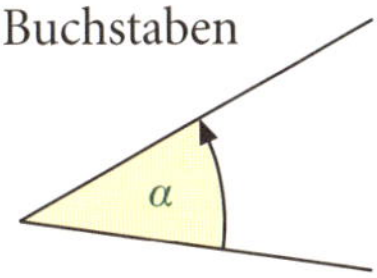

α

5.3 Winkel messen

Winkel werden in Grad, Minuten und Sekunden gemessen.
Der Vollwinkel hat 360 Grad. 1 Grad ist der 360. Teil des Vollwinkels.
Das Zeichen für Grad ist °.
Ein rechter Winkel ist der vierte Teil eines Vollwinkels, misst also 90°.
Ein gestreckter Winkel ist die Hälfte eines Vollwinkels, misst also 180°.
1 Minute (in Zeichen: 1') ist der 60. Teil von 1°.
1 Sekunde (in Zeichen: 1") ist der 60. Teil von 1'.
Alte Winkelmesser haben die Form eines Halbkreises, der in 180 Teile zerlegt ist.
Unser Winkelmesser ist das **Geodreieck**. Auch hier erkennst du den Halbkreis. Er ist in 180 gleiche Teile zerlegt. Ein Teil markiert deshalb 1°.
Und so wird mit dem Geodreieck gemessen (siehe Bild):

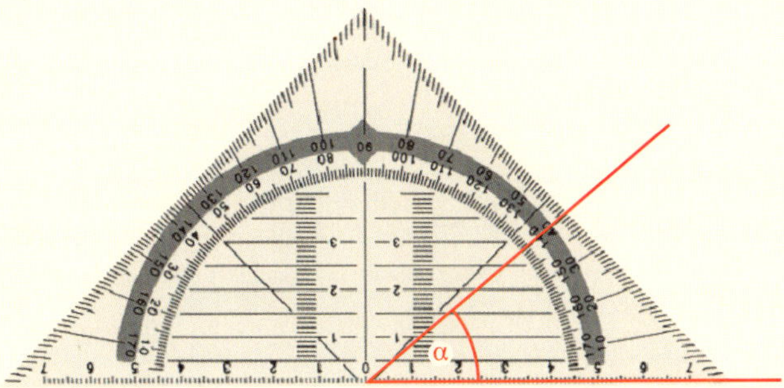

Wie groß ist α? Lege das Geodreieck an. Der Nullpunkt kommt auf den Scheitel. Die beiden Skalen zeigen 40° und 140° an. Welcher Wert gilt?
Da α ein spitzer Winkel ist, gilt: $\alpha < 90°$, also: $\alpha = 40°$.

Übungen

1 Markiere den jeweils angegebenen Winkel mit einem Bogen.

a) 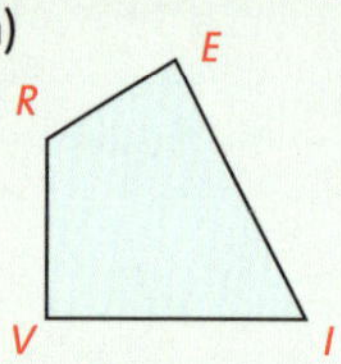

$\sphericalangle$ *VIE*

b) 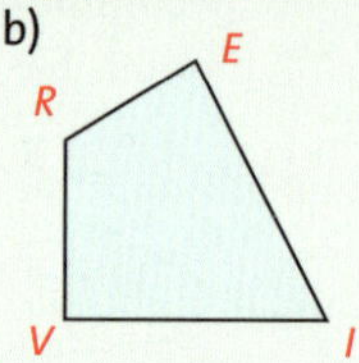

$\sphericalangle$ *REI*

c) 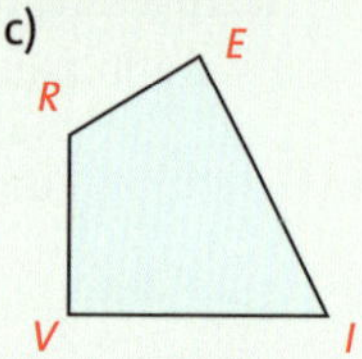

$\sphericalangle$ *VRE*

2

a) Miss die Winkel im Dreieck *TRI*.

b) Addiere die Winkel.

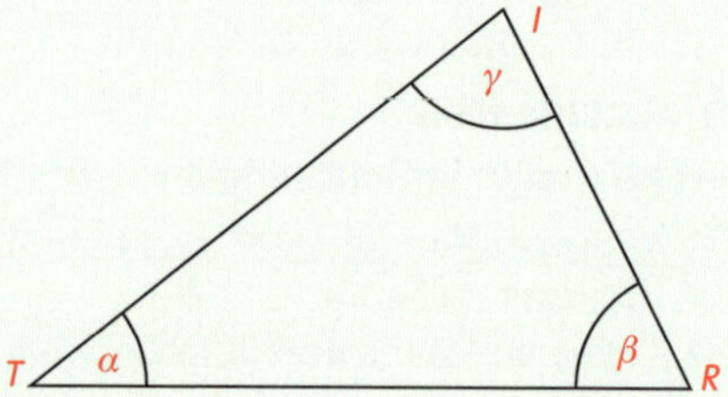

3 $\alpha = 20°30'$; $\beta = 50°20'10''$. **Berechne:**

a) $\alpha + \beta$ b) $\beta - \alpha$ c) $3\,\alpha - \beta$

6 Abbildungen

6.1 Verschiebung

Eine **Verschiebung** ist eine Abbildung, die durch einen **Verschiebungspfeil** festgelegt ist.

Der Verschiebungspfeil gibt an,

- in welche Richtung und
- um welche Strecke verschoben wird.

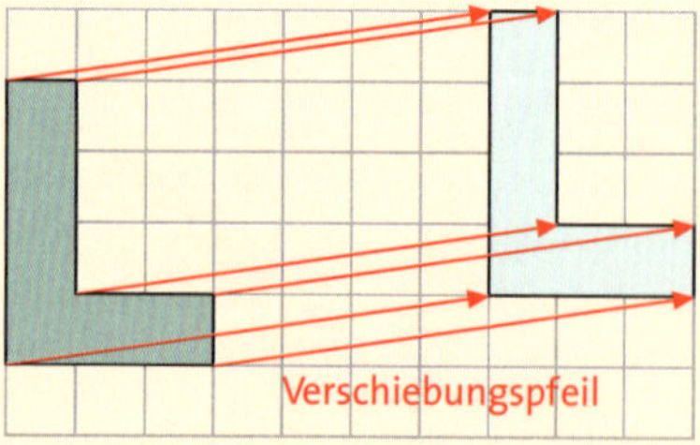

Beispiel: Eine Figur wird um 3,5 cm nach rechts und 0,5 cm nach oben verschoben.

6.2 Drehung (inkl. Punktspiegelung)

Eine **Drehung** ist durch das **Drehzentrum** Z und den **Drehwinkel** α festgelegt. Man erhält P', indem man $\overline{ZP}$ um Z mit Drehwinkel α nach links dreht.

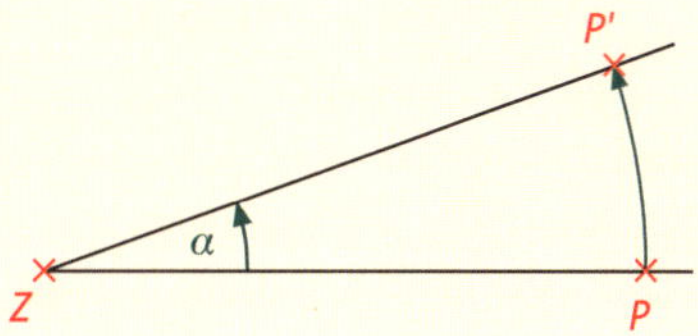

Man benötigt dazu einen Zirkel und ein Geodreieck.

Beispiel:

P soll um Z mit einem Drehwinkel von 30° gedreht werden.

1. Kreisbogen mit Mittelpunkt Z durch P zeichnen.
2. Mit dem Winkelmesser an $\overline{ZP}$ in Z 30° antragen (gegen den Uhrzeigersinn).
3. Der freie Schenkel des Winkels schneidet den Kreisbogen in P.

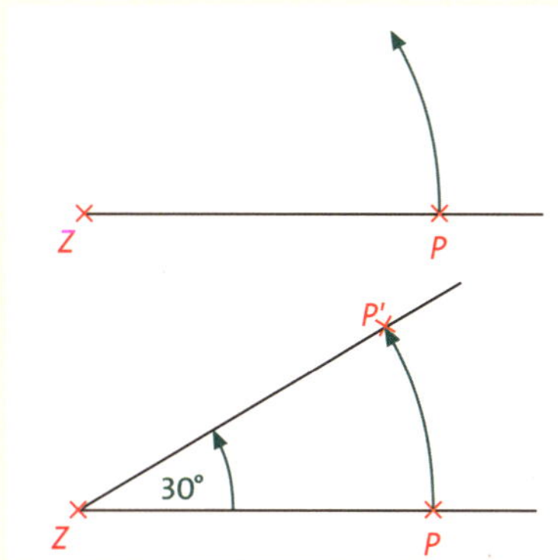

Für einige Drehungen gibt es besondere Namen:

$\alpha = 90°$: Vierteldrehung

$\alpha = 180°$: Halbdrehung oder Punktspiegelung

$\alpha = 270°$: Dreivierteldrehung

$\alpha = 360°$: Volldrehung

Für eine Halbdrehung oder Punktspiegelung benötigt man keinen Winkelmesser, weil P' auf der Verlängerung von $\overline{PZ}$ liegt:

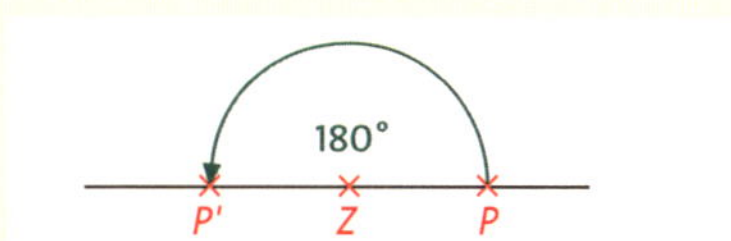

Figuren, die bei einer Halbdrehung (Punktspiegelung) auf sich selbst abgebildet werden, heißen **punktsymmetrisch**. Der Drehmittelpunkt heißt Symmetriezentrum.

Beispiel: Der Buchstabe Z

6.3 Achsenspiegelung

Bei einer **Achsenspiegelung** wird ein Punkt *P* auf die andere Seite einer **Spiegelachse *a*** abgebildet, und zwar so, dass $\overline{PP'}$ auf *a* senkrecht steht und von *a* halbiert wird. Liegt der Punkt auf der Spiegelungsachse, so stimmt er mit seinem Bildpunkt überein.

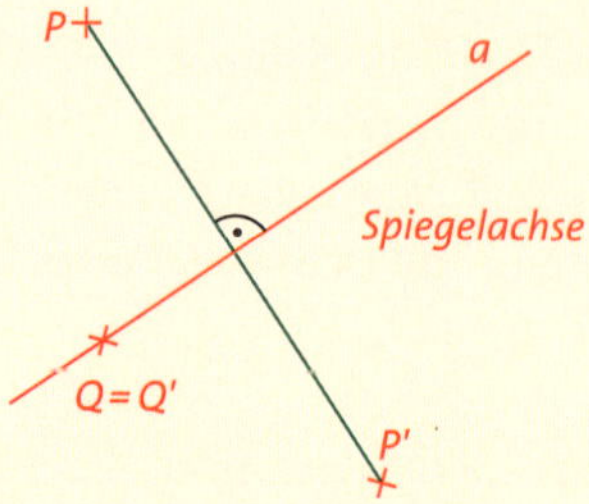

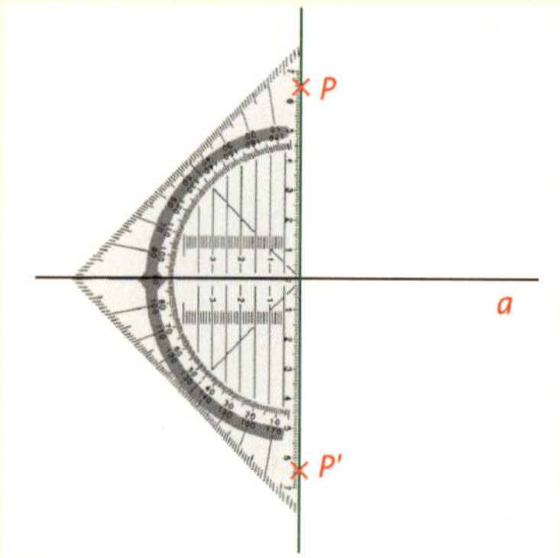

Den Bildpunkt kannst du mit dem Geodreieck konstruieren: Lege das Geodreieck so an, dass seine Mittellinie auf der Spiegelachse liegt und die lange Kante durch *P* geht. *P'* liegt beim gleichen Skalenwert auf der anderen Seite des Nullpunktes.

Eine Figur, die bei der Achsenspiegelung auf sich abgebildet wird, heißt **achsensymmetrisch.**

Beispiel:

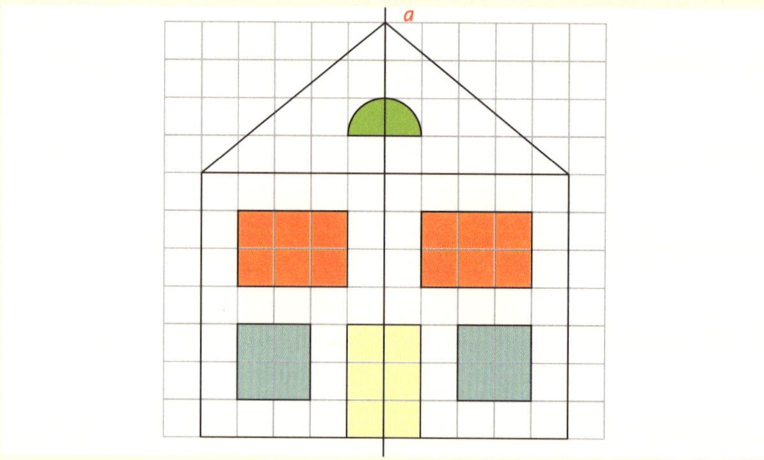

Test

1 Quadrat, Rechteck und Dreieck

a) Zeichne das Koordinatensystem mit 1 LE = 1 cm (x-Achse 10 LE, y-Achse 10 LE) und trage folgende Punkte ein:
$A(2|1)$, $B(8|1)$, $C(2|3)$, $D(7|4)$, $E(0|5)$,
$F(3|5)$, $G(6|7)$, $H(8|8)$, $I(4|9)$, $K(8|9)$.

b) Gib die Punkte an, die Eckpunkte eines Quadrates sind.
Gib die Punkte an, die Eckpunkte eines Rechtecks sind.
Zeichne das Quadrat und das Rechteck ein.

c) Verbinde die drei restlichen Punkte geradlinig.

d) Bestimme die Umfänge von Quadrat, Rechteck und Dreieck.

2 Wandle (eventuell mehrmals) in die nächstgrößere Einheit um.

a) 37 000 mm^3
b) 47 000 dm^2
c) 2 050 000 dm^3
d) 70 040 000 cm^2
e) 32 650 000 000 cm^3

3 Berechne aus den gegebenen Maßen in cm jeweils den Flächeninhalt und das Volumen.

a)

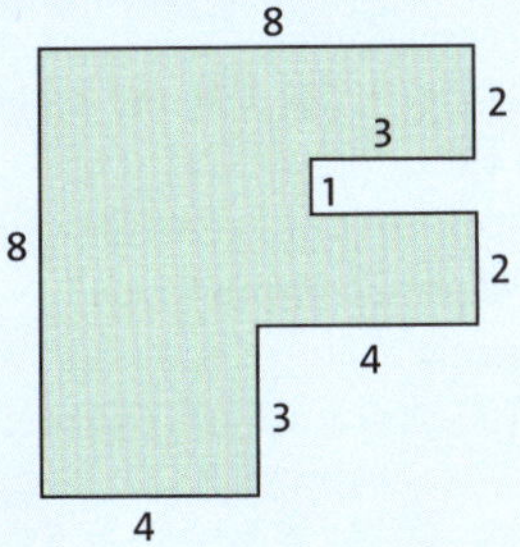

b)

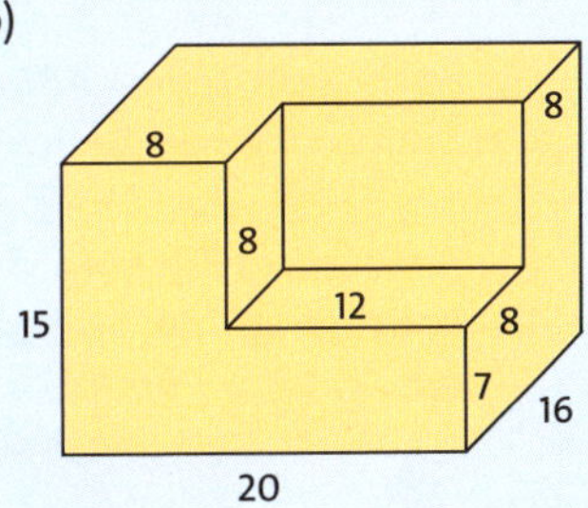

Test

4 Viereck

a) Miss die Winkel im Viereck *VIER*.

b) Addiere die Winkel.

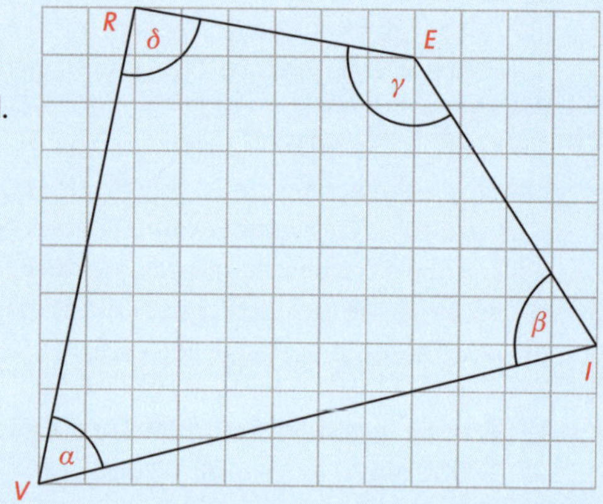

5 Zeichne die Punkte *A* (2|1), *B* (4|1), *C* (3|3) und *C'* (7|4) in ein Koordinatensystem. Verbinde *A, B, C* zu einem Dreieck. Verschiebe das Dreieck so, dass *C* auf *C'* abgebildet wird.

6 Zeichne ein Dreieck *ABC* mit *A* (3|1), *B* (6|1), *C* (4,5|2) und drehe es um *Z* (0|0) mit einem Drehwinkel von 45°.

7 Welche der folgenden Vielecke sind punktsymmetrisch? Kennzeichne ggf. das Symmetriezentrum.

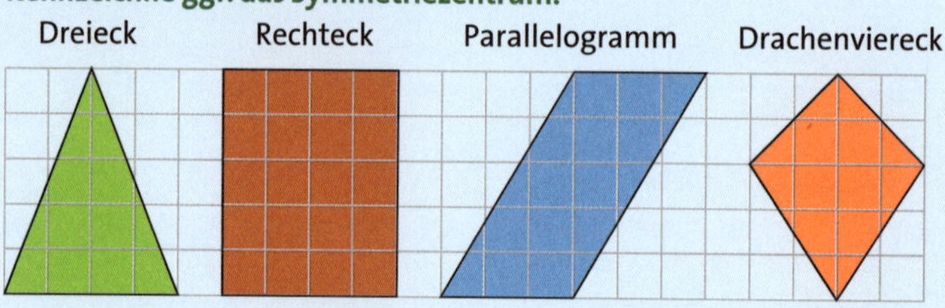

8 Gegeben sind *A* (5|3), *B* (2|4), *C* (1|1), *P* (6|3), *Q* (5|4). Spiegele das Dreieck *ABC* an der Achse durch *P* und *Q*.

Verzeichnis der Zeichen und Abkürzungen

Bedeutung	Bezeichnungen in diesem Buch	abweichende Bezeichnung in anderen Büchern
Menge der natürlichen Zahlen	$\mathbb{N} = \{1; 2; 3; \ldots\}$	$\mathbb{N} = \{0; 1; 2; \ldots\}$
	$\mathbb{N}^* = \{1; 2; 3; \ldots\}$	
Menge $\mathbb{N}$ mit der Null	$\mathbb{N}_0 = \{0; 1; 2; \ldots\}$	
Mächtigkeit (Zahl der Elemente) von A	$\|A\|$	
Menge der (nicht negativen) Bruchzahlen	$\mathbb{Q}_0^+$	$\mathbb{B}$
Teilermenge der Zahl n	$T(n)$	T_n
Vielfachmenge der Zahl n	$V(n)$	V_n
… ist Element von …	$\in$	
… ist nicht Element von …	$\notin$	
… ist Teilmenge von …	$\subset$	$\subseteq$, $\subsetneqq$
… ist nicht Teilmenge von …	$\not\subset$	$\not\subseteq$, $\not\subsetneqq$
Leere Menge	$\{\,\}$	$\varnothing$
a ist Teiler von b	$a \mid b$	
a ist kein Teiler von b	$a \nmid b$	
größter gemeinsamer Teiler	ggT	
kleinstes gemeinsames Vielfaches	kgV	
1,3333…	$1,\overline{3}$	
Strecke von A nach B	$\overline{AB}$	$[AB]$
Länge der Strecke AB	$\overline{AB}$	$\|AB\|$
Halbgerade, Strahl	h	$[AB$, $\|AB$, $\overrightarrow{AB}$
Gerade AB	AB	
A liegt auf g	$A \in g$	
A liegt nicht auf g	$A \notin g$	
Schnittmenge von g und h	$g \cap h$	
Menge, die Punkt S enthält	$\{S\}$	
Kreislinie um den Mittelpunkt M mit dem Radius r	$k(M; r)$	
g senkrecht zu h	$g \perp h$	
g parallel zu h	$g \parallel h$	
Rechter Winkel	⦜	
Punkt mit $x = 5$ und $y = 3$	$P(5\|3)$	$P(5; 3)$
Längeneinheit	LE	
Flächeneinheit	FE	
Umfang	u	
Flächeninhalt	A	
Oberfläche	O	A_O
Volumen, Rauminhalt	V	

Lösungen

S. 113 Test

1. a) V(6) = {6; 12; 18; 24; 30; …} b) T(24) = {1; 2; 3; 4; 6; 8; 12; 24}

2. $6 \in \mathbb{N}_0$; $0 \notin \mathbb{N}$; $78 \notin V(8)$

3. $T(16) = \{1; 2; 4; 8; 16\}$; $|T(16)| = 5$

4. $\{2; 6; 8\} \subset V(2)$; $T(2) \subset T(4)$; $V(2) \not\subset V(4)$

S. 116 Übungen

1.

Milliarden			Millionen			Tausend			H.	Z.	E.
12.	11.	10.	9.	8.	7.	6.	5.	4.	3.	2.	1.
				2	1	5	9	7	3	0	6
		1	2	3	4	5	6	7	8	9	0

a) Einundzwanzig Millionen fünfhundertsiebenundneunzigtausenddrei-hundertsechs

b) Eine Milliarde zweihundertvierunddreißig Millionen fünfhundertsieben-undsechzigtausendachthundertneunzig

2. a) 2 030 007 005 b) 502 000 600 000 011

3. 18 < 19 < 20; 29 < 30 < 31; 98 < 99 < 100; 140 < 141 < 142; 179 < 180 < 181; 298 < 299 < 300; 999 < 1 000 < 1 001; 9 098 < 9 099 < 9 100; 9 999 < 10 000 < 10 001

4. $A = 3$; $B = 8$; $C = 13$; $D = 15$; $E = 19$

S. 120 Übungen

1. a) 654 + 875 + 981 + 54 = 2 564 b) 4 870 + 873 + 8 623 + 550 = 14 916
   c) 8 649 – 7 533 = 1 116 d) 9 572 – 1 629 = 7 943

2. a) 4 000 + 8 750 = 12 750 b) 75 + 87 + 128 = 290
   c) 7 563 – 6 158 = 1 405 d) 1 723 – 673 = 1 050

3. a) [(187 – 133) + (248 – 123)] – 75 = [54 + 125] – 75 = 179 – 75 = 104
   b) (652 + 873) – [(98 + 112) – (600 – 531)]
   = 1 525 – [210 – 69] = 1 525 – 141 = 1 384

4. (54 – 24) + [(72 – 38) + 75] = 30 + [34 + 75] = 30 + 109 = 139

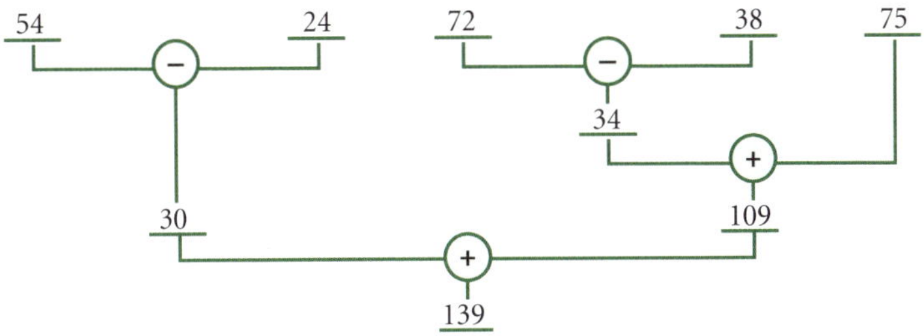

S. 126 Übungen

1. a) 245 · 15
   245
   1 225
   3 675

   b) $11^4 = 11^2 \cdot 11^2 = 121 \cdot 121$
   121
   242
   121
   14 641

   c) 500 : 14 = 35 R 10
   42
   80
   70
   10

2. a) 144 : (6 · 4) = 144 : 24 = 6
   Der Term ist ein Quotient.

   b) (4 000 : 250) · 125 = 16 · 125 = 2 000
   Der Term ist ein Produkt.

3. a) 763 : 763 = 1 b) 0 : 78 = 0 c) 873 : 1 = 873

4. a) (38 · 26) · 175 = 988 · 175 = 172 900
   b) (195 · 60) : 390 = 11 700 : 390 = 30
   c) $(476 : 7) \cdot 4^5 = 68 \cdot 1\,024 = 69\,632$

5.
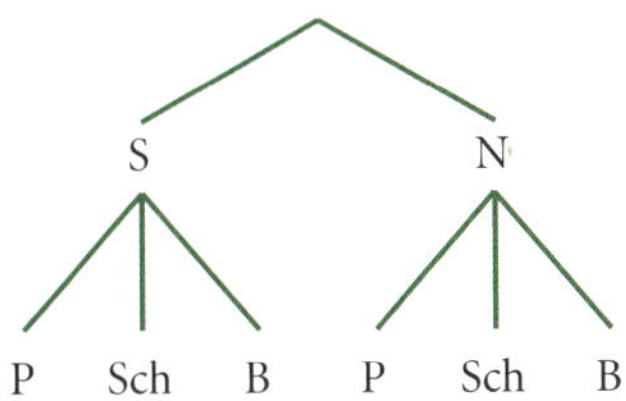

S … Suppe
N … Nudeln
P … Pizza
Sch … Schnitzel
B … Braten

Man kann auf 2 · 3 = 6 Arten ein Menü zusammenstellen.

S. 128 Übungen

1. a) 51 · 5 = (50 + 1) · 5 = 50 · 5 + 1 · 5 = 250 + 5 = 255
   b) 99 · 7 = (100 – 1) · 7 = 100 · 7 – 1 · 7 = 700 – 7 = 693
   c) 306 : 3 = (300 + 6) : 3 = 300 : 3 + 6 : 3 = 100 + 2 = 102

2. a) 7 · (2 + 4 · 2) = 7 · (2 + 8) = 7 · 10 = 70
   b) $6 \cdot 7 - 32 : 4^2 = 42 - 32 : 16 = 42 - 2 = 40$

3. a) (1 024 : 16) + (627 – 384)
Der Term ist eine Summe. Der 1. Summand ist der Quotient aus 1 024 und 16. Der 2. Summand ist die Differenz aus 627 und 384.
(1 024 : 16) + (627 – 384) = 64 + 243 = 307

b) [574 – (253 + 138)] · 11
Der Term ist ein Produkt. Der 1. Faktor ist eine Differenz, deren Minuend 574 und deren Subtrahend die Summe aus 253 und 138 ist. Der 2. Faktor ist 11.
[574 – (253 + 138)] · 11 = [574 – 391] · 11 = 183 · 11 = 2 013

4. 13 · 17 + 279 : 31 = 221 + 9 = 230

S. 131 Test

1.

Billionen			Milliarden			Millionen			Tausend			H.	Z.	E.
15.	14.	13.	12.	11.	10.	9.	8.	7.	6.	5.	4.	3.	2.	1.
					2	0	3	0	0	0	7	0	0	5
5	0	2	0	0	0	6	0	0	0	0	0	0	1	1
	4	0	0	0	8	0	7	2	0	1	2	4	0	7
			9	0	9	0	9	9	0	9	0	9	0	9

2.

Zahl	gerundet auf Hunderter	Tausender	Zehntausender
a) 123 456	123 500	123 000	120 000
b) 256 825	256 800	257 000	260 000
c) 345 789	345 800	346 000	350 000

3. a) 87 – (125 – 55) = 87 – 70 = 17
b) 65 – [158 – (90 + 33)] = 65 – [158 – 123] = 65 – 35 = 30

4. 750 – (199 + 301) = 750 – 500 = 250

5. a) $10^3 = 10 \cdot 10 \cdot 10 = 1\,000$
b) $5^5 = 5 \cdot 5 \cdot 5 \cdot 5 \cdot 5 = 3125$
c) $11^4 = 11 \cdot 11 \cdot 11 \cdot 11 = 14\,641$
d) $1\,000^2 = 1\,000 \cdot 1\,000 = 1\,000\,000$

6. a) 100 · [510 : (17 · 2)] = 100 · [510 : 34] = 100 · 15 = 1 500
b) $7^2 \cdot (16 \cdot 9) \cdot (24 \cdot 5) = 49 \cdot 144 \cdot 120 = 7\,056 \cdot 120 = 846\,720$

7. $(10^4 \cdot 15) : (200 \cdot 75) = (10\,000 \cdot 15) : 15\,000 = 150\,000 : 15\,000 = 10$

8. a) $200 = 2^3 \cdot 5^2$
b) $72 = 2^3 \cdot 3^2$
c) $135 = 3^3 \cdot 5$

9. $16 = 2^4$; $24 = 2^3 \cdot 3$
ggT(16; 24) = $2^3 = 8$
kgV(16; 24) = $2^4 \cdot 3 = 48$

10. 97

S. 137 Test

1. a) 18 m 75 cm 8 mm + 6 m 24 cm 1 mm = 24 m 99 cm 9 mm
   b) 8 km 55 m + 12 km 950 m = 20 km 1 005 m = 21 km 5 m
   c) 8 kg 972 g + 42 kg 75 g = 50 kg 1 047 g = 51 kg 47 g
   d) 77 t 850 kg + 145 t 500 kg = 222 t 1 350 kg = 223 t 350 kg
   e) 66 kg 155 g – 32 kg 95 g = 34 kg 60 g
   f) 17 t 884 kg – 9 t 79 kg = 8 t 805 kg
   g) 45 min 16 s – 38 min 45 s = 44 min 76 s – 38 min 45 s = 6 min 31 s
   h) 12 h 37 min 8 s – 9 h 55 min 43 s
   = 11 h 96 min 68 s – 9 h 55 min 43 s = 2 h 41 min 25 s

2. a) 12 Euro 80 Cent · 8 = 96 Euro 640 Cent = 102 Euro 40 Cent
   b) 16 m 35 cm · 4 = 64 m 140 cm = 65 m 40 cm
   c) 22 kg 250 g · 6 = 132 kg 1 500 g = 133 kg 500 g
   d) 6 h 18 min : 9 = 378 min : 9 = 42 min
   e) 30 t 336 kg : 30 = 30 336 kg : 30 = 30 336 000 g : 30 = 1 011 200 g
   = 1 t 11 kg 200 g
   f) 1 200 Euro : 32 = 120 000 Cent : 32 = 3 750 Cent = 37 Euro 50 Cent
   g) 480 m : 32 m = 15
   h) 826 kg : 14 kg = 59
   i) 3 m 50 cm : 14 cm = 25

3. 645 cm : 30 cm = 21 Rest 15 cm
   Man kann 21 Stücke zu 30 cm von der Latte absägen.

4. 24 h : 90 min = 1 440 min : 90 min = 16
   Der Satellit macht an einem Tag 16 Umrundungen.

5. Gegeben: VP = 984 €; V = 132 €; GK = 43 €
   Gesucht: EK
   Lösung: EK = VP + V – GK = 984 € + 132 € – 43 € = 1.073 €
   Antwort: Der Einkaufspreis betrug 1 073 €

6. Gegeben:
   VP: 60 kg zu 2,98 Euro je 500 g und 30 kg zu 2,48 Euro je 500 g
   EK: (60 kg + 30 kg + 10 kg) zu 2,30 € je 1 kg
   GK: 35 €
   Gesucht: G
   Lösung: VP:
   (60 kg : 500 g) · 2,98 € = 120 · 2,98 € = 357,60 €
   (30 kg : 500 g) · 2,48 € = 60 · 2,48 € = 148,80 €
   357,60 € + 148,80 € = 506,40 €

EK: (60 kg + 30 kg + 10 kg) : 1 kg · 2,30 €
= 100 kg : 1 kg · 2,30 € = 100 · 2,30 € = 230 €
G: G = VP – SK = VP – (EK + GK)
= 506,40 € – (230 € + 35 €) = 241,40 €
Antwort: Sein Gewinn betrug 241,40 €.

7. Grundpreis: 6 € 45 Ct · 12 = 77 € 40 Ct
Verbrauch: 4 000 · 16 Ct = 640 €
Gesamt: 77 € 40 Ct + 640 € = 717 € 40 Ct
Die jährliche Stromrechnung beträgt 717,40 €.

S. 140 Übungen

1. Der Bruch $\frac{5}{8}$ liegt bei $\frac{5}{8}$ von $e = \frac{5}{8}$ von 8 cm = 5 cm, denn $\frac{5}{8}$ von 8 cm = (8 cm : 8) · 5 = 5 cm.
Der Bruch $\frac{3}{2}$ liegt bei $\frac{3}{2}$ von $e = \frac{3}{2}$ von 8 cm = 12 cm, denn $\frac{3}{2}$ von 8 cm = (8 cm : 2) · 3 = 12 cm.
Der Bruch $\frac{7}{10}$ liegt bei $\frac{7}{10}$ von $e = \frac{7}{10}$ von 8 cm = 56 mm, denn $\frac{7}{10}$ von 8 cm = (8 cm : 10) · 7 = (80 mm : 10) · 7 = 56 mm.
Der Bruch $\frac{19}{20}$ liegt bei $\frac{19}{20}$ von $e = \frac{19}{20}$ von 8 cm = 76 mm, denn $\frac{19}{20}$ von 8 cm = (8 cm : 20) · 19 = (80 mm : 20) · 19 = 76 mm.

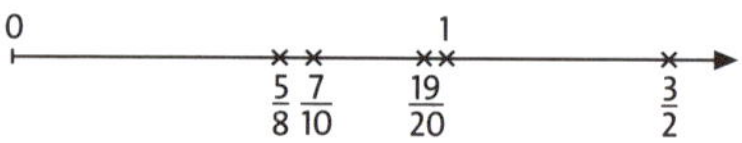

2. a) $\frac{120}{180} = \frac{12}{18} = \frac{2}{3}$ b) $\frac{60}{90} = \frac{6}{9} = \frac{2}{3}$

c) $\frac{60}{84} = \frac{30}{42} = \frac{10}{14} = \frac{5}{7}$ d) $\frac{126}{210} = \frac{63}{105} = \frac{21}{35} = \frac{3}{5}$

3. a) $\frac{6}{10} = \frac{18}{30}$ b) $\frac{4}{15} = \frac{20}{75}$ c) $\frac{15}{16} = \frac{45}{48}$ d) $\frac{2}{3} = \frac{40}{60}$ e) $\frac{1}{2} = \frac{20}{40}$

4. a) $\frac{6}{9} < \frac{7}{9} < \frac{11}{9}$ (gleicher Nenner)

b) $\frac{8}{3} = \frac{40}{15}$ und $\frac{20}{7} = \frac{40}{14}$; $\frac{40}{15} < \frac{40}{14}$, deshalb gilt auch $\frac{8}{3} < \frac{20}{7}$.

c) $\frac{14}{25} = \frac{84}{150}$ und $\frac{21}{30} = \frac{105}{150}$ und $\frac{4}{15} = \frac{40}{150}$; $\frac{40}{150} < \frac{84}{150} < \frac{105}{150}$, deshalb gilt auch $\frac{4}{15} < \frac{14}{25} < \frac{21}{30}$.

S. 143 Übungen

1. a) $\frac{7}{50} + \frac{18}{25} = \frac{7}{50} + \frac{18 \cdot 2}{25 \cdot 2} = \frac{7}{50} + \frac{36}{50} = \frac{43}{50}$ b) $\frac{3}{5} + \frac{1}{6} = \frac{3 \cdot 6}{5 \cdot 6} + \frac{1 \cdot 5}{6 \cdot 5} = \frac{18}{30} + \frac{5}{30} = \frac{23}{30}$

c) $\frac{11}{25} - \frac{4}{15} = \frac{11 \cdot 3}{25 \cdot 3} - \frac{4 \cdot 5}{15 \cdot 5} = \frac{33}{75} - \frac{20}{75} = \frac{13}{75}$ d) $\frac{29}{33} - \frac{21}{44} = \frac{29 \cdot 4}{33 \cdot 4} - \frac{21 \cdot 3}{44 \cdot 3} = \frac{116}{132} - \frac{63}{132} = \frac{53}{132}$

2. a) $\frac{7}{2} = 7 : 2 = 3 + 1 : 2 = 3 + \frac{1}{2} = 3\,\frac{1}{2}$ b) $\frac{11}{4} = 11 : 4 = 2 + 3 : 4 = 2 + \frac{3}{4} = 2\,\frac{3}{4}$

c) $\frac{23}{6} = 23 : 6 = 3 + 5 : 6 = 3 + \frac{5}{6} = 3\,\frac{5}{6}$ d) $\frac{45}{8} = 45 : 8 = 5 + 5 : 8 = 5 + \frac{5}{8} = 5\,\frac{5}{8}$

3. a) $6\,\frac{1}{5} = \frac{6}{1} + \frac{1}{5} = \frac{6 \cdot 5}{1 \cdot 5} + \frac{1}{5} = \frac{30}{5} + \frac{1}{5} = \frac{31}{5}$ b) $1\,\frac{4}{7} = \frac{1}{1} + \frac{4}{7} = \frac{1 \cdot 7}{1 \cdot 7} + \frac{4}{7} = \frac{7}{7} + \frac{4}{7} = \frac{11}{7}$

c) $9\frac{1}{3} = \frac{9}{1} + \frac{1}{3} = \frac{9 \cdot 3}{1 \cdot 3} + \frac{1}{3} = \frac{27}{3} + \frac{1}{3} = \frac{28}{3}$ d) $4\frac{1}{5} = \frac{4}{1} + \frac{1}{5} = \frac{4 \cdot 5}{1 \cdot 5} + \frac{1}{5} = \frac{20}{5} + \frac{1}{5} = \frac{21}{5}$

4. a) $4\frac{3}{4} + 6\frac{3}{4} = 10\frac{6}{4} = 11\frac{2}{4} = 11\frac{1}{2}$ b) $3\frac{7}{12} + 4\frac{5}{18} = 3\frac{21}{36} + 4\frac{10}{36} = 7\frac{31}{36}$

c) $26\frac{8}{15} - 5\frac{3}{10} = 26\frac{16}{30} - 5\frac{9}{30} = 21\frac{7}{30}$ d) $12\frac{3}{16} - 7\frac{1}{20} = 12\frac{15}{80} - 7\frac{4}{80} = 5\frac{11}{80}$

S. 146 Übungen

1. a) $\frac{4}{5} \cdot \frac{7}{9} = \frac{4 \cdot 7}{5 \cdot 9} = \frac{28}{45}$ b) $\frac{6}{7} \cdot \frac{4}{15} = \frac{6 \cdot 4}{7 \cdot 15} = \frac{2 \cdot 4}{7 \cdot 5} = \frac{8}{35}$

c) $3 \cdot \frac{2}{10} = \frac{3 \cdot 2}{10} = \frac{6}{10} = \frac{3}{5}$ d) $\frac{2}{3}$ von $18 = \frac{2}{3} \cdot 18 = \frac{2 \cdot 18}{3} = \frac{2 \cdot 6}{1} = 12$

2. a) $2\frac{1}{2} \cdot \frac{4}{5} = \frac{5}{2} \cdot \frac{4}{5} = \frac{5 \cdot 4}{2 \cdot 5} = \frac{1 \cdot 4}{2 \cdot 1} = \frac{1 \cdot 2}{1 \cdot 1} = \frac{2}{1} = 2$

b) $9\frac{3}{10} \cdot 1\frac{2}{3} = \frac{93}{10} \cdot \frac{5}{3} = \frac{93 \cdot 5}{10 \cdot 3} = \frac{93 \cdot 1}{2 \cdot 3} = \frac{31 \cdot 1}{2 \cdot 1} = \frac{31}{2} = 15\frac{1}{2}$

c) $(\frac{9}{10})^3 = \frac{9 \cdot 9 \cdot 9}{10 \cdot 10 \cdot 10} = \frac{729}{1000}$

d) $3\frac{3}{5} \cdot (\frac{5}{9})^2 = \frac{18}{5} \cdot (\frac{5}{9})^2 = \frac{18 \cdot 5 \cdot 5}{5 \cdot 9 \cdot 9} = \frac{2 \cdot 5 \cdot 5}{5 \cdot 1 \cdot 9} = \frac{2 \cdot 1 \cdot 5}{1 \cdot 1 \cdot 9} = \frac{10}{9} = 1\frac{1}{9}$

3. a) $\frac{3}{4} : \frac{2}{5} = \frac{3}{4} \cdot \frac{5}{2} = \frac{3 \cdot 5}{4 \cdot 2} = \frac{15}{8} = 1\frac{7}{8}$ b) $\frac{1}{10} : \frac{2}{25} = \frac{1}{10} \cdot \frac{25}{2} = \frac{1 \cdot 25}{10 \cdot 2} = \frac{1 \cdot 5}{2 \cdot 2} = \frac{5}{4} = 1\frac{1}{4}$

c) $2\frac{1}{2} : 5\frac{1}{4} = \frac{5}{2} : \frac{21}{4} = \frac{5}{2} \cdot \frac{4}{21} = \frac{5 \cdot 4}{2 \cdot 21} = \frac{5 \cdot 2}{1 \cdot 21} = \frac{10}{21}$

d) $26\frac{2}{15} : 2\frac{37}{55} = \frac{392}{15} : \frac{147}{55} = \frac{392}{15} \cdot \frac{55}{147} = \frac{392 \cdot 55}{15 \cdot 147} = \frac{8 \cdot 11}{3 \cdot 3} = \frac{88}{9} = 9\frac{7}{9}$

4. a) $\frac{\frac{8}{11}}{\frac{1}{2}} = \frac{8}{11} : \frac{1}{2} = \frac{8}{11} \cdot \frac{2}{1} = \frac{16}{11} = 1\frac{5}{11}$

b) $\frac{5\frac{29}{32}}{\frac{27}{48}} = 5\frac{29}{32} : \frac{27}{48} = \frac{189}{32} \cdot \frac{48}{27} = \frac{189 \cdot 48}{32 \cdot 27} = \frac{7 \cdot 3}{2 \cdot 1} = \frac{21}{2} = 10\frac{1}{2}$

c) $\frac{7\frac{1}{2}}{3\frac{4}{7}} = 7\frac{1}{2} : 3\frac{4}{7} = \frac{15}{2} : \frac{25}{7} = \frac{15}{2} \cdot \frac{7}{25} = \frac{15 \cdot 7}{2 \cdot 25} = \frac{3 \cdot 7}{2 \cdot 5} = \frac{21}{10} = 2\frac{1}{10}$

S. 147 Test

1. Der Bruch $\frac{1}{4}$ liegt bei $\frac{1}{4}$ von $e = \frac{1}{4}$ von 4 cm = 1 cm.
Der Bruch $\frac{3}{3}$ liegt bei $\frac{3}{3}$ von $e = \frac{3}{3}$ von 4 cm = 4 cm.
Der Bruch $\frac{11}{8}$ liegt bei $\frac{11}{8}$ von $e = \frac{11}{8}$ von 4 cm = 55 mm.
Der Bruch $\frac{7}{10}$ liegt bei $\frac{7}{10}$ von $e = \frac{7}{10}$ von 4 cm = 28 mm.

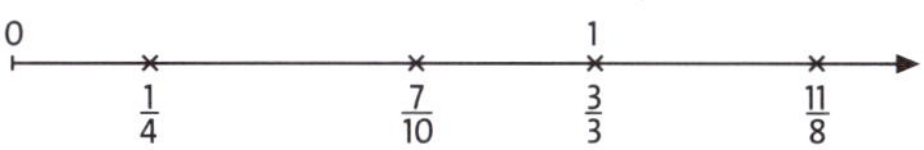

2. a) $\frac{3}{10} + \frac{4}{7} = \frac{3 \cdot 7}{10 \cdot 7} + \frac{4 \cdot 10}{7 \cdot 10} = \frac{21}{70} + \frac{40}{70} = \frac{61}{70}$ b) $\frac{8}{15} + \frac{7}{20} = \frac{8 \cdot 4}{15 \cdot 4} + \frac{7 \cdot 3}{20 \cdot 3} = \frac{32}{60} + \frac{21}{60} = \frac{53}{60}$

c) $\frac{4}{5} - \frac{3}{20} = \frac{4 \cdot 4}{5 \cdot 4} - \frac{3}{20} = \frac{16}{20} - \frac{3}{20} = \frac{13}{20}$ d) $\frac{7}{15} - \frac{1}{4} = \frac{7 \cdot 4}{15 \cdot 4} - \frac{1 \cdot 15}{4 \cdot 15} = \frac{28}{60} - \frac{15}{60} = \frac{13}{60}$

e) $5\frac{1}{4} - 2\frac{3}{4} = 4\frac{5}{4} - 2\frac{3}{4} = 2\frac{2}{4} = 2\frac{1}{2}$ f) $6\frac{3}{10} - 4\frac{7}{10} = 5\frac{13}{10} - 4\frac{7}{10} = 1\frac{6}{10} = 1\frac{3}{5}$

g) $10\frac{4}{7} + 3\frac{5}{14} + 9\frac{9}{28} = 10\frac{16}{28} + 3\frac{10}{28} + 9\frac{9}{28} = 22\frac{35}{28} = 23\frac{7}{28} = 23\frac{1}{4}$

3. a) $\frac{4}{5}$ von $\frac{3}{4} = \frac{4}{5} \cdot \frac{3}{4} = \frac{4 \cdot 3}{5 \cdot 4} = \frac{3}{5}$ b) $\frac{3}{10}$ von $\frac{1}{2} = \frac{3}{10} \cdot \frac{1}{2} = \frac{3 \cdot 1}{10 \cdot 2} = \frac{3}{20}$

4. a) $9\,\frac{3}{4} \cdot 5 = \frac{39}{4} \cdot 5 = \frac{39 \cdot 5}{4} = \frac{195}{4} = 48\,\frac{3}{4}$

b) $3\,\frac{4}{15} \cdot 3\,\frac{3}{14} = \frac{49}{15} \cdot \frac{45}{14} = \frac{49 \cdot 45}{15 \cdot 14} = \frac{49 \cdot 3}{1 \cdot 14} = \frac{7 \cdot 3}{1 \cdot 2} = \frac{21}{2} = 10\,\frac{1}{2}$

c) $(\frac{2}{3})^2 \cdot (\frac{3}{8})^2 = \frac{2 \cdot 2 \cdot 3 \cdot 3}{3 \cdot 3 \cdot 8 \cdot 8} = \frac{2 \cdot 2 \cdot 1 \cdot 1}{1 \cdot 1 \cdot 8 \cdot 8} = \frac{1 \cdot 1 \cdot 1 \cdot 1}{1 \cdot 1 \cdot 4 \cdot 4} = \frac{1}{16}$

d) $\frac{7}{8} : \frac{14}{5} = \frac{7}{8} \cdot \frac{5}{14} = \frac{7 \cdot 5}{8 \cdot 14} = \frac{1 \cdot 5}{8 \cdot 2} = \frac{5}{16}$

e) $\frac{3}{10} : \frac{9}{25} = \frac{3}{10} \cdot \frac{25}{9} = \frac{3 \cdot 25}{10 \cdot 9} = \frac{1 \cdot 5}{2 \cdot 3} = \frac{5}{6}$

f) $4\,\frac{7}{20} : 29 = \frac{87}{20} : \frac{29}{1} = \frac{87}{20} \cdot \frac{1}{29} = \frac{87 \cdot 1}{20 \cdot 29} = \frac{3 \cdot 1}{20 \cdot 1} = \frac{3}{20}$

g) $100\,\frac{4}{7} : 32 = \frac{704}{7} : \frac{32}{1} = \frac{704}{7} \cdot \frac{1}{32} = \frac{704 \cdot 1}{7 \cdot 32} = \frac{22 \cdot 1}{7 \cdot 1} = \frac{22}{7} = 3\,\frac{1}{7}$

5. a) $\frac{15}{\frac{8}{25}} = 15 : \frac{8}{25} = 15 \cdot \frac{25}{8} = \frac{15 \cdot 25}{8} = \frac{375}{8} = 46\,\frac{7}{8}$

b) $\frac{36}{9\,\frac{1}{3}} = 36 : 9\,\frac{1}{3} = 36 : \frac{28}{3} = 36 \cdot \frac{3}{28} = \frac{36 \cdot 3}{28} = \frac{9 \cdot 3}{7} = \frac{27}{7} = 3\,\frac{6}{7}$

6. $5\,\frac{1}{2} + 3\,\frac{3}{8} : 4\,\frac{1}{2} - (3\,\frac{1}{18} \cdot 1\,\frac{4}{5} + \frac{1}{2}) = 5\,\frac{1}{2} + \frac{27}{8} : \frac{9}{2} - (\frac{55 \cdot 9}{18 \cdot 5} + \frac{1}{2}) = 5\,\frac{1}{2} + \frac{27 \cdot 2}{8 \cdot 9} - (\frac{11 \cdot 1}{2 \cdot 1} + \frac{1}{2})$

$= 5\,\frac{1}{2} + \frac{3 \cdot 1}{4 \cdot 1} - (\frac{11}{2} + \frac{1}{2}) = 5\,\frac{1}{2} + \frac{3}{4} - \frac{12}{2} = 5\,\frac{2}{4} + \frac{3}{4} - 6 = 5\,\frac{5}{4} - 6 = 6\,\frac{1}{4} - 6 = \frac{1}{4}$

S. 153 Übungen

1. 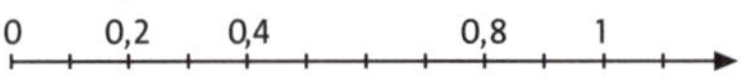

2. a) $0{,}23 < 2{,}01 < 2{,}11 < 2{,}2$ b) $0{,}017 < 0{,}071 < 0{,}170 < 0{,}701$

3. a) $0{,}4 \cdot 10 = 4$ b) $2{,}3 \cdot 10 = 23$
c) $40{,}9 : 10 = 4{,}09$ d) $384 : 100 = 3{,}84$

4. a)
```
0,73 · 1,5
      73
     365
   1,095
```
b)
```
4,56 · 1,2
     456
      912
    5,472
```

c)
```
0,05 : 0,8 = 0,50 : 8 = 0,0625
                 48
                  20
                  16
                   40
                   40
                    0
```
d)
```
1,96 : 1,4 = 19,6 : 14 = 1,4
             14
              56
              56
               0
```

5. a) $7 : 3 = 2{,}\overline{3}$ b) $1 : 11 = 0{,}\overline{09}$ c) $4 : 6 = 0{,}\overline{6}$ d) $0{,}8 : 1{,}2 = 0{,}\overline{6}$

S. 153 Test

1. a) $14{,}8 - (11{,}2 - 3{,}75) - 1{,}9 = 14{,}8 - 7{,}45 - 1{,}9 = 7{,}35 - 1{,}9 = 5{,}45$
   b) $(0{,}5 + 1{,}13) + (11{,}0 - 2{,}7) - 4{,}5 = 1{,}63 + 8{,}3 - 4{,}5 = 9{,}93 - 4{,}5 = 5{,}43$
   c) $5 \cdot 1{,}4 - 0{,}7 : 0{,}14 = 7 - 5 = 2$
   d) $(1\frac{1}{4} + 0{,}25) : 0{,}48 = (1{,}25 + 0{,}25) : 0{,}48 = 1{,}5 : 0{,}48 = 3{,}125$

2. a) $0{,}\overline{3} \approx 0{,}333$ b) $0{,}\overline{6} \approx 0{,}667$ c) $2{,}\overline{57} \approx 2{,}576$ d) $7{,}\overline{17} \approx 7{,}172$

3. a) $0{,}\overline{4} = 4 \cdot 0{,}\overline{1} = \frac{4}{9}$ b) $0{,}0\overline{4} = 0{,}\overline{4} : 10 = \frac{4}{90} = \frac{2}{45}$
   c) $1{,}0\overline{4} = 1\,\frac{2}{45}$ d) $0{,}\overline{15} = 15 \cdot 0{,}\overline{01} = \frac{15}{99} = \frac{5}{33}$

S. 156 Übungen

1.

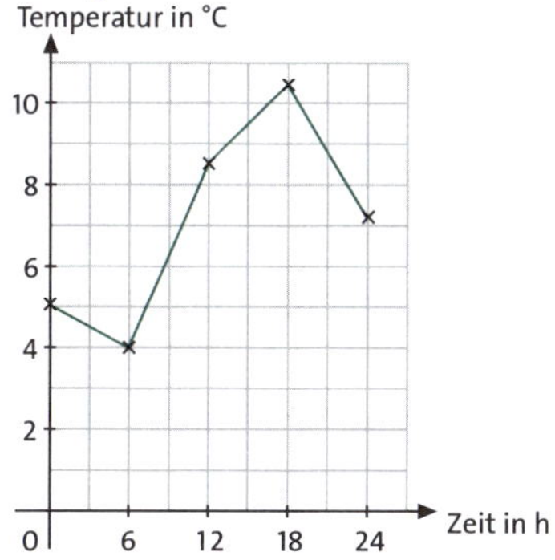

2. Die Temperatur betrug um 21 Uhr ca. 8,9 °C.

S. 156 Test

a) Durchschnitt $= (11 \cdot 1 + 17 \cdot 2 + 20 \cdot 3 + 14 \cdot 4 + 20 \cdot 5 + 18 \cdot 6) : 100 = 3{,}69$

b)

Augenzahl	1	2	3	4	5	6
rel. Häufigkeit	0,11	0,17	0,20	0,14	0,20	0,18

c)

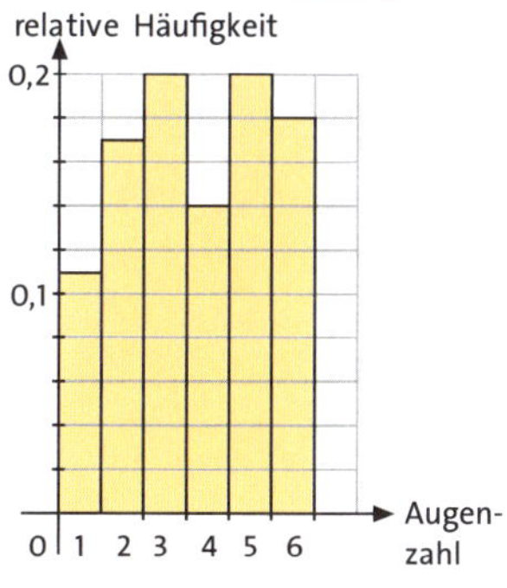

S. 160 Übungen

1. a)

2	3	4	5	6
3	4,5	6	7,5	9

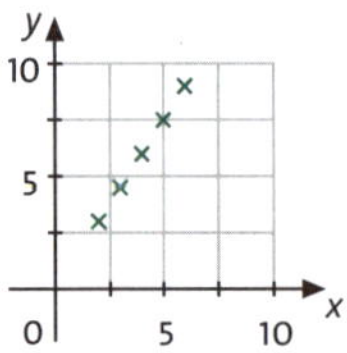

b)

1	2	3	4	6
6	3	2	1,5	1

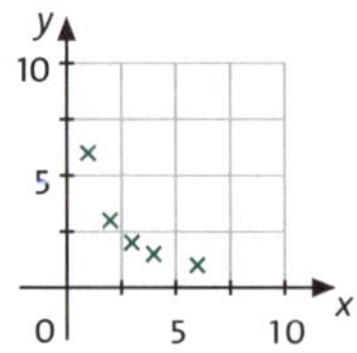

c)

0	2	4	6	10
0	1	2	3	5

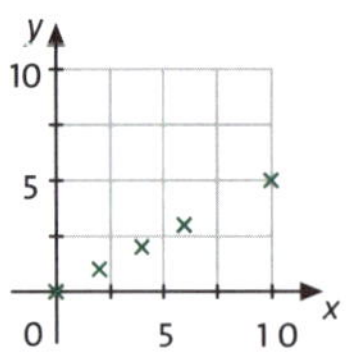

d)

1	2	4	5	8
8	4	2	1,6	1

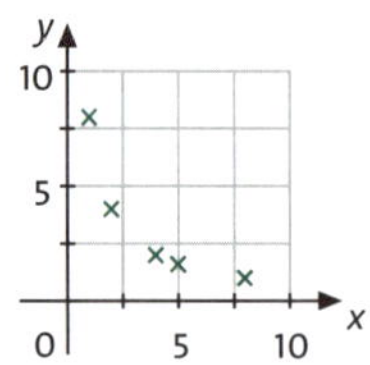

2. a) Indirekt proportional. (Je höher der Preis, desto weniger Stücke kann man kaufen.)

b) Direkt proportional.

c) Gar nicht proportional.

d) Direkt proportional.

3. Es liegt indirekte Proportionalität vor.

2 Mähdrescher ≙ 24 h
(:2) (·2)
1 Mähdrescher ≙ 48 h
(·3) (:3)
3 Mähdrescher ≙ 16 h

3 Mähdrescher würden 16 Stunden brauchen.

4. Es handelt sich um direkte Proportionalität.

12 Kühe ≙ 9 000 l
(:3) (:3)
4 Kühe ≙ 3 000 l
(·2) (·2)
8 Kühe ≙ 6 000 l

Bei 8 Kühen erwartet man 6 000 l Milch.

S. 160 Test

1. Weg und Zeit sind direkt proportional.

(:20) 20 km ≙ 60 min (:20)

(·55) 1 km ≙ 3 min (·55)

55 km ≙ 165 min

165 min = 120 min + 45 min = 2 h 45 min
Der Radler braucht 2 h 45 min für die Umrundung des Starnberger Sees.

2. Arbeitstage und Anzahl der Kollegen sind indirekt proportional.
Für die restliche Arbeit nach 10 Arbeitstagen gilt:

(:5) 5 Kollegen ≙ 20 Tage (·5)

(·4) 1 Kollege ≙ 100 Tage (:4)

4 Kollegen ≙ 25 Tage

Die restliche Arbeit ist mit 4 Kollegen in 25 Tagen zu bewältigen.
Das ganze Projekt dauert dann 35 Tage.

S. 163 Übungen

1. a) Würfel
b) Zylinder, Kegel
c) Pyramide, Prisma mit Dreiecksflächen
d) Würfel, Quader, Prisma, Pyramide
e) Pyramide mit Dreieck als Grundfläche
f) Kugel

2. Körper 1 ist aus einem Prisma und einer Pyramide zusammengesetzt. Er hat 12 Begrenzungslinien und 7 Begrenzungsflächen, 3 Rechtecke und 4 Dreiecke.
Körper 2 ist aus einem Kegel und einer Halbkugel zusammengesetzt. Er hat 1 Begrenzungslinie und 2 Begrenzungsflächen, nämlich die halbe Kugeloberfläche und die Mantelfläche des Kegels.
Körper 3 ist aus einem Kegel und einem Zylinder zusammengesetzt. Er hat 2 Begrenzungslinien und 3 Begrenzungsflächen, nämlich eine Kreisfläche, eine Mantelfläche des Zylinders und eine Mantelfläche des Kegels.
Körper 4 ist aus zwei Pyramiden zusammengesetzt. Er hat 12 Begrenzungslinien und 8 Dreiecke als Begrenzungsflächen.

S. 169 Übungen

1.

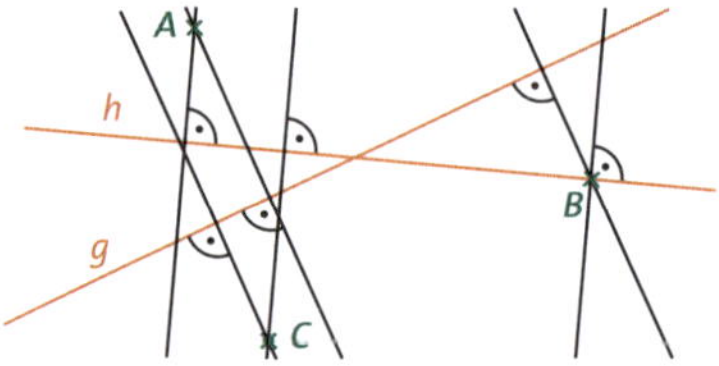

2. a) $A(2|1), B(3|5), C(1|3), D(0|2), E(4|4), F(6|5), G(2|4), H(5|2)$

b)

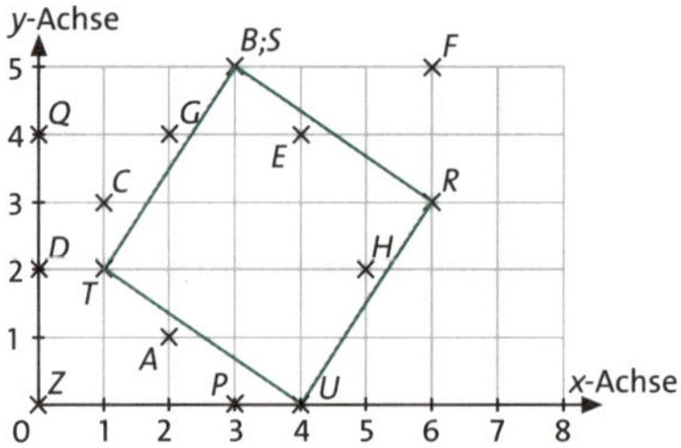

c) $U(4|0)$

S. 173 Übungen

1. a) $A_R = a \cdot b = 16\,\text{cm} \cdot 10\,\text{cm} = 160\,\text{cm}^2 = 1\,\text{dm}^2\ 60\,\text{cm}^2$

$u_R = 2 \cdot (a + b) = 2 \cdot 26\,\text{cm} = 52\,\text{cm}$

b) $A_R = a \cdot b = 25\,\text{dm} \cdot 75\,\text{cm} = 250\,\text{cm} \cdot 75\,\text{cm}$

$= 18\,750\,\text{cm}^2 = 1\,\text{m}^2\ 87\,\text{dm}^2\ 50\,\text{cm}^2$

$u_R = 2 \cdot (a + b) = 2 \cdot (250\,\text{cm} + 75\,\text{cm}) = 650\,\text{cm}$

c) $A_R = a \cdot b = 5\,\text{m}\ 4\,\text{dm} \cdot 2\,\text{m}\ 25\,\text{cm}$

$= 540\,\text{cm} \cdot 225\,\text{cm} = 121\,500\,\text{cm}^2 = 12\,\text{m}^2\ 15\,\text{dm}^2$

$u_R = 2 \cdot (a + b) = 2 \cdot (5{,}4\,\text{m} + 2{,}25\,\text{m}) = 15{,}3\,\text{m}$

d) $A_R = a \cdot b = 450\,\text{m} \cdot 265\,\text{m} = 119\,250\,\text{m}^2 = 11\,\text{ha}\ 92\,\text{a}\ 50\,\text{m}^2$

$u_R = 2 \cdot (a + b) = 2 \cdot (450\,\text{m} + 265\,\text{m}) = 1430\,\text{m}$

2. a) $A = A_I + A_{II}$

$= 10\,\text{cm} \cdot 4\,\text{cm} + 4\,\text{cm} \cdot 4\,\text{cm}$

$= 40\,\text{cm}^2 + 16\,\text{cm}^2 = 56\,\text{cm}^2$

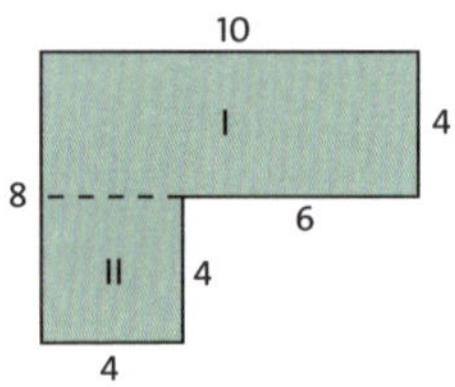

b) $A = A_Q - A_I$

$= 6\,\text{cm} \cdot 6\,\text{cm} - 2\,\text{cm} \cdot 2\,\text{cm}$

$= 36\,\text{cm}^2 - 4\,\text{cm}^2 = 32\,\text{cm}^2$

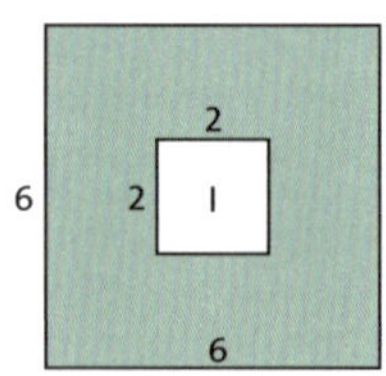

3. a) $4\ \text{a}\ 56\ \text{m}^2 = 456\ \text{m}^2$
   b) $36\ \text{m}^2\ 75\ \text{dm}^2 = 3\,675\ \text{dm}^2$
   c) $4\ \text{m}^2\ 20\ \text{cm}^2 = 40\,020\ \text{cm}^2$
   d) $12\ \text{km}^2\ 36\ \text{ha} = 120\,036\ \text{a}$
   e) $3\ \text{m}^2\ 89\ \text{dm}^2\ 75\ \text{cm}^2 = 38\,975\ \text{cm}^2$
   f) $6\ \text{ha}\ 25\ \text{a}\ 8\ \text{m}^2 = 62\,508\ \text{m}^2$

S. 179 Übungen

1. Die Pfeile geben an, wie die Rechtecke richtig platziert werden müssen.

a) 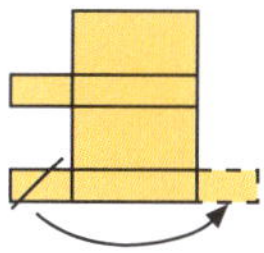

b) 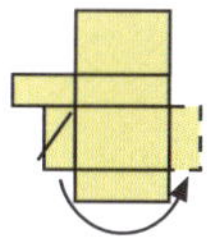

c) 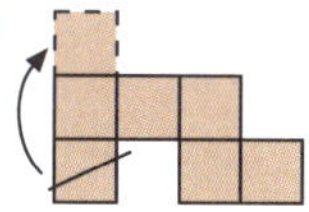

2. a) $1\ \text{m}^3\ 730\ \text{dm}^3 = 1\,000\ \text{dm}^3 + 730\ \text{dm}^3 = 1\,730\ \text{dm}^3$
   b) $400\ \text{dm}^3\ 25\ \text{cm}^3 = 400\,000\ \text{cm}^3 + 25\ \text{cm}^3 = 400\,025\ \text{cm}^3$
   c) $6\ \text{m}^3\ 370\ \text{dm}^3\ 40\ \text{cm}^3 = 6\,000\,000\ \text{cm}^3 + 370\,000\ \text{cm}^3 + 40\ \text{cm}^3$
   $= 6\,370\,040\ \text{cm}^3$
   d) $75\ \text{dm}^3\ 15\ \text{mm}^3 = 75\,000\,015\ \text{mm}^3$
   e) $4\ \text{m}^3\ 5\ \text{cm}^3 = 4\,000\,005\ \text{cm}^3$
   f) $47\ \text{m}^3\ 1\ \text{dm}^3\ 65\ \text{mm}^3 = 47\,001\,000\,065\ \text{mm}^3$

3. a) $V_Q = a \cdot b \cdot c = 12\ \text{cm} \cdot 9\ \text{cm} \cdot 15\ \text{cm}$
   $= 12 \cdot 9 \cdot 15\ \text{cm}^3 = 1620\ \text{cm}^3 = 1\ \text{dm}^3\ 620\ \text{cm}^3$
   $Q_Q = 2 \cdot (a \cdot b + a \cdot c + b \cdot c)$
   $= 2 \cdot (12 \cdot 9 + 12 \cdot 15 + 9 \cdot 15)\ \text{cm}^2 = 846\ \text{cm}^2 = 8\ \text{dm}^2\ 46\ \text{cm}^2$
   b) $V_Q = a \cdot b \cdot c = 35\ \text{dm} \cdot 25\ \text{dm} \cdot 18\ \text{dm}$
   $= 35 \cdot 25 \cdot 18\ \text{dm}^3 = 15\,750\ \text{dm}^3 = 15\ \text{m}^3\ 750\ \text{dm}^3$
   $Q_Q = 2 \cdot (a \cdot b + a \cdot c + b \cdot c)$
   $= 2 \cdot (35 \cdot 25 + 35 \cdot 18 + 25 \cdot 18)\ \text{dm}^2 = 3\,910\ \text{dm}^2 = 39\ \text{m}^2\ 10\ \text{dm}^2$
   c) $V_Q = a \cdot b \cdot c = 4\ \text{m} \cdot 25\ \text{dm} \cdot 2\ \text{m} = 40\ \text{dm} \cdot 25\ \text{dm} \cdot 20\ \text{dm}$
   $= 40 \cdot 25 \cdot 20\ \text{dm}^3 = 20\,000\ \text{dm}^3 = 20\ \text{m}^3$
   $Q_Q = 2 \cdot (a \cdot b + a \cdot c + b \cdot c)$
   $= 2 \cdot (40 \cdot 25 + 40 \cdot 20 + 25 \cdot 20)\ \text{dm}^2 = 4\,600\ \text{dm}^2 = 46\ \text{m}^2$

4. a) $V_{\text{Körper}} = V_{\text{I}} + V_{\text{II}}$
   $= 10\ \text{cm} \cdot 4\ \text{cm} \cdot 2\ \text{cm} + 4\ \text{cm} \cdot 4\ \text{cm} \cdot 5\ \text{cm}$
   $= 80\ \text{cm}^3 + 80\ \text{cm}^3 = 160\ \text{cm}^3$

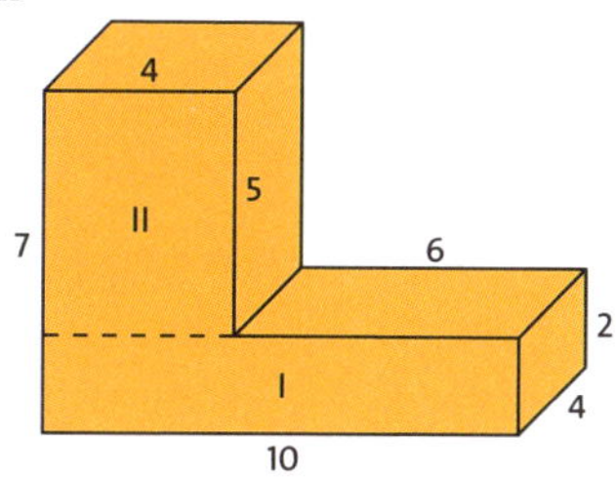

b) $V_{\text{Körper}} = V_{\text{I}} + V_{\text{II}}$
$= 12\text{ cm} \cdot 8\text{ cm} \cdot 2\text{ cm} + 2\text{ cm} \cdot 8\text{ cm} \cdot 4\text{ cm}$
$= 192\text{ cm}^3 + 64\text{ cm}^3 = 256\text{ cm}^3$

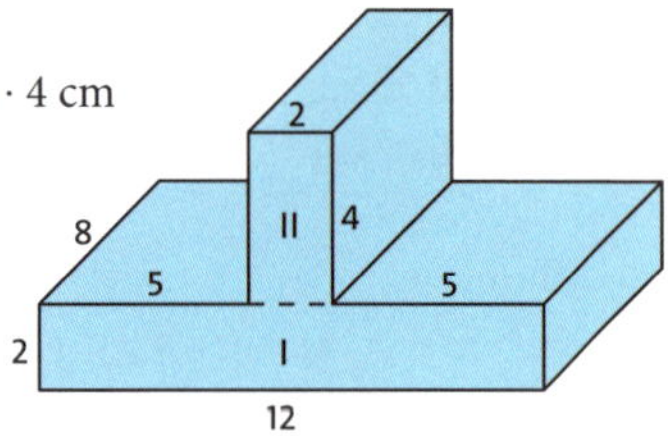

S. 182 Übungen

1. a)

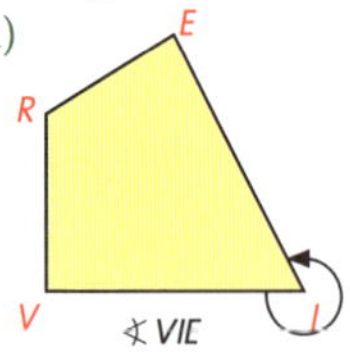

b)

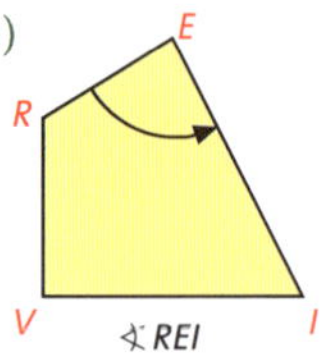

c)

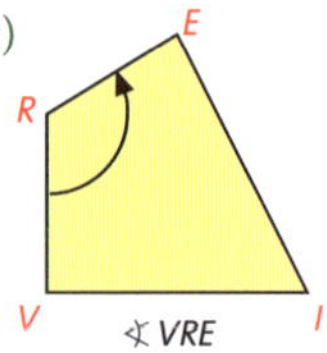

2. a) $\alpha = 38°; \beta = 63°; \gamma = 79°$ b) $\alpha + \beta + \gamma = 180°$

3. a) $\alpha + \beta = 20°30' + 50°20'10'' = 70°50'10''$
   b) $\beta - \alpha = 50°20'10'' - 20°30' = 49°80'10'' - 20°30' = 29°50'10''$
   c) $3\alpha - \beta = 3 \cdot 20°30' - 50°20'10'' = 60°90' - 50°20'10''$
   $= 61°29'60'' - 50°20'10'' = 11°9'50''$

S. 185 f. Test

1. a)

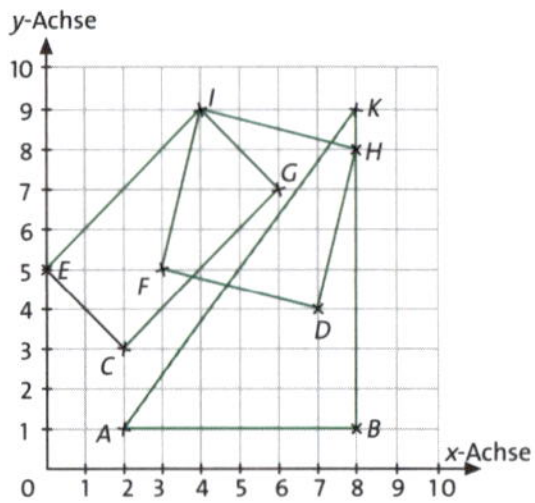

   b) Eckpunkte des Quadrates: *D, H, I, F*
   Eckpunkte des Rechtecks: *C, G, I, E*
   c) Es entsteht das rechtwinklige Dreieck *ABK*.
   d) Quadrat: $u = 4 \cdot 41\text{ mm} = 164\text{ mm}$
   Rechteck: $u = 57\text{ mm} + 28\text{ mm} + 57\text{ mm} + 28\text{ mm} = 170\text{ mm} = 17\text{ cm}$
   Dreieck: $u = 6\text{ cm} + 8\text{ cm} + 10\text{ cm} = 24\text{ cm}$

2. a) $37\,000\text{ mm}^3 = 37\text{ cm}^3$ b) $47\,000\text{ dm}^2 = 470\text{ m}^2 = 4\text{ a }70\text{ m}^2$
   c) $2\,050\,000\text{ dm}^3 = 2\,050\text{ m}^3$ d) $70\,040\,000\text{ cm}^2 = 7\,004\text{ m}^2 = 70\text{ a }4\text{ m}^2$
   e) $32\,650\,000\,000\text{ cm}^3 = 32\,650\,000\text{ dm}^3 = 32\,650\text{ m}^3$

3. a) $A = A_Q - (A_I + A_{II})$
$= 8\text{ cm} \cdot 8\text{ cm} - (3\text{ cm} \cdot 4\text{ cm} + 1\text{ cm} \cdot 3\text{ cm})$
$= 64\text{ cm}^2 - 15\text{ cm}^2 = 49\text{ cm}^2$

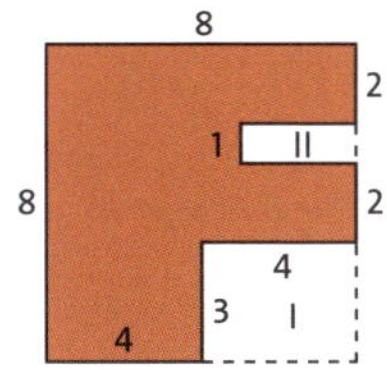

b) $V_{\text{Körper}} = V_{\text{Quader}} - V_I$
$= 20\text{ cm} \cdot 16\text{ cm} \cdot 15\text{ cm} - 12\text{ cm} \cdot 8\text{ cm} \cdot 8\text{ cm}$
$= 4\,800\text{ cm}^3 - 768\text{ cm}^3 = 4\,032\text{ cm}^3$

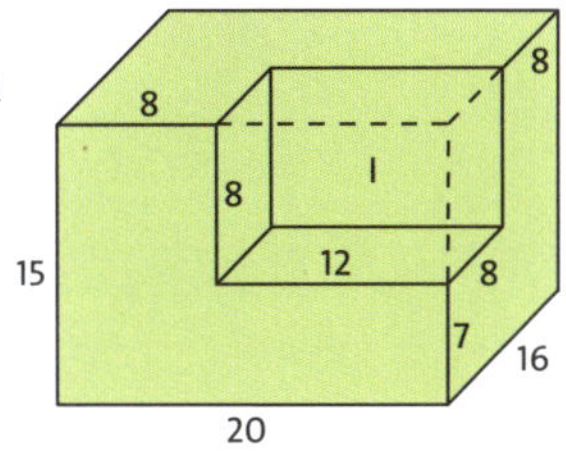

4. a) $\alpha = 65°; \beta = 70°; \gamma = 133°; \delta = 92°$
b) $\alpha + \beta + \gamma + \delta = 360°$

5.
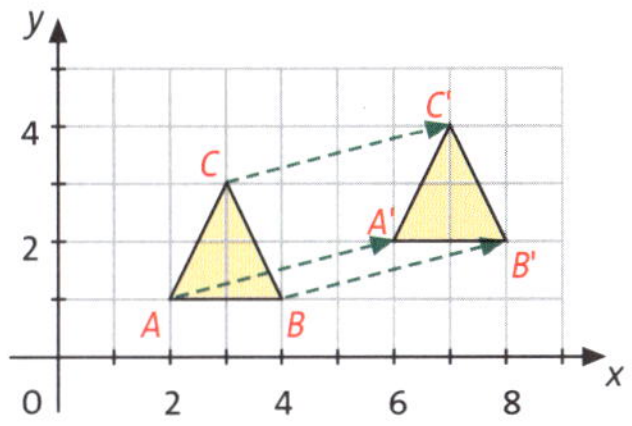

6.
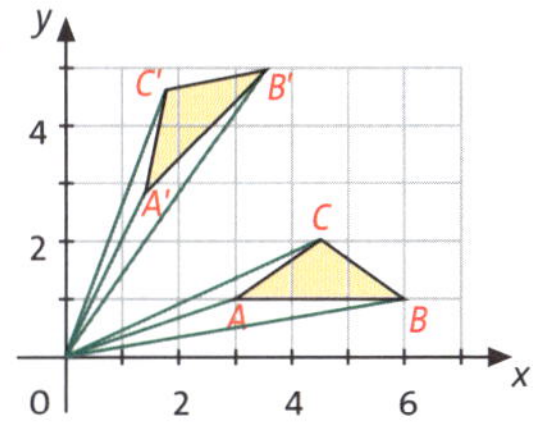

7.
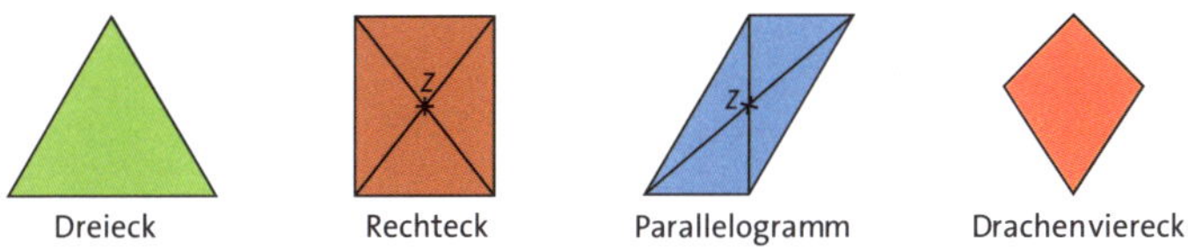

Das Rechteck und das Parallelogramm sind punktsymmetrisch.

8.
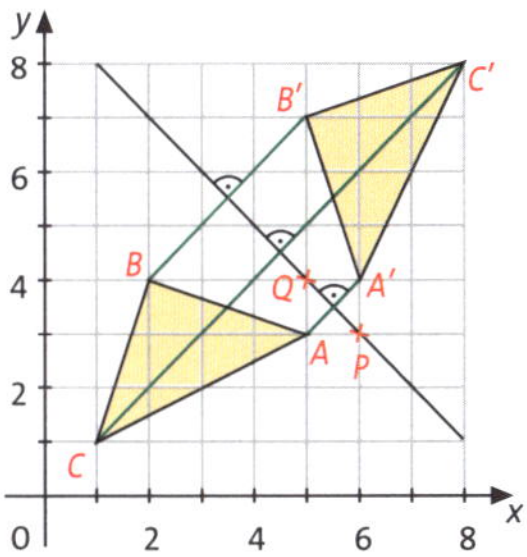

Englisch

Inhaltsverzeichnis

Wortarten *(word classes)*

Verben *(verbs)*

Der Satz *(the sentence)*

Wortarten *(word classes)*

1 Nomen *(nouns)*

1.1 Regelmäßiger Plural

Beispiele:

1 The **streets** of our **towns** are full of **cars**.
Die Straßen unserer Städte sind voller Autos.

2 I had two **sandwiches** for lunch.
Ich hatte zwei belegte Brote zum Mittagessen.

3 A lot of **families** live in our street, but there are no **babies**.
In unserer Straße wohnen viele Familien, aber es gibt keine Babys.

4 You'll find **knives** in the **boxes** at the entrance.
Messer finden Sie in den Kästen am Eingang.

5 Most cars have **radios**.
Die meisten Autos haben Radios.

6 Please buy a few **potatoes**.
Kaufe bitte ein paar Kartoffeln.

■ Bei den meisten Nomen bilden wir den Plural mit *-s* [1].

■ Beim Anhängen von *-s* gibt es folgende Schreibregeln:
Endet der Singular auf *-ch, -s, -sh* oder *-x*, wird *-es* angehängt.
Beispiele sind:

-ch	*-s*
church – churches *match – matches* *sandwich – sandwiches* [2]	*class – classes* *bus – buses* *glass – glasses* *kiss – kisses*

-sh	*-x*
brush – brushes (Bürste) *bush – bushes* (Strauch)	*box – boxes* [4]

Endet der Singular auf *-y* nach einem Konsonanten, entfällt das *-y* und *-ies* wird angehängt [3]. Beispiele sind:

baby – babies [3] *city – cities* *country – countries* *lorry – lorries*	*family – families* [3] *ferry – ferries* (Fähre) *lady – ladies*

Endet der Singular auf *-f* bzw. *-fe*, wird *f* zu *v* und *-es* angehängt [4]. Beispiele sind:

-f	*-fe*
leaf – leaves (Blatt) *shelf – shelves* (Brett) *thief – thieves* (Dieb)	*knife – knives* [4] *life – lives* *wife – wives*

▶ **BEACHTE** aber diese Ausnahmen:
roof – roofs (Dach)
chief – chiefs (Chef)

Endet der Singular auf *-o*, bilden wir den Plural mit *-s* bzw. *-es* [5]. Am wichtigsten sind:

-s	*-es*
photo – photos *radio – radios* [5] *video – videos*	*potato – potatoes* [6] *tomato – tomatoes*

1.2 Unregelmäßiger Plural

Beispiele:

1 How many **children** live here?
Wie viele Kinder wohnen hier?

2 **Men** still get more money than **women**.
Männer bekommen immer noch mehr Geld als Frauen.

3 These shoes are too small for your **feet**.
Diese Schuhe sind zu klein für deine Füße.

4 Ben caught two **fish** today.
Heute hat Ben zwei Fische gefangen.

■ Eine kleine Zahl von Nomen hat einen unregelmäßigen Plural. Am wichtigsten sind:

child – children [1]
foot – feet [3]
man – men [2]
goose – geese (Gans)
woman – women [2]
tooth – teeth
mouse – mice

▶ **BEACHTE**

(computer) mouse – (computer) mouses

■ Einige Nomen haben die gleiche Form im Singular und im Plural. Am wichtigsten sind:

fish – fish [4] (Fisch)
fruit – fruit
sheep – sheep
aircraft – aircraft (Flugzeug)
crossroads – crossroads (Kreuzung)
deer – deer (Reh)

1.3 Zählbare und nicht zählbare Nomen

Beispiele:

1 Kate always has **a roll** for breakfast.
Kate isst immer ein Brötchen zum Frühstück.

2 I'd like **four apples** and **six bananas**, please.
Ich hätte gerne vier Äpfel und sechs Bananen.

3 We need **some butter** and **some cheese**.
Wir brauchen etwas Butter und Käse.

4 Please buy **two packets of butter** and **eight slices of cheese**.
Kaufe bitte zwei Päckchen Butter und acht Scheiben Käse.

5 Have you washed your **hair** this week? **It's** dirty.
Hast du deine Haare diese Woche gewaschen? Sie sind dreckig.

6 Where **are** my **glasses**?
Wo ist meine Brille?

7 He only has **two pairs of trousers**.
Er hat nur zwei Hosen.

■ Nomen wie *rolls*, *apples* und *bananas* sind zählbar. Sie haben eine Pluralform und können daher mit *a/an* [1] und Zahlwörtern [2] benutzt werden.

■ Nomen wie *butter* und *cheese* sind dagegen nicht zählbar. Sie haben keine Pluralform und können deswegen nicht ohne Weiteres mit *a/an* oder Zahlwörtern gebraucht werden [3].

■ Wollen wir nicht zählbare Nomen im Plural doch benutzen, dann müssen wir ein geeignetes zählbares Nomen – z. B. *packets of* oder *slices of* – hinzufügen [4].
Die folgenden zählbaren Begriffe kannst du benutzen, um nicht zählbare Nomen zählbar zu machen:

*a **bar** of*	*chocolate*	ein Riegel/eine Tafel Schokolade
*a **bottle** of*	*mineral water*	eine Flasche Mineralwasser
*a **can** of*	*coke*	eine Dose Cola
*a **cup** of*	*coffee*	eine Tasse Kaffee

a ***glass*** *of*	*milk*	ein Glas Milch
a ***kilo*** *of*	*ham*	ein Kilo Schinken
a ***litre*** *of*	*apple juice*	ein Liter Apfelsaft
a ***packet*** *of*	*tea*	ein Päckchen Tee
a ***slice*** *of*	*bread*	eine Scheibe Brot
a ***tube*** *of*	*toothpaste*	eine Tube Zahnpasta

■ Die folgenden Nomen sind im Englischen – anders als im Deutschen – **nicht zählbar**. Daher stehen die dazugehörigen **Verben und Pronomen** immer **im Singular** [5]:

furniture	Möbel	*housework*	Hausarbeit(en)
hair	Haar(e)	*information*	Information(en)
homework	Hausaufgabe(n)	*news*	Nachrichten

▶ **BEACHTE**, dass wir ***people*** (Menschen) und ***police*** nur im **Plural** benutzen:

People are *sometimes hard to understand.*
Menschen sind manchmal schwer zu verstehen.

The police are *here.* ***They*** *want to speak to the boss.*
Die Polizei ist hier. Sie will mit dem Chef sprechen.

■ Dinge, die aus zwei Teilen bestehen, wie ***glasses***, können wir im Englischen **nur im Plural** benutzen [6].
Wollen wir solche ‚Paarwörter' **im Singular** mit ***a /an*** oder **mit einem Zahlwort** im Plural benutzen, müssen wir ***a pair of … bzw. two / three / … pairs of*** hinzufügen [7].
Am wichtigsten sind:

glasses	Brille	*headphones*	Kopfhörer
jeans	Jeans	*pants*	BE: Unterhose; AE: Hose
scissors	Schere		
shorts	kurze Hose, Shorts	*tights*	Strumpfhose
trousers	Hose		

Übungen

1 Bilde den Plural der Nomen. Schreibe auf einen Zettel.

At school:	Food and drink:	People:
1 chair	6 apple	11 child
2 class	7 glass	12 family
3 desk	8 knife	13 man
4 shelf	9 potato	14 wife
5 table	10 sandwich	15 woman

2 Suche die zehn nicht zählbaren Nomen heraus. Schreibe auf einen Zettel.

apple	furniture	news
banana	glass	orange juice
bread	goose	roll
butter	ham	tea
city	homework	tooth
coffee	life	water
foot	mouse	

1.4 Das Stützwort *one/ones*

Beispiele:

1 Do you want the blue T-shirt or **the yellow one**?
Willst du das blaue T-Shirt oder das gelbe?

2 I'd like three **green peppers** and two **red ones**, please.
Ich möchte drei grüne Paprikaschoten und zwei rote, bitte.

■ Möchten wir ein zählbares Nomen nicht wiederholen, ersetzen wir es durch *one* (Singular) [1] bzw. *ones* (Plural) [2].

▶ BEACHTE Anders als im Deutschen kann ein **Adjektiv** – *yellow* [1], *red* [2] – **nicht allein** stehen.

1.5 Der 's-Genitiv

Beispiele:

1 **Kate's room** isn't very big.
Kates Zimmer ist nicht sehr groß.

2 Do you sell **children's clothes**?
Verkaufen Sie Kinderkleidung?

3 This is **the dog's basket**.
Dies ist der Hundekorb.

4 The **girls'** and the **boys' teams** both won.
Die Mädchen- und die Jungenmannschaften haben beide gewonnen.

■ Bei **Personen** [1] [2] [4] und **Tieren mit Namen** [3] benutzen wir den **'s-Genitiv**.

■ Ist das Nomen im Singular oder endet der Plural nicht auf *-s*, dann hängen wir einfach *-'s* an [1] – [3].

■ Endet der Plural auf *-s*, dann hängen wir einfach ein Apostroph (') an [4].

▶ **BEACHTE** diese Besonderheiten:

▸ Haben wir das **dazugehörige Nomen schon genannt**, steht der **'s-Genitiv** meist allein:

▸ *Who does this book belong to?*	*It is **Kate's**.*
▸ Wem gehört dieses Buch?	Es ist Kates.

▸ Bei **Geschäften** lassen wir ***shop*** grundsätzlich weg:

*I saw Ben **at the baker's**.*
Ich haben Ben beim Bäcker gesehen.
*We always buy our meat **at the butcher's**.*
Wir kaufen unser Fleisch immer beim Metzger.

▸ Bei diesen **Zeitangaben** benutzen wir auch den **'s-Genitiv**:

***last year's** calendar*	der Kalender vom letzten Jahr
***tonight's** TV programme*	das Fernsehprogramm für heute Abend
***today's** newspaper*	die heutige Zeitung
***this week's** weather*	das Wetter von dieser Woche

2 Die Artikel *(articles)*

2.1 Der bestimmte Artikel *the*

Beispiele:

1 **The boys** in my class like sport.
Die Jungen in meiner Klasse mögen Sport.

2 **The apples** and **the oranges** are bad.
Die Äpfel und die Orangen sind faul.

Form

- Die Form des bestimmten Artikels *the* bleibt immer dieselbe.

- Die Aussprache ändert sich wie folgt:

▶ Beginnt das Wort unmittelbar nach dem Artikel mit einem **ausgesprochenen Konsonanten** (*b, c, d, f* usw.), dann wird das ***e*** in ***the*** wie das **e** in ‚Schule' ausgesprochen [ðə] [1].

▶ Beginnt das Wort direkt nach dem Artikel mit einem **ausgesprochen Vokal** (*a, e, i* usw.), dann wird das ***e*** in ***the*** wie das **ie** in ‚Biene' ausgesprochen [ði:] [2].

Gebrauch

- Reden wir nur über bestimmte Personen, Konzepte oder Sachen, benutzen wir den bestimmten Artikel. Reden wir über alle Personen, Konzepte oder Sachen ohne Ausnahme, dann lassen wir den bestimmten Artikel weg.

▶ ***Dogs*** *are nice animals.* Hunde sind nette Tiere.	**Alle Hunde** sind nett, also benutzen wir **kein *the*.**
▶ ***The dogs*** *I know are nice.* Die Hunde, die ich kenne, sind nett.	**Nur diese Hunde** sind nett, also benutzen wir ***the*.**

Unterschiede zwischen Englisch und Deutsch

Ohne *the*

▸ *The nearest shop is* ***in Albert Street****.* Das nächste Geschäft ist in der Albertstraße.	Straßennamen
▸ *Ben always goes* ***by train****.* Ben fährt immer mit dem Zug. ▸ *At this time of day it's quicker* ***by bus****.* Zu dieser Tageszeit ist es schneller mit dem Bus.	Verkehrsmittel
▸ *My mother is* ***in hospital****.* Meine Mutter liegt im Krankenhaus. ▸ *Fred is* ***in prison*** *again.* Fred ist wieder im Gefängnis. ▸ *Jan is* ***at school*** *at the moment.* Im Moment ist Jan in der Schule.	die meisten öffentlichen Gebäude

▶ **BEACHTE**

I saw Jan ***in town*** *today.*
Heute sah ich Jan in der Stadt.

Kein ***the*** mit ***town*** als Ortsangabe!

▸ *What do you have* ***for breakfast****?* Was isst du zum Frühstück? ▸ *I must go shopping* ***after lunch****.* Nach dem Mittagessen muss ich einkaufen gehen.	Mahlzeiten
▸ ***Most people*** *are friendly.* Die meisten Menschen sind freundlich.	***Most*** im Sinne von ‚die meisten'

Mit *the*

▸ *I often listen to* ***the*** *radio.* Ich höre oft Radio.	Radio

▶ **BEACHTE**

I often ***watch*** *TV.*
Ich sehe oft fern.

Kein ***the*** mit ***TV***!

▶ *Victoria can play* ***the violin.*** Victoria kann Geige spielen. ▶ *Are you learning to play* ***the guitar?*** Lernst du Gitarre spielen?	Musikinstrumente

2.2 Der unbestimmter Artikel *a/an*

Beispiele:

1 Kate has **a dog** and **a goldfish.**
Kate hat einen Hund und einen Goldfisch.

2 Ben always eats **an apple** and **an orange** for lunch.
Ben isst immer einen Apfel und eine Orange zu Mittag.

3 I had to wait for more than **an hour**.
Ich musste mehr als eine Stunde warten.

4 The thief wore **a uniform** like a security guard.
Der Dieb trug eine Uniform wie ein Wächter.

Form

■ Die Form des unbestimmten Artikel ist immer entweder ***a*** oder ***an***.

■ Die Schreibweise ändert sich wie folgt:

▶ Beginnt das Wort unmittelbar nach dem unbestimmten Artikel mit einem **Konsonanten**, dann benutzen wir ***a*** [1].
▶ Beginnt das Wort mit einem **ausgesprochenen Vokal,** benutzen wir **an** [2].

▶ **BEACHTE** **Entscheidend** ist, wie wir den **Anfangslaut** des Wortes aussprechen, also nicht, wie wir ihn schreiben [3] [4].

Gebrauch

■ Der unbestimmte Artikel ***a/an*** bedeutet so viel wie ‚eins'. Daher können wir ihn nur mit zählbaren Nomen im Singular benutzen [1] – [4].

Unterschiede zwischen Englisch und Deutsch

■ Anders als im Deutschen verwenden wir im Englischen den unbestimmten Artikel *(a/an)* in folgenden Fällen:

▸ *Ben's mother is **an actor** and his father **a farmer**.* Bens Mutter ist Schauspielerin und sein Vater Landwirt.	bei Berufsangaben
▸ *Kate has **a cold** and **a headache**, too.* Kate ist erkältet und hat auch Kopfschmerzen.	bei geläufigen Krankheiten
▸ *Is Anna **an Austrian** or **a German**?* Ist Anna Österreicherin oder Deutsche?	bei Nationalitäten und Religionen
▸ *These apples cost $ 2 **a bag**.* Diese Äpfel kosten $ 2 pro Tüte. ▸ *We have English three times **a week**.* Wir haben dreimal die Woche Englisch.	bei Mengen- und Zeitangaben

▸ **BEACHTE** die folgenden Wendungen:

As a rule, school starts at 9.	In der Regel beginnt die Schule um 9.
*I am **in a hurry**.*	Ich bin in Eile.
*Sue is having **a shower/wash**.*	Sue duscht/wäscht sich gerade.
*Can she **ride a bike**?*	Kann sie Fahrrad fahren?
*He spoke in **a loud voice**.*	Er sprach mit lauter Stimme.
*I often go **for a walk**.*	Ich gehe oft spazieren.
*The men worked **without a break**.*	Die Männer arbeiteten ohne Pause.
*What **a pity**!*	Wie schade!

2.3 Mengenangaben *(quantifiers)*

some, any und ihre Zusammensetzungen

Beispiele:

1 I bought **some potatoes** today.
Heute habe ich einige Kartoffeln gekauft.

2 I didn't buy **any apples**.
Ich habe keine Äpfel gekauft.

3 Did you buy **any tomatoes**?
Hast du Tomaten gekauft?

4 May I have **some salt**, please?
Kann ich etwas Salz haben, bitte?

5 Would you like **some chips**, Kate?
Hättest du gerne Pommes frites, Kate?

6 Sue: I think there's **somebody** in the garden.
Ich glaube, jemand ist im Garten.
Bob: I can't see **anybody**.
Ich kann niemanden sehen.

7 My mobile must be **somewhere** here, but I can't find it **anywhere**.
Mein Handy muss hier irgendwo sein, aber ich kann es nirgendwo finden.

8 Pat: Do you know **anything** about football?
Weißt du irgendetwas über Fußball?
Bill: Well, I know **something** about it.
Nun, ich weiß ein bisschen etwas darüber.

■ Wenn wir über eine unbestimmte Menge reden wollen, benutzen wir *some* oder *any* (einige/etwas). Diese beiden Wörter haben genau dieselbe Bedeutung, werden aber unterschiedlich benutzt.

■ Wir gebrauchen *some* in bejahten Aussagen [1] und *any* in verneinten Aussagen [2] und Fragen [3].

■ Ist jedoch eine Frage eigentlich eine höfliche Bitte [4] oder ein höfliches Angebot [5], benutzen wir ebenfalls *some*.

■ Wir benutzen die **Zusammensetzungen** von *some* und *any* – also *somebody /anybody, someone /anyone, something /anything, somewhere/ anywhere* – in genau derselben Art und Weise [6] – [8].

▶ **BEACHTE** Im Englischen benutzen wir ***some*** bzw. ***any*** auch, wenn wir im Deutschen ‚einige'/‚etwas' meist weglassen:

> *I must buy* ***some butter****.*
> Ich muss Butter kaufen.

much, many, a lot of, plenty of

Beispiele:

1 We don't have **many rolls**.
Wir haben nicht viele Brötchen.

2 How **many potatoes** do we need?
Wie viele Kartoffeln brauchen wir?

3 We don't eat **much fish**.
Wir essen nicht viel Fisch.

4 Why did you buy so **much bread**?
Warum hast du so viel Brot gekauft?

5 We have **a lot of apples** and **a lot of oranges**, too.
Wir haben viele Äpfel und auch viele Orangen.

6 Don't eat **so much cake**. There's **too much sugar** in it.
Iss nicht so viel Kuchen. Es ist zu viel Zucker drin.

7 We have **plenty of bread** and **rolls**, too.
Wir haben massenweise Brot und auch Brötchen.

■ Wir gebrauchen *many* mit zählbaren Nomen und *much* mit nicht zählbaren Nomen in **verneinten Aussagen** [1] [3] und **Fragen** [2] [4].

■ In bejahten Aussagen benutzen wir *a lot of* mit zählbaren sowie nicht zählbaren Nomen [5].

▶ **BEACHTE** Häufig können wir *much* bzw. *many* durch *a lot of* ersetzen, nicht aber nach *as, so, too, how* und *very* [6].

■ Wollen wir **‚mehr als genug'** ausdrücken, ersetzen wir *a lot of* durch *plenty of* [7].

a few, a little

Beispiele:

1 Would you like **a little bread** with your soup?
Hättest du gerne ein bisschen Brot zu deiner Suppe?

2 Can I have **a few chips**, please?
Kann ich ein paar Pommes frites haben, bitte?

■ Wir gebrauchen *a little* (ein wenig) mit **nicht zählbaren** [1] und *a few* (ein paar) mit **zählbaren** [2] Nomen.

■ Diese Regel gilt für **alle Satzarten,** also für bejahte und verneinte Aussagen und Fragen.

Übungen

1 Wähle das richtige Wort aus der Klammer. Schreibe auf einen Zettel.

1 Kate has ____ (any/some) DVDs about animals.
2 Do you have ____ (any/some) homework today?
3 Ben doesn't play ____ (any/some) musical instruments.
4 Would you like ____ (any/some) more apple juice?
5 I lost my coat ____ (anywhere/somewhere) in town.
6 Do you know ____ (anything/something) about computers?

2 Wähle das richtige Wort aus der Klammer. Schreibe auf einen Zettel.

1 I don't have ____ (many/much) time today.
2 How ____ (many/much) Harry Potter books have you read, Kate?
3 Ben's bike cost ____ (a lot of/much) money.
4 Why did you buy so ____ (many/much) bread?
We have ____ (plenty of/many) rolls.
5 Can I have ____ (a few/a little) salt, please?
6 There are only ____ (a few/a little) houses in our street.

3 Pronomen *(pronouns)*

3.1 Die Personalpronomen *(personal pronouns)*

Subjektform

Beispiele:

1 **Ben** likes sport. **He** is a good basketball player.
Ben mag Sport. Er ist ein guter Basketballspieler.

2 **Kate** likes sport, too. **She** is a good swimmer.
Auch Kate mag Sport. Sie ist eine gute Schwimmerin.

3 Look at that poor **bird**. **It** can't fly.
Schau dir den armen Vogel an. Er kann nicht fliegen.

4 **Ben and Tom** aren't at school today. **They** are ill.
Heute sind Ben und Tom nicht in der Schule. Sie sind krank.

Objektform

Beispiele:

5 This car nearly hit **me**.
Dieses Auto hat mich fast angefahren.

6 **A:** Where's Mary?
Wo ist Mary?
B: No idea. I haven't seen **her** today.
Keine Ahnung. Ich habe sie heute nicht gesehen.

7 Can you lend me an umbrella? I'll bring **it** back tomorrow.
Kannst du mir einen Schirm ausleihen? Ich bringe ihn morgen zurück.

■ Wir benutzen **Personalpronomen** wie ***I***, ***you***, ***we*** usw., um eine eintönige Wiederholung von Namen und Nomen zu vermeiden.

■ Hier ist eine Liste der englischen Personalpronomen mit ihren deutschen Bedeutungen. Wie du siehst, gibt es im Englischen keine höfliche ‚Sie-Form'.

Subjektform		Objektform (wem?, wen? oder was?)	
I	ich	*me*	mich / mir [5]
you	du / Sie	*you*	dich / dir, Sie / Ihnen
he	er [1]	*him*	ihn / ihm
she	sie [2]	*her*	sie / ihr [6]
it	es [3]	*it*	ihn / ihm, sie / ihr, es / ihm [7]
we	wir	*us*	uns / uns
you	ihr / Sie	*you*	euch / Sie, euch / Ihnen
they	sie [4]	*them*	sie / ihnen

▶ **BEACHTE** Anders als im Deutschen verwenden wir ***he*** (er) und ***she*** (sie) nur für **Personen** und **Tiere mit Namen**. Für **Sachen** und andere Tiere benutzen wir immer ***it*** (es).

3.2 Possessivbegleiter *(possessive adjectives)*

Beispiele:

1 Have you seen **my** new bike?
Hast du mein neues Rad gesehen?

2 Where is **your** English book, Ben?
Wo ist dein Englischbuch, Ben?

3 Kate lost **her** mobile yesterday.
Gestern hat Kate ihr Handy verloren.

4 The horse loves **its** owner.
Das Pferd liebt seinen Besitzer.

5 Luna is **our** dog.
Luna ist unser Hund.

6 The Greens often work in **their** garden.
Die Greens arbeiten oft in ihrem Garten.

■ Possessivbegleiter sagen uns, wem irgendetwas gehört.

■ Im Englischen wie im Deutschen stehen Possessivbegleiter unmittelbar vor dem dazugehörigen Nomen.

■ Hier ist eine Liste der **Possessivbegleiter:**

I	***my***	[1]	we	***our***	[5]
you	***your***	[2]	you	***your***	
he	***his***		*they*	***their***	[6]
she	***her***	[3]			
it	***its***	[4]			

▶ **BEACHTE** die **Schreibweise** von ***its*** [4] und ***their*** [6]. ***Its*** wird manchmal mit ***it's*** – also der Kurzform von ***it is*** – verwechselt und ***their*** mit ***there*** (da/dort).

3.3 Possessivpronomen *(possessive pronouns)*

Beispiele:

1 That coat is **mine**, not **yours**.
Dieser Mantel gehört mir, nicht dir.

2 Is this your book, Ben? – No, it's **his**.
Ist dies dein Buch, Ben? – Nein, es ist seins.

3 The Greens' garden is much bigger than **ours**.
Der Garten der Greens ist viel größer als unserer.

4 Luna is nicer than the Smiths' dog. **Theirs** is nasty.
Luna ist netter als ihr Hund. Ihrer ist böse.

■ **Possessivpronomen** wie ***mine, hers*** usw. stehen **allein**, also **ohne Nomen**.

■ Wir benutzen **Possessivpronomen** statt eines schon erwähnten Possessivbegleiters + Nomen, um eintönige Wiederholungen zu vermeiden.

■ Hier ist eine Liste der **Possessivpronomen:**

I	***mine***	[1]	*we*	***ours***	[3]
you	***yours***	[1]	*you*	***yours***	
he	***his***	[2]	*they*	***theirs***	[4]
she	***hers***				
it	–				

3.4 Demonstrativpronomen *(demonstrative pronouns)*

Beispiele:

1 **This coat** (here) belongs to Mary.
Dieser Mantel (hier) gehört Mary.

2 Can I borrow **these CDs** (here)?
Kann ich diese CDs (hier) ausleihen?

3 **That man** (over there) is our neighbour.
Jener Mann (dort drüben) ist unser Nachbar.

4 **Those girls** (over there) are in my class.
Jene Mädchen (dort drüben) sind in meiner Klasse.

■ This (Singular) [1] und these (Plural) [2] benutzen wir bei Personen und Dingen, die in unserer Nähe sind.

■ That (Singular) [3] und those (Plural) [4] dagegen benutzen wir bei weiter entfernten Personen und Dingen.

Übungen

1 Ersetze die Namen mit dem richtigen Subjekt- oder Objektpronomen. Schreibe auf einen Zettel.

Beispiel: Ben plays football on Saturdays. He plays football on Saturdays.

1 Dell is an American computer company.
2 I met Kate and Mary in town today.
3 Kate is at school.
4 Kate, Ben, Tom and Mary are all in the same class.
5 We all like Ben very much.

2 Trage die fehlenden Possessivbegleiter ein. Schreibe auf einen Zettel.

1 Kate is going shopping with ____ friend Mary today.
2 Ben is listening to the Beatles. He likes ____ music a lot.
3 Tom wants ____[1] sister to do ____[2] homework for him.
4 That little bird has hurt ____ wing.

3 Schreibe die fehlenden Demonstrativpronomen auf einen Zettel.

1 this book – ____ books
2 ____ dog – those dogs
3 ____ plant – these plants
4 that potato – ____ potatoes

4 Adjektive *(adjectives)*

4.1 Was ist ein Adjektiv?

Beispiele:

1 Luna is a **nice dog**.
Luna ist ein netter Hund.

2 Kate has bought a **new dress**.
Kate hat ein neues Kleid gekauft.

3 I saw a **bad accident** today.
Heute sah ich einen schlimmen Unfall.

4 The test **wasn't difficult**.
Der Test war nicht schwierig.

5 These apples **taste wonderful**.
Diese Äpfel schmecken wunderbar.

■ **Adjektive** beschreiben **Menschen, Tiere** [1], **Sachen** [2] und **Ereignisse** [3].

■ Genau wie im Deutschen stehen Adjektive entweder unmittelbar vor dem betroffenen Nomen [1] – [3] oder unmittelbar nach ***be*** [4].

■ Es gibt einige **Verben der sinnlichen Wahrnehmung,** die wie Nomen von Adjektiven näher bestimmt werden [5].
Am wichtigsten sind:

feel	fühlen	*Ben **feels good** today.*	Ben fühlt sich heute gut.
look	aussehen	*Mum **looks tired**.*	Mama sieht müde aus.
smell	riechen	*This flower **smells beautiful**.*	Diese Blume duftet gut.
sound	klingen	*Luna **sounds frightened**.*	Luna klingt ängstlich.
taste	schmecken	*The fish **tastes awful**.*	Der Fisch schmeckt schrecklich.

4.2 Die Steigerung von Adjektiven

Beispiele:

1 **A:** Luna is really **fast**, isn't she?
Luna ist echt schnell, nicht?
B: What? Lucky is **faster**. He is **the fastest** dog in the park.
Was? Lucky ist schneller. Er ist der schnellste Hund im Park.

2 Kevin is **the silliest** boy in our street.
Kevin ist der albernste Junge in unserer Straße.

3 **A:** That was **the most difficult** test I've ever done.
Das war der schwierigste Test, den ich je gemacht habe.
B: Really? I found the last test **more difficult**.
Wirklich? Ich fand den letzten Test schwieriger.

4 Kate is **good**, but Amy is **better**. She's **the best** girl in the class.
Kate ist gut, aber Amy ist besser. Sie ist das beste Mädchen in der Klasse.

■ Im Englischen gibt es **zwei Steigerungen**, eine auf *-er/-est* [1] [2] und eine mit ***more/most*** [3].

■ Mit *-er/-est* werden die folgenden Arten von Adjektiven gesteigert.

▸ Alle **einsilbigen** Adjektive, z. B.:

big	*bigger*	*biggest*
clean	*cleaner*	*cleanest*
fast	*faster*	*fastest*
loud	*louder*	*loudest*
nice	*nicer*	*nicest*
old	*older*	*oldest*

▸ Alle **zweisilbigen** Adjektive, die auf *-y* enden, z. B.:

angry	*angrier*	*angriest*	böse, zornig
early	*earlier*	*earliest*	früh
happy	*happier*	*happiest*	glücklich, froh
hungry	*hungrier*	*hungriest*	hungrig
lucky	*luckier*	*luckiest*	glücklich, Glück haben

pretty	*pret**tier***	*pret**tiest***	hübsch
silly	*sil**lier***	*sil**liest***	albern, dumm
thirsty	*thirs**tier***	*thirs**tiest***	durstig

▶ **BEACHTE** Beim Anhängen von ***-er*/*-est*** wird das *-y* zum ***-i*** [2].

■ Wir gebrauchen ***more*/*most*** mit

▶ **zweisilbigen** Adjektiven, die **nicht** auf *-y* enden, z. B.:

boring	***more** boring*	***most** boring*	langweilig
careful	***more** careful*	***most** careful*	vorsichtig
famous	***more** famous*	***most** famous*	berühmt

▶ allen Adjektiven **mit mehr als zwei Silben** [3], z. B.:

beautiful	***more** beautiful*	***most** beautiful*	schön
dangerous	***more** dangerous*	***most** dangerous*	gefährlich
difficult	***more** difficult*	***most** difficult*	schwierig
exciting	***more** exciting*	***most** exciting*	spannend
expensive	***more** expensive*	***most** expensive*	teuer
interesting	***more** interesting*	***most** interesting*	interessant

■ Diese Adjektive werden **unregelmäßig gesteigert** [4]:

bad	*worse*	*worst*
good	*better*	*best*

4.3 Vergleichssätze

Beispiele:

1 Luna is **as fast as** Lucky.
Luna ist so schnell wie Lucky.

2 Ben is **taller than** Kate.
Ben ist größer als Kate.

3 Kate is **not as tall as** her brother.
Kate ist nicht so groß wie ihr Bruder.

■ Wir vergleichen Tiere, Personen usw. in Sätzen, wie folgt:

kein Unterschied	***as** fast/… **as***	so schnell/… wie
positiver Unterschied	*taller/… **than***	größer/… als
negativer Unterschied	***not as** tall/… **as***	nicht so groß/… wie

5 Adverbien *(adverbs)*

5.1 Adverbien der Art und Weise *(adverbs of manner)*

Beispiele:

1 The red car was going **slowly**.
Das rote Auto fuhr langsam.

2 The blue car was going **fast**.
Das blaue Auto fuhr schnell.

3 The blue car **easily** won the race.
Das blaue Auto hat das Rennen leicht gewonnen.

4 Tom behaved **terribly** at school today.
Tom benahm sich heute fürchterlich in der Schule.

5 Sue sang the song **beautifully.**
Sue sang das Lied schön.

6 Ben scored the goal **fairly.**
Ben erzielte das Tor fair.

■ Wir benutzen **Adverbien** , um **Verben** näher zu beschreiben. Ein Adverb sagt also, **wie** jemand etwas tut [1] – [6].

■ Hat das Verb **kein Objekt**, steht das Adverb **nach** dem Verb [1] [2] [4]. Hat das Verb aber **ein Objekt**, dann steht das Adverb **entweder vor** dem Verb [3] oder **nach** dem Objekt [5] [6]. Das Adverb steht **vor** dem Verb, wenn es keine bestimmende Bedeutung im Satz hat.

TIPP Im Englischen ist ein Verb + Objekt wie ein verliebtes Paar – nichts darf dazwischen!

■ Mit wenigen Ausnahmen bilden wir Adverbien, indem wir an das entsprechende Adjektiv ein *-ly* anfügen:

Adjektiv	Adverb	
careful	*carefully*	vorsichtig
dangerous	*dangerously*	gefährlich
quick	*quickly*	schnell
slow	*slowly*	langsam

▶ **BEACHTE** diese **Schreibregeln** beim Anhängen von *-ly*:

Bei Adjektiven, die auf *-y* enden, wird das *-y* zum *-i* [3], z. B.:

angry	*angrily*	verärgert
easy	*easily*	einfach
happy	*happily*	glücklich
thirsty	*thirstily*	durstig

Endet das Adjektiv auf *-le*, entfällt das *-e* [4], z. B.:

horrible	*horribly*	grauenhaft
possible	*possibly*	möglich
probable	*probably*	wahrscheinlich
simple	*simply*	einfach
terrible	*terribly*	fürchterlich

■ Diese Adjektive haben als Adverb eine unregelmäßige Form:

Adjektiv	Adverb	
fast	*fast*	schnell
good	*well*	gut
hard	*hard*	schwierig
high	*high*	hoch

5.2 Die Steigerung von Adverbien

Beispiele:

1 Mary plays the guitar **more beautifully** than Tom.
Mary spielt schöner Gitarre als Tom.

2 Lucky can run **faster** than Luna.
Lucky kann schneller laufen als Luna.

3 Ben sings **worse** than me.
Ben singt schlechter als ich.

■ Adverbien auf *-ly* steigern wir mit ***more/most*** [1].

■ Adverbien, die die gleiche Form wie das Adjektiv haben, steigern wir mit ***-er/-est*** [2].

■ Die Adverbien ***well*** und ***badly*** sind **unregelmäßig** [3]:

good	*better*	*best*	***badly***	*worse*	*worst*

5.3 Vergleichssätze

Beispiele:

1 Luna runs **as fast as** Lucky.
Luna läuft so schnell wie Lucky.

2 Ben does **not** work **as hard as** Kate.
Ben arbeitet nicht so hart wie Kate.

3 Women drive **more safely than** men.
Frauen fahren sicherer als Männer.

4 Mary speaks German **less well than** Kate.
Mary spricht weniger gut Deutsch als Kate.

■ Wollen wir Tiere, Personen usw. **in Sätzen vergleichen**, haben wir folgende Möglichkeiten:

as … as	[1]	genauso … wie	***more … than***	[3]	mehr … als
not as … as	[2]	nicht so … wie	***less … than***	[4]	weniger … als

Test

1 Singular oder Plural? Schreibe die richtige Form des Nomens in der Klammer auf einen Zettel.

The ____ (child)[1] in Victoria Street are planning a street ____ (party)[2], and they all love ____ (party)[3], of course. The ____ (parent)[4] are helping the ____ (boy)[5] and ____ (girl)[6] with everything they must do to have a really good ____ (day)[7]. "What about ____ (knife)[8] and ____ (fork)[9]?" Mrs Green asks. "And do you have enough ____ (plate)[10] and ____ (glass)[11]?"

2 Wähle das richtige Subjektpronomen für das/die unterstrichene(n) Nomen. Schreibe auf einen Zettel.

Beispiel:
Frank Snow has two children. ▸ *He*

1 Ben always walks to school.
2 The children are playing a computer game at the moment.
3 Kate has a guitar lesson this afternoon.
4 The car is parked on the pavement.
5 Kate and Ben are brother and sister.
6 Julie Green works at a bank.
7 Dell and Apple computers are American.

3 Wähle das richtige Objektpronomen für das unterstrichene Nomen. Schreibe auf einen Zettel.

Beispiel:
I saw Julie Green at the supermarket. ▸ *her*

1 Everybody in Victoria Street likes the Greens.
2 Luna is running after Kate.
3 The Greens are visiting the Snows today.
4 The police stopped the van in Station Road.
5 Ben met Mary at the bus-stop.
6 Mr Brown teaches Ben Maths.
7 I have already seen the film.

Test

4 Setze *some, any, much, many* oder *a lot of* in die Lücken ein. Schreibe die Lösungen auf einen Zettel.

Jill Do you need _any_ [1] food from the supermarket?
Ann Yes, can you buy me ____ [2] butter, please?
Jill Of course. How ____ [3] butter do you need?
Ann Two packets, please. Oh, and I don't have ____ [4] eggs, either. Please buy ____ [5] eggs, too.
Jill Okay. How ____ [6] do you want?
Ann Ten, please. Oh, I need ____ [7] sugar, too. Get me ____ [8] sugar, please. I want to bake ____ [9] cakes today and I can't do that without ____ [10] sugar, can I?
Jill Yes, all right. I'll get you ____ [11] sugar as well, then. What about flour? Do you need ____ [12] flour for the cakes?
Ann Yes, of course. Thanks for your help.

5 Übersetze die unterstrichenen Teile der Sätze ins Englische.

1 Mrs Coe ist Taxifahrerin.
2 Ben hat Kopfschmerzen und er ist erkältet.
3 Nicht jetzt, Jan. Ich bin in Eile.
4 Wie schade! Der Fernseher ist kaputt.
5 Tom duscht sich gerade.
6 Johns Vater ist Landwirt.

6 Setze die richtige Steigerungsform der Adjektive in die Sätze ein. Schreibe auf einen Zettel.

1 Ben is – **lazy** [1] – than his sister Kate. She works much – **hard** [2] – at school.
2 Mr Snow has a – **interesting** – job than Mr Green, but it is also – **difficult.**
3 Of course designer jeans are – **expensive** [1] – than ordinary ones, but they are – **cool** [2] – too.
4 I must take an – **early** [1] – train to Bristol because my meeting is going to be – **long** [2] – than I thought.
5 Mr Jackson is certainly the – **rich** [1] – person we know, but is he the – **happy** [2] – as well?

Verben *(verbs)*

1 *be*

1.1 Das *simple present* von *be*

Beispiele:

1 Kate: I **am**/I'**m** 12 years old.
Kate: Ich bin 12 Jahre alt.

2 Kate's friend Mary **is** 12, too.
Kates Freundin Mary ist auch zwölf.

3 They **are**/They'**re** in the same class.
Sie sind in derselben Klasse.

Langform	Kurzform		
I ***am***	*I'****m***	ich bin	[1]
you ***are***	*you'****re***	du bist, Sie sind	
he ***is***	*he'****s***	er ist	
she ***is***	*she'****s***	sie ist	[2]
it ***is***	*it'****s***	er/sie/es ist	
we ***are***	*we'****re***	wir sind	
you ***are***	*you'****re***	ihr seid, Sie sind	
they ***are***	*they'****re***	sie sind	[3]

■ In den Beispielsätzen [1] – [3] stehen Formen von *be* allein. Es ist also ein **Vollverb**.

■ Im modernen Englisch benutzen wir grundsätzlich die **Kurzform** in Unterhaltungen und privaten Briefen, E-Mails usw.

1.2 Die Verneinung des *simple present* von *be*

Beispiele:

1 Kate: I **am not**/**I'm not** 13 yet.
Kate: Ich bin noch nicht dreizehn.

2 Mary **is not**/**isn't** Ann's best friend.
Mary ist nicht Anns beste Freundin.

3 The car **is not**/**isn't** in the garage.
Das Auto ist nicht in der Garage.

4 We **are not**/**aren't** hungry at the moment.
Im Moment haben wir noch keinen Hunger.

5 Kate and Mary **are not**/**aren't** in the basketball team.
Kate und Mary sind nicht in der Basketballmannschaft.

Langform	Kurzform	
*I **am not***	*I'**m not***	[1]
*you **are not***	*you'**re not**/**aren't***	
*he **is not***	*he'**s not**/**isn't***	
*she **is not***	*she'**s not**/**isn't***	[2]
*it **is not***	*it'**s not**/**isn't***	
*we **are not***	*we'**re not**/**aren't***	
*you **are not***	*you'**re not**/**aren't***	
*they **are not***	*they'**re not**/**aren't***	[3]

■ Um eine Form der Gegenwart von ***be*** zu verneinen, setzen wir ***not*/*n't*** unmittelbar dahinter, genau wie bei ‚sein' im Deutschen [1] – [3].

TIPP Im modernen Englisch benutzen wir meist die Kurzform *isn't/aren't* mit Personalpronomen.
Die Langformen *is not/are not* klingen sehr formell.

1.3 Die Fragebildung mit dem *simple present* von *be*

Beispiele:

1 **Are you** in the football team, Ben?
Bist du in der Fußballmannschaft, Ben?

2 **Is Ben** in Kate's class?
Ist Ben in Kates Klasse?

3 **Are Ben and Joshua** brothers?
Sind Ben und Joshua Brüder?

■ Fragen bilden wir genau wie bei ‚sein' im Deutschen, also durch das Tauschen von Subjekt und Verbform [1] – [3].

1.4 Die Befehlsform von *be*

Beispiele:

1 Please **be** quiet, Ben. Kate's on the phone.
Sei bitte ruhig, Ben. Kate telefoniert.

2 **Don't be** late for your music lesson, Mary.
Sei nicht zu spät für deine Musikstunde, Mary.

■ Bei **Bitten** und **Befehlen** stellen wir einfach ***be*** [1] bzw. ***don't be*** [2] an den Anfang des Satzes.

1.5 *there* + eine Form von *be*

Beispiele:

1 **There is** some apple juice in the fridge.
Es ist etwas Apfelsaft im Kühlschrank.

2 **There was** a bad accident here yesterday.
Gestern gab es hier einen schlimmen Unfall.

■ Mit *there* + einer Form von *be* sagen wir, dass irgendetwas vorhanden ist [1] oder passiert ist [2].

2 *do*

2.1 Das *simple present* von *do*

Beispiele:

1 Ben: I always **do** my homework at once.
Ben: Ich mache meine Hausaufgaben immer sofort.

2 Mrs Green normally **does** her shopping on Fridays.
Normalerweise erledigt Frau Green ihre Einkäufe freitags.

3 Our neighbours **do** a lot of gardening in the summer.
Unsere Nachbarn machen viel Gartenarbeit im Sommer.

I **do**	ich mache / erledige	[1]
you **do**	du machst / erledigst Sie machen / erledigen	
he **does**	er macht / erledigt	
she **does**	sie macht / erledigt	[2]
it **does**	er / sie / es macht / erledigt	
we **do**	wir machen / erledigen	
you **do**	ihr macht / erledigt Sie machen / erledigen	
they **do**	sie machen / erledigen	[3]

- In den Beispielsätzen [1] – [3] steht ***do*** allein. Es ist also ein **Vollverb**.

- Als **Vollverb** bedeutet ***do*** ‚machen' [1] oder ‚erledigen' [2].

TIPP *make/do*
Oft werden *make* und *do* verwechselt.
Merke dir daher die folgenden Bedeutungen:

Please ***do*** *the washing-up first.* Mach bitte zuerst den Abwasch.	‚machen' im Sinne von: etwas erledigen
Kate ***makes*** *wounderful cakes.* Kate macht wunderbaren Kuchen.	‚machen' im Sinne von: etwas herstellen

2.2 Die Verneinung des *simple present* von *do*

Beispiele:

1 Kate: I **do not/don't do** the cooking during the week.
Kate: Während der Woche koche ich nicht.

2 Ben often **does not/doesn't do** his homework on time.
Oft macht Ben seine Hausaufgaben nicht rechtzeitig.

3 The boys **do not/don't do** the shopping at all.
Die Jungen kaufen überhaupt nicht ein.

TIPP Wenn wir ***do*** als **Vollverb** benutzen, bilden wir die **Verneinung** und **Fragen** ebenfalls mit ***do***. Daher kommt ***do*** natürlich **zweimal** im Satz vor, einmal als **Hilfsverb** und einmal als **Vollverb.**

Langform	Kurzform
*I **do not***	*I **don't*** [1]
*you **do not***	*you **don't***
*he **does not***	*he **doesn't*** [2]
*she **does not***	*she **doesn't***
*it **does not***	*it **doesn't***
*we **do not***	*we **don't***
*you **do not***	*you **don't***
*they **do not***	*they **don't*** [3]

- Um das *simple present* von *do* als Vollverb zu verneinen, setzen wir *do/does not* bzw. *don't/doesn't* als Hilfsverb unmittelbar vor den Infinitiv [1] – [3].

- Wir benutzen grundsätzlich die Kurzform in der gesprochenen Sprache, also in Unterhaltungen, und in privaten Briefen, E-Mails usw.

2.3 Die Fragebildung mit dem *simple present* von *do*

Beispiele:

1 **Do** you **do** the shopping at the weekend, Ben?
Kaufst du am Wochenende ein, Ben?

2 **Does** Mary **do** the cooking on Sundays?
Kocht Mary sonntags?

3 **Do** the Greens **do** a lot of gardening?
Machen die Greens viel Gartenarbeit?

■ Fragen bilden wir mit ***do*****/*****does*** als Hilfsverb genau wie bei allen anderen Vollverben außer ***be*** (→ ***be***) [1] – [3].

TIPP Genau wie bei der Verneinung (→ 2.2. S. 238) kommt auch hier ***do*** zweimal vor, einmal als **Hilfsverb**, um die Frage zu bilden, und einmal als **Vollverb**.

2.4 Die Befehlsform von *do*

Beispiele:

1 **Do** the shopping, please, Ben.
Geh bitte einkaufen, Ben.

2 **Do** the washing-up now, please.
Mach den Abwasch bitte jetzt.

3 **Don't do** your homework during lessons, Mary.
Mach deine Hausaufgabe nicht während des Unterrichts, Mary.

4 **Don't do** that to the dog.
Tu das nicht dem Hund an.

■ Bei Bitten und Befehlen stellen wir einfach ***do*** [1] [2] bzw. ***don't do*** [3] [4] an den Anfang des Satzes.

3 *have*

3.1 Das *simple present* von *have (got)*

Beispiele:

1 Tom: I **have (got)** a new bike.
Tom: Ich habe ein neues Fahrrad.

2 Mary: I always **have** breakfast before I go to school.
Mary: Ich frühstücke immer, bevor ich zur Schule gehe.

3 Kate **has (got)** a dog.
Kate hat einen Hund.

4 Ben just **has** a cup of coffee before he goes to school.
Ben trinkt nur eine Tasse Kaffee, bevor er zur Schule geht.

5 The Greens **have (got)** a big garden.
Die Greens haben einen großen Garten.

■ Das *simple present* von *have (got)* bilden wir wie folgt:

Langform	Kurzform	
*I **have** (got)*	*I've (got)*	ich habe
*you **have** (got)*	*you've (got)*	du hast, Sie haben
*he **has** (got)*	*he's (got)*	er hat
*she **has** (got)*	*she's (got)*	sie hat
*it **has** (got)*	*it's (got)*	es hat
*we **have** (got)*	*we've (got)*	wir haben
*you **have** (got)*	*you've (got)*	ihr habt, Sie haben
*they **have** (got)*	*they've (got)*	sie haben

■ Bedeutet ***have*** ‚haben' oder ‚besitzen' [1] [3] [5], können wir ***got*** hinzufügen. Hat ***have*** eine andere deutsche Bedeutung, dann steht es allein [2] [4].

■ Wir benutzen grundsätzlich die **Kurzform** in der gesprochenen Sprache, also in Unterhaltungen, und in privaten Briefen, E-Mails usw.

3.2 Die Verneinung des *simple present* von *have got* und *have*

have got

Beispiele:

1 Ben: I **have not got / haven't got** a new bike.
Ben: Ich habe kein neues Fahrrad.

2 You **have not got / haven't got** my English book, Kate?
Du hast doch mein Englischbuch nicht, oder Kate?

3 Mary **has not got / hasn't got** a dog.
Mary hat keinen Hund.

4 We **have not got / haven't got** much time.
Wir haben nicht viel Zeit.

5 They **have not got / haven't got** a big garden.
Sie haben keinen großen Garten.

■ Um ***have got*** zu **verneinen,** stellen wir ***not/n't*** unmittelbar hinter ***have/has***. Das Wörtchen ***got*** bleibt dabei unverändert:

Langform	Kurzform
*I **have not got***	*I **haven't got***
*you **have not got***	*you **haven't got***
*he **has not got***	*he **hasn't got***
*she **has not got***	*she **hasn't got***
*it **has not got***	*it **hasn't got***
*we **have not got***	*we **haven't got***
*you **have not got***	*you **haven't got***
*they **have not got***	*they **haven't got***

have

Beispiele:

1 Ben: I **do not have / don't have** breakfast before I go to school.
Ben: Ich frühstücke nicht, bevor ich zur Schule gehe.

2 Tom **does not have / doesn't have** coffee for breakfast.
He has a glass of milk.
Tom trinkt keinen Kaffee zum Frühstück.
Er trinkt ein Glas Milch.

3 The Browns **do not have / don't have** a big garden.
Die Browns haben keinen großen Garten.

■ Steht *have* allein – also ohne *got* –, dann bilden wir die **Verneinung** mit ***do / does***, wie bei anderen Vollverben:

Langform	Kurzform
*I **do not have***	*I **don't have*** [1]
*you **do not have***	*you **don't have***
*he **does not have***	*he **doesn't have*** [2]
*she **does not have***	*she **doesn't have***
*it **does not have***	*it **doesn't have***
*we **do not have***	*we **don't have***
*you **do not have***	*you **don't have***
*they **do not have***	*they **don't have*** [3]

■ Wir benutzen grundsätzlich die Kurzform in der gesprochenen Sprache, also in Unterhaltungen, und in privaten Briefen, E-Mails usw.

▶ **BEACHTE**, dass die **Kurzformen** von ***he / she / it is*** und ***he / she / it has*** dieselben sind: ***he's, she's, it's***. Die Bedeutung der Kurzform ist jedoch leicht zu erkennen.

3.3 Fragen mit dem *simple present* von *have got* und *have*

have got

Beispiele:

1 **Have** you **got** a dog, Kate?
Hast du einen Hund, Kate?

2 **Has** Mary **got** a sister?
Hat Mary eine Schwester?

3 **Have** the Greens **got** any children?
Haben die Greens Kinder?

■ Bei ***have got*** bilden wir **Fragen** durch den Austausch von Subjekt und ***have/has***, genau wie bei ‚haben' im Deutschen [1] – [3].

have

Beispiele:

1 **Do** you **have** a dog, Kate?
Hast du einen Hund, Kate?

2 **Does** Mary **have** a sister?
Hat Mary eine Schwester?

3 **Do** the Greens **have** any children?
Haben die Greens Kinder?

■ Steht ***have*** allein – also ohne ***got*** –, bilden wir Fragen mit ***do/does*** genau wie bei allen anderen Vollverben [1] – [3].

Übungen

1 Bilde die richtige Form der Gegenwart der angegebenen Verben. Benutze immer die Langform. Schreibe auf einen Zettel.

1 My name ____ (be)[1] Ben Snow. I ____ (be)[2] a pupil at York School. My best friends ____ (be)[3] Tom and my sister, Kate. They ____ (be)[4] pupils at York School, too.

2 I ____ (be)[1] captain of the football team, and Tom ____ (be)[2] the goalkeeper. He ____ (be)[3] quite good, but I ____ (be)[4] the star.

3 Sue: ____ (York/be)[1] in Scotland?
Bill: No, it ____ (not be)[2] in Scotland. It ____ (be)[3] in northern England.

4 Joe: ____ (hamsters/be)[1] dangerous animals?
Bob: No. Hamsters ____ (not be)[2] dangerous.

5 Ben and Kate both ____ (have)[1] computers in their rooms, but they ____ (not have)[2] TVs there.

6 The Snows ____ (have)[1] a dog whose name ____ (be)[2] Luna. She ____ (do)[3] a lot of tricks.

7 The Greens ____ (have)[1] just one hobby, and that ____ (be)[2] gardening. In summer, they ____ (be)[3] in their garden all the time. Usually, Mrs Green ____ (do)[4] the flowers, and Mr Green ____ (do)[5] the grass.

2 Bilde die richtige Form der Gegenwart. Pass auf! Es gibt viele verneinte Formen und Fragen. Benutze immer die Langform. Schreibe auf einen Zettel.

1 Ben: ____ (you/have)[1] a lot of homework, Kate?
Kate: No, I ____ (not have)[2] very much. I just ____ (have)[3] a few words to learn.

2 Jill: ____ (Kate/have)[1] breakfast before she goes to school?
Bill: Well, Kate always ____ (have)[2] a good breakfast, but her brother ____ (not have)[3] anything to eat at all.

3 Sue: ____ (Ben/do)[1] the shopping?
Bob: Well, he sometimes ____ (do)[2] it on Saturdays, but he ____ (not do)[3] it during the week.

4 When Mrs Snow is at work, Ben and Kate ____ (do)[1] the cooking, but they ____ (not do)[2] it when their mother is at home.

4 Modale Hilfsverben *(modal auxiliary verbs)*

4.1 Allgemeine Merkmale

■ Wir benutzen modale Hilfsverben wie *can* und *must* mit einem Vollverb ohne *to*:

*You **can watch** TV now.*
Jetzt kannst du fernsehen.

*Ben **must come** home at once.*
Ben muss sofort nach Hause kommen.

▶ **BEACHTE** Anders als im Deutschen ist es im Englischen nicht möglich, ein modales Hilfsverb **ohne Vollverb** zu benutzen:

*Gemma **can speak** Spanish.*
Gemma kann Spanisch (sprechen).

*Mary **must go** to the doctor's today.*
Mary muss heute zum Arzt (gehen).

■ Modale Hilfsverben haben die gleiche Form bei allen Personen. Anders als bei Vollverben und bei den Hilfsverben *be*, *have* und *do* hat die 3. Person Singular *(he/she/it)* keine -*s*-Endung:

*Ben **can play** football very well.*
Ben kann sehr gut Fußball spielen.

*Kate **needn't do** her homework now.*
Kate muss ihre Hausaufgabe nicht jetzt machen.

■ Wie bei den Hilfsverben ***be, have*** und ***do*** bilden wir die **Verneinung** und **Fragen** ohne ***do/does/did***:

Kate ***must not spend*** *so much money.* Kate darf nicht so viel Geld ausgeben.	
Can Ben ***dance?*** Kann Ben tanzen?	

■ Wir können die **modalen Hilfsverben** nur im **Präsens** und mit **zukünftiger Bedeutung** benutzen:

We ***can eat now.*** Wir können jetzt essen.	Präsens
We ***can eat*** *out* ***tomorrow.*** Morgen können wir essen gehen.	Zukunft
I ***must phone*** *Mary* ***now.*** Jetzt muss ich Mary anrufen.	Präsens
I ***must wash*** *the car* ***tomorrow.*** Morgen muss ich das Auto waschen.	Zukunft

▶ **BEACHTE** Nur ***can*** hat eine eigene Form der Vergangenheit ***(past)***, nämlich ***could***. Wollen wir die anderen modalen Hilfsverben in der Vergangenheit benutzen, müssen wir ein geeignetes **Ersatzverb** gebrauchen:

Ben ***could not go*** *to school* ***yesterday.*** Gestern konnte Ben nicht zur Schule gehen.	
He ***had to stay*** *at home because he was ill.* Er musste zu Hause bleiben, weil er krank war.	

4.2 Die modalen Hilfsverben im Einzelnen

must/have to (müssen)

■ In **normalem Gebrauch** benutzen wir das Ersatzverb ***have to*** für müssen:

*I **have to visit** my grandparents on Sundays.*
Sonntags muss ich meine Großeltern besuchen.

■ Wollen wir eine wichtige **Verpflichtung** ausdrücken, gebrauchen wir ***must***:

*We **must go** to school every day.*
Wir müssen jeden Tag zur Schule gehen.

▶ **BEACHTE** Da ***must*** keine eigene Vergangenheit hat, benutzen wir ***had to/did not have to*** als Ersatzverb:

*We **had to walk** to school yesterday.*
Gestern mussten wir zur Schule laufen.

*I **didn't have to help** my dad.*
Ich musste meinem Papa nicht helfen.

must not/need not/do not have to (nicht dürfen/nicht müssen)

■ Wir benutzen ***must not/mustn't***, um ein **Verbot** auszudrücken:

*They **mustn't drive** so fast here.*
Hier dürfen sie nicht so schnell fahren.

■ Wollen wir sagen, dass es **keine Verpflichtung** oder **Notwendigkeit** gibt, benutzen wir ***need not/needn't*** oder das Ersatzverb ***do not/don't have to***:

*I **needn't/don't have to do** my homework today.*
Ich muss meine Hausaufgabe heute nicht machen.

can / be able to (können)

■ Wir benutzen *can* oder das Ersatzverb *be able to*, um eine Fähigkeit auszudrücken:

> *Sam **can understand** some German, but he **isn't able to** speak it.*
> Sam kann etwas Deutsch verstehen, aber er kann es nicht sprechen.

■ Wir benutzen *can* oder das Ersatzverb *be allowed to*, um eine Erlaubnis auszudrücken:

> *We **can /are allowed to** go home now.*
> Wir können jetzt nach Hause gehen.

■ Die Vergangenheit von *can* ist *could*:

> *We **could go** home early yesterday.*
> Gestern konnten wir früh nach Hause gehen.

4.3 Kurzübersicht

Bedeutung	Modale Hilfsverben Englisch	 Deutsch	Ersatzverb
Fähigkeit	*can/could*	können /konnten	*be able to*
Erlaubnis	*can/could*	können /konnten	*be allowed to*
Verbot	*must not*	nicht dürfen	*not be allowed to*
Verpflichtung	*must*	müssen	*have to*
freie Wahl	*needn't*	nicht müssen nicht brauchen	*not have to*

Übungen

1 Verwende das richtige Hilfsverb aus der Klammer. Schreibe auf einen Zettel.

1 You ____ (can't/mustn't) drive fast near schools.
2 Children ____ (mustn't/needn't) go to school on Saturdays.
3 I ____ (can't/mustn't) speak German, I'm afraid.
4 Ben ____ (can't/couldn't) play football last weekend.
5 Kate ____ (can't/needn't) go to the doctor's if she feels better.
6 Drivers ____ (can/must) drive carefully in fog (Nebel).
7 We ____ (weren't allowed to watch/needn't watch) TV last night.
8 We ____ (can/could) go to the party next weekend after all.
9 You ____ (can't/mustn't) swim here. It's too dangerous.
10 Mrs Snow ____ (must/need) go to work at 3.
11 Kate and Ben ____ (can/must) do the cooking when their mother is at work.
12 Mr Green ____ (must/mustn't) cut the grass now because it is going to rain later.

2 Setze *must, needn't* oder *mustn't* in die Sätze ein. Schreibe auf einen Zettel.

1 When the lights are red, all the cars ____ [1] stop.
A police car with its lights on ____ [2] stop,
but it ____ [3] be careful.

2 Ben: Mum, you ____ [1] make tea yet. I'm not hungry.
Mum: Of course not. How often have I told you that you ____ [2] eat between meals?

3 Kate, you ____ [1] say 'happy birthday' to Grandad.
You ____ [2] write a card, but you ____ [3] at least phone him.

4 You ____ [1] do your homework for the lesson on Friday,
but you ____ [2] do it today – but you ____ [3] forget it, either.

5 I ____ [1] go to the dentist's this afternoon but I ____ [2] leave school early. My appointment's at 4 o'clock.

5 Die Zeiten *(tenses)*

5.1 *Simple present*

Beispiele:

1 The Kings **live** in London.
Die Kings wohnen in London.

2 Kate **practises** the guitar **every day**.
Kate übt jeden Tag Gitarre.

3 The Kings **normally have** a hot meal in the evening.
Normalerweise essen die Kings abends eine warme Mahlzeit.

4 Ben and Kate **do not/don't go** to school by bus.
Ben und Kate fahren nicht mit dem Bus zur Schule.

5 Mary, **do you live** in Albert Street, too?
Mary, wohnst du auch in der Albert Street?

Form

■ Mit Ausnahme der 3. Person Singular hat das *simple present* immer dieselbe Form wie der Infinitiv. Bei *he/she/it* wird ein *-s* angehängt [2].

▶ **BEACHTE** Die **Schreibregeln** beim Anhängen von *-s* sind dieselben wie die für den **regelmäßigen Plural.** (➜ Nomen, Regelmäßiger Plural, S. 208 – 209).

■ Ist kein Hilfsverb im Satz, bilden wir die Verneinung mit *do not/don't* bzw. *does not/doesn't* [4].

▶ **BEACHTE** Das **Vollverb** steht bei der **Verneinung** immer im **Infinitiv**.

■ Gibt es kein Hilfsverb im Satz, bilden wir Fragen ebenfalls mit *do not/don't* bzw. *does not/doesn't* [5].

Gebrauch

■ Wir benutzen das *simple present*, um zu sagen, was immer so ist [1] oder was man immer wieder macht [2] [3].

TIPP Mit dem ***simple present*** kommen die folgenden **Zeitangaben** sehr häufig vor:

- *always, never*
- *often, seldom (selten), sometimes*
- *usually, normally, generally (im Allgemeinen)*
- *every day / week / month / Christmas / …*
- *on Mondays / Tuesdays / …*
- *at weekends / Easter / …*

5.2 *Present progressive*

Beispiele:

1 Kate is **practising** the guitar **at the moment**.
Kate übt im Moment Gitarre.

2 The Kings **are doing** the shopping **at present**.
Zur Zeit kaufen die Kings ein.

3 Mrs King **is not / isn't cooking**. She's in the garden.
Mrs. King kocht gerade nicht. Sie ist im Garten.

4 **Is Ben playing** football **now**?
Spielt Ben gerade Fußball?

Form

■ Wir bilden das *present progressive* mit *am / is / are* + der *-ing*-Form des Vollverbs [1] – [4].

▶ **BEACHTE** die folgenden **Schreibregeln** bei der *-ing*-Form.

▶ Bei Verben, die auf *-e* enden, entfällt das *-e*:

come	*coming*	*make*	*making*
phone	*phoning*	*take*	*taking*

▶ Bei Verben, die auf *-ie* enden, wird das *-ie* zum *-y*:

die	*dying*	sterben
lie	*lying*	liegen

▸ Bei Verben, die mit einem kurzen **Vokal** + **Konsonanten** enden, **verdoppeln** wir den Konsonanten:

put	*putting*
run	*running*
stop	*stopping*

■ Da es beim *present progressive* immer ein Hilfsverb, also *am/is/are*, gibt, bilden wir die **Verneinung** mit *not/n't* [3].

■ Um Fragen zu bilden, tauschen wir *am/is/are* und das **Subjekt** einfach aus [4].

TIPP Die folgenden Verben haben normalerweise **keine** ***progressive***-Form:

believe	glauben	*hate*	hassen
hear	hören	*know*	wissen, kennen
like	mögen	*love*	lieben
mean	bedeuten	*see*	sehen
want	möchten		

Gebrauch

■ Wir benutzen das *present progressive*, um zu sagen, was **im Moment** des Sprechens oder Schreibens tatsächlich passiert, und wenn wir Bilder beschreiben.

TIPP Mit dem ***present progressive*** kommen folgende drei **Zeitangaben** vor:

▸ *at present*	zurzeit
▸ *at the moment*	im Moment
▸ *now*	jetzt

Übungen

1 Setze die richtige Form des *simple present* in die Sätze ein. Schreibe auf einen Zettel.

1 Ben always ____ (go) to school by bus.
2 ____ (Kate/walk) to school?
3 Mary ____ (not like) sport very much.
4 ____ (British children/learn) French or German?
5 We ____ (not have) any lessons on Wednesday afternoons.
6 The Snows ____ (live) in Victoria Street.
7 ____ (you/enjoy) TV programmes about animals?
8 Tom ____ (spend) a lot of time playing computer games.

2 Setze die richtige Form des *present progressive* in die Sätze ein. Schreibe auf einen Zettel.

1 ____ (Kate and Mary/have) a music lesson at the moment?
2 Kate's not here. She ____ (take) the dog for a walk.
3 ____ (Ben /play) football now?
4 Whenever I see Tom, he ____ (sit) in front of the TV.
5 Mum ____ (not cook)[1] at the moment. She ____ (cut)[2] the grass.
6 I ____ (do)[1] the washing-up and Kate ____ (put)[2] things away for me.

3 Wähle das richtige Zeitadverb für die im Satz benutzte Zeit. Schreibe auf einen Zettel.

1 Ben can't come yet. He's having a shower ____ (at the moment/ every day).
2 Ben ____ (never/now) plays football on Sundays.
3 Goodbye. I'm going home ____ (now/then).
4 Kate ____ (at present/normally) takes Luna for a walk after school.
5 Mrs Snow ____ (at the moment/sometimes) sees Mrs Green at the supermarket.
6 The Greens are doing the shopping ____ (at present/on Fridays).

5.3 *Simple past*

Beispiele:

1 Ben **played** football yesterday.
Ben spielte gestern Fußball.

2 The Kings **went** to the cinema last night.
Gestern Abend gingen die Kings ins Kino.

3 Kate **did not/didn't like** the film much.
Kate mochte den Film nicht besonders.

4 **Did you hear** that stupid man?
Hast du den doofen Mann gehört?

Form

■ Beim *simple past* musst du zwischen **regelmäßigen** und **unregelmäßigen** Verben unterscheiden.

■ Bei **regelmäßigen Verben** hängen wir bei allen Personen ein *-ed* an den Infinitiv [1].

▶ **BEACHTE** diese **Schreibregeln** beim Anhängen von ***-ed***:

▸ Ein **stummes**, also nicht ausgesprochenes, ***-e*** entfällt:

bake	*baked*	backen
live	*lived*	
move	*moved*	sich bewegen, umziehen
phone	*phoned*	

▸ Das -y nach einem Konsonanten wird zum -i:

carry	*carried*	tragen
hurry	*hurried*	sich beeilen
try	*tried*	versuchen

▸ Endet das Verb auf ***-y*** **nach einem Vokal**, bleibt das ***-y*** erhalten:

enjoy	*enjoyed*	*play*	*played*

■ Gibt es **kein Hilfsverb** im Satz, bilden wir die **Verneinung** mit *did not/didn't* [3].

■ Gibt es **kein Hilfsverb** im Satz, bilden wir **Fragen** ebenfalls mit *did* [4].

Gebrauch

■ Wir benutzen das *simple past* für völlig abgeschlossene Handlungen in der Vergangenheit [1] – [4].

TIPP Mit dem ***simple past*** kommen folgende **Zeitangaben** häufig vor:

- *yesterday, the day before yesterday*
- *two/three/… days/weeks/… ago*
- *last Monday/… /January/…*
- *last night*
- *last week/month/year*
- *last Christmas/spring/…*
- *in 2004/…*

5.4 *Past progressive*

Beispiele:

1 I saw an accident when I **was walking** to school.
Als ich zur Schule ging, sah ich einen Unfall.

2 We **were playing** football at 3 o'clock last Saturday.
Am letzten Samstag um 3 Uhr spielten wir gerade Fußball.

3 Ben **was not/wasn't doing** his homework when I spoke to him.
Als ich mit ihm sprach war Ben nicht dabei, seine Hausaufgabe zu machen.

4 **Were** the men **cleaning** the windows?
Waren die Männer dabei, die Fenster zu putzen?

Form

■ Das *past progressive* bilden wir mit *was/were* und der *-ing*-Form des Vollverbs. (➜ Schreibweise der *-ing*-Form, S. 251 f.).

■ Da es beim *past progressive* immer ein Hilfsverb, also *was/were*, gibt, bilden wir die Verneinung mit *not/n't* [3].

■ Um Fragen zu bilden, tauschen wir *was/were* und das Subjekt einfach aus [4].

Gebrauch

■ Wollen wir sagen, dass **eine Handlung schon im Gange** war, als ein **neues Ereignis** (plötzlich) eintrat, benutzen wir das ***past progressive*** [1].

■ Möchten wir sagen, das eine Handlung zu einem **bestimmten Zeitpunkt** [2] oder während eines **bestimmten Zeitraumes** [3] im Gange war, gebrauchen wir ebenfalls das ***past progressive***.

TIPP Folgende Verben haben normalerweise keine ***progressive***-Form:

believe	glauben	*hate*	hassen
hear	hören	*know*	wissen, kennen
like	mögen	*love*	lieben
mean	bedeuten	*see*	sehen
want	möchten		

Übung

■ **Suche Formen des *simple past* und *past progressive* aus der Geschichte heraus. Mache dann zwei Listen mit der Infinitivform dieser Verben, regelmäßig und unregelmäßig. Schreibe auf einen Zettel.**

There was nearly a bad accident in Albert Road on Saturday afternoon. Kate Snow, 13, was taking her dog, Luna, for a walk. She wanted to go to the park. Kate was walking along the pavement when Luna suddenly saw a cat on the other side of the road. The cat, Oscar, was washing himself on a wall.

Luna pulled so hard that Kate let go. Luna was running across the road when a taxi came along. The taxi-driver, Jack Kemp, did not want to hit Luna, so he drove his taxi up on to the pavement. But he didn't see Mrs Betty Edwards with her baby, one-year-old Sharon, in a push-chair (Kinderwagen). The taxi hit the push-chair and knocked it over. Sharon fell out of the push-chair, but luckily nothing happened to her. She just laughed.

And Luna? She caught Oscar, but she soon felt sorry. They fought for a few minutes and Oscar won. He cut Luna's nose quite badly. Poor Luna. She chose the wrong cat. Let's hope it taught her a lesson.

5.5 *Present perfect*

Beispiele:

1 Kate **has bought** a new guitar.
Kate hat eine neue Gitarre gekauft.

2 The Kings **have lived** in London for ten years.
Die Kings wohnen seit zehn Jahren in London.

3 The bus **still has not /hasn't come**.
Der Bus ist immer noch nicht gekommen.

4 **Have you seen** the latest Harry Potter film yet?
Hast du schon den neuesten Harry-Potter-Film gesehen?

Form

- Das ***present perfect*** bilden wir mit ***have/has*** und der **3. Form** (Partizip Perfekt) **des Vollverbs** [1] [2].

- Bei **regelmäßigen** Verben hat die 3. Form **dieselbe Form** wie die des ***simple past***, also ***infinitive*** + ***-ed*** [2]. (➜ Schreibweise der *-ed*-Form, S. 254).
Die **unregelmäßigen** Verben haben eine **besondere Form**, die du dir einfach merken musst [1] [3] [4]. (➜ Die unregelmäßigen Verben, S. 296 – 298)

- Wir bilden die **Verneinung,** indem wir ***not/n't*** unmittelbar nach ***have/has*** stellen [3].

- Um **Fragen** zu bilden, tauschen wir ***have/has*** und das **Subjekt** einfach aus [4].

Gebrauch

- Wollen wir sagen, dass etwas passiert ist, **ohne den Zeitpunkt in der Vergangenheit zu nennen**, benutzen wir das ***present perfect*** [1].
Oft benutzen wir das ***present perfect*** für **Handlungen und Situationen**, die irgendwann in der Vergangenheit begonnen haben, aber noch andauern. Diese Handlungen bzw. Situationen sind also noch nicht abgeschlossen [2] [3].

TIPP Bei diesem Gebrauch des ***present perfect*** kommen folgende **Zeitangaben** häufig vor:

- *for* seit
- *already* schon
- *yet* bis jetzt
- *not yet* bis jetzt noch nicht
- *never* bisher noch nie
- *still* immer noch
- *still not* immer noch nicht
- *till now* bis jetzt

Übung

Setze die Verben in die richtige Form des *present perfect*. Schreibe auf einen Zettel.

1 Ben can't play football because he ____ (hurt) his leg.

2 Jill: ____ (you /see)[1] the latest Harry Potter film yet?
Kate: No, I ____ (not be)[2] to the cinema for months.

3 The Americans ____ (build) a new space rocket to go to Mars.

4 Dad: Ben, ____ (you/tidy)[1] your room?
Ben: No, I ____ (not do)[2] it yet. I ____ (just + finish)[3] my homework.

5 A lot of people ____ (never + be) on holiday.

6 We ____ (read) this story twice before.

7 Mr Snow ____ (have)[1] a headache all week, but he _____ (not be)[2] to the doctor's.

8 Luna ____ (not have) her walk yet.

9 Sue: We ____ (work)[1] really hard today.
Bob: You're right. We ____ (do)[2] a lot.

10 Jill: ____ (you/eat)[1] all the cake, Tom?
Tom: Of course not. I ____ (not eat)[2] anything yet.

11 ____ (I/met) your new English teacher, Kate?

12 ____ (ever + you/be) to New York?

5.6 *Will-future*

Beispiele:

1 In the future a good education **will become** even more important.
In Zukunft wird eine gute Schulausbildung noch wichtiger werden.

2 I expect our team **will win**.
Ich erwarte, dass unsere Mannschaft gewinnen wird.

3 Mary thinks it **will snow** tomorrow.
Mary meint, dass es morgen schneien wird.

4 Ben hopes Dad **will not/won't be** angry with him.
Ben hofft, dass Vater nicht böse auf ihn sein wird.

5 It's raining. **Will** you **lend** me an umbrella, please?
Es regnet. Könnten Sie mir bitte einen Schirm ausleihen?

Form

■ In bejahten Aussagen bilden wir das *will*-Futur mit *will* + Infinitiv des Vollverbs. Es hat für alle Personen die gleiche Form [1] – [3].

■ Um die Verneinung zu bilden, setzen wir *not* unmittelbar nach *will*.
▶ **BEACHTE** Die **Kurzform** von ***will not*** ist ***won't*** [4].

■ Um Fragen zu bilden, tauschen wir *will* und das Subjekt aus [5].

Gebrauch

■ Das *will*-Futur benutzen wir für:

zukünftige Situationen/Ereignisse, die höchstwahrscheinlich eintreten werden [1], Erwartungen [2], Voraussagen [3] und Hoffnungen [4], spontane Entscheidungen [5].

TIPP Daher kommt das ***will***-Futur mit den folgenden einleitenden Verben besonders häufig vor:

believe (glauben)
hope (hoffen)
think (denken)
expect (erwarten)
suppose (vermuten)

5.7 *Going to-future*

Beispiele:

1 Kate **is going to buy** a new guitar.
Kate hat vor, eine neue Gitarre zu kaufen.

2 Helen and Robin **are going to marry**.
Helen und Robin planen zu heiraten.

3 Look at the sky. It**'s going to rain**.
Schau dir den Himmel an! Es wird bald regnen.

4 I**'m not going to lend** Tom my CDs.
Ich werde Tom meine CDs nicht ausleihen.

5 **Are you going to invite** Tom to your party?
Wirst du Tom zu deiner Party einladen?

Form

■ In bejahten Aussagen bilden wir das *going-to*-Futur mit *am/is/are* + *going to* + Infinitiv des Vollverbs [1] – [3].

▶ **BEACHTE** ***going to*** und der Infinitiv des Vollverbs bleiben bei allen Personen unverändert.

■ Um die Verneinung zu bilden, setzen wir *not* unmittelbar nach *am/is/are* [4].

■ Um Fragen zu bilden, tauschen wir *am/is/are* und das Subjekt aus [5].

Gebrauch

■ Wir benutzen das *going-to*-Futur für zukünftige Pläne und Absichten [1] [2].

TIPP Wenn wir ‚etwas vorhaben' oder ‚etwas beabsichtigen', dann benutzen wir im Englischen das ***going-to***-Futur.

■ Wir benutzen das *going-to*-Futur auch für Situationen und Ereignisse, die bald eintreten werden. Dies ist besonders der Fall, wenn im Moment des Sprechens bereits eindeutige Anzeichen gegeben sind [3].

Übungen

1 Setze die Verben in die richtige Form des *will*-Futurs. Schreibe auf einen Zettel.

1 Take a coat. It ____ (be) cold today.
2 I ____ (not see)[1] you at school tomorrow. I ____ (not be)[2] there.
3 ____ (you/help) me with my homework, Tom?
4 We must go now or we ____ (miss) the train.
5 Don't worry. I ____ (not forget) to phone you.
6 I'm sure that Alex ____ (come) to Mary's party.
7 How long ____ (the journey/take)?
8 Do you think the weather ____ (change) tomorrow?

2 Setze die Verben in die richtige Form des *going-to*-Futurs. Schreibe auf einen Zettel.

1 The Snows ____ (visit) their friends in London next week.
2 I ____ (talk) to Tom's teacher about his test.
3 ____ (you/buy) those lovely jeans, Kate?
4 Ben ____ (clean) his bike this weekend.
5 We ____ (not take)[1] the bus. We ____ (walk)[2] home.
6 Look! ____ (that child/run) across the road!

3 Verwende das *will*- oder *going-to*-Futur. Schreibe auf einen Zettel.

1 Dad says he ____ (repair) your bike on Saturday.
2 Hurry up or you ____ (be) late for school.
3 ____ (your brother/leave) school in July?
4 ____ (I/see) you at Kate's party?
5 The Snows ____ (have) a barbecue this weekend.
6 Look at those black clouds! It ____ (rain) soon.
7 We don't like thrillers. We ____ (watch) the nature documentary on BBC tonight.

Test

1 Wähle das richtige Hilfsverb aus dem Kästchen. Schreibe auf einen Zettel.

can	can't	don't have to	doesn't have to	must	mustn't

1 Cars ____ go too fast near schools because of all the children.
2 You ____ have the designer jeans, Kate. They're much too expensive.
3 German children ____ go to school on Saturdays any longer.
4 You ____ buy a ticket before getting on the bus.
5 The sign says we ____ park here for 30 minutes.
6 Ben ____ come shopping if he doesn't want to.

2 Finde die richtige Form a) oder b) für die Lücke. Schreibe auf einen Zettel.

1 Kate ____ go to the doctor's yesterday.
a) had to **b)** must
2 Oh, dear. The shop's closed. We ____ to come back tomorrow.
a) must **b)** will have
3 I ____ run to the station last night.
a) had to **b)** must
4 Luckily I ____ catch the last train because it was late.
a) can **b)** was able to

3 *Simple present* oder *present progressive?* Setze das Verb in Klammern in die richtige Form. Schreibe auf einen Zettel.

1 Kate usually ____ (go)[1] to school at 8:30, but she ____ (go)[2] later today because she has to go to the doctor's.
2 The boys normally ____ (come)[1] to training on Thursdays, but today they ____ (train)[2] for a big match.
3 Where are Kate and Ben?
Kate ____ (clean)[1] her room and Ben ____ (take)[2] Luna for a walk.
4 Be quiet, Ben. Can't you see that Dad ____ (make) a phone call?
5 Be careful! Luna ____ (sit) in the middle of the road.
6 I can't help you now, Kate. I ____ (write) a letter to Grandma.

Test

4 Setze die Verben in das *simple past*. Pass auf! Einige Verben sind unregelmäßig. Eine Liste der wichtigsten unregelmäßigen Verben findest du auf den Seiten 296 – 298. Schreibe auf einen Zettel.

1 Dad ____ (live) in York when he was a boy.
2 Kate ____ (come) home late from school again yesterday.
3 Ben ____ (tell)[1] his parents he ____ (want)[2] to be a pilot.
4 I ____ (forget)[1] to buy some milk when I ____ (go)[2] shopping.
5 Ben ____ (promise) to try harder at school.

5 Vervollständige die Sätze mit der verneinten Form des *simple past*. Schreibe auf einen Zettel.

1 Mr Snow ____ (not go) home by taxi.
2 Kate ____ (not be) late for school.
3 Ben ____ (not try) on the shoes before buying them.
4 I ____ (not help) Sally last Saturday.
5 Mrs Snow ____ (not buy) a shirt for Kate.

6 Bilde Fragen nach dem unterstrichenen Satzteil. Schreibe auf einen Zettel.

Beispiel:
Mr Green came home <u>at 7 o'clock</u> last night.
▶ When did Mr Green come home? At 7 o'clock.

1 Ben waited for Kate <u>in front of the school.</u>
2 The Snows bought Kate <u>a new guitar.</u>
3 <u>Ben</u> ordered a king-size burger.
4 Mary said that <u>Kate felt ill.</u>

7 Setze die Verben in die richtige Form des *simple past* oder des *past progressive*. Schreibe auf einen Zettel.

1 When I ____ (walk)[1] home yesterday, I ____ (see)[2] old Mrs Coe. She ____ (come)[3] out of the supermarket with a lot of shopping. In the end, I ____ (carry)[4] it home for her.
2 The police ____ (want)[1] to know what people ____ (do)[2] when the accident ____ (happen)[3]. One woman ____ (say)[4] she ____ (wait)[5] for the bus and a man said he ____ (not see)[6] anything.

Der Satz *(the sentence)*

1 Die Satzstellung in Aussagen *(word order in statements)*

1.1 Bejahte Aussagen

Beispiele:

	Subjekt	**Prädikat**	**Objekt**	**andere Satzteile**
1	Ben and Kate King	live		in London.
2	The Kings	have	a dog.	
3	Ben and Kate	take	Luna	for a walk every day.

■ Da es im Englischen – ganz anders als im Deutschen – keine Endungen gibt, ist die Satzstellung streng festgelegt:

Subjekt – Prädikat – andere Satzteile [1]

Kommt ein Objekt im Satz vor, steht es unmittelbar nach dem Prädikat:

Subjekt – **Prädikat + Objekt** – andere Satzteile [2] [3]

▶ **BEACHTE** Die Satzstellung bleibt im Englischen immer dieselbe, auch wenn andere Satzteile vorangestellt werden:

▸ ***Ben went to the cinema*** *yesterday.*
Ben ging gestern ins Kino.

▸ *Yesterday* ***Ben went to the cinema.***
Gestern ging Ben ins Kino.

1.2 Verneinte Aussagen

Beispiele:

	Subjekt	Prädikat Hilfsverb + *not/n't*	Vollverb	Objekt	andere Satzteile
1	Luna	**must not**	**lie**		on the beds.
2	Kate	**hasn't**	**finished**	her lunch	yet.
3	I	**don't**	**watch**	TV	during the week.
4	Ben	**doesn't**	**help**	me	very often.
5	The Kings	**didn't**	**buy**	a new car	last year.

■ Um eine Aussage zu verneinen, stellen wir ***not*** unmittelbar hinter das Hilfsverb.

■ Kommt kein Hilfsverb in der Aussage vor, benutzen wir ***do not/don't*** [3], ***does not/doesn't*** [4] bzw. ***did not/didn't*** [5] als Ersatzverb.

▶ **BEACHTE** In der gesprochenen Sprache und in E-Mails usw. hängen wir die **Kurzform von *not*** – also ***n't*** – direkt an das Hilfsverb.

1.3 Aussagen mit zwei Objekten

Beispiele:

	Subjekt	Prädikat	Objekt (wem?)	(wen?/was?)	andere Satzteile
1	Kate	gave	**Luna**	**a steak**	for her birthday.
2	Mary	sends	**Kate**	**an email**	nearly every day.
3	The Kings	didn't buy	**Ben**	**a laptop**	for Christmas.

■ Einige Verben, wie ***buy***, ***give***, ***lend*** (ausleihen), ***send*** und ***promise*** (versprechen) haben **zwei Objekte**, nämlich ein **indirektes Objekt** (wem?) und ein **direktes Objekt** (wen?/was?).

■ In Sätzen mit zwei Objekten steht das **indirekte** Objekt (wem?) unmittelbar vor dem **direkten** Objekt (wen?/was?) [1] – [3].

Übung

■ **Setze die Wörter in die richtige Reihenfolge, um sinnvolle Sätze zu bilden. Schreibe auf einen Zettel.**

British schools

1 all day – at school – British children – have to stay
2 a lot of British schools – a special uniform – have
3 and – at 4 pm – at 9 am – ends – starts – the school day
4 a 90-minute break – for lunch – in the middle of the day – there is
5 clubs – have – on Wednesday afternoons – the children

2 Fragen *(questions)*

2.1 Entscheidungsfragen

Beispiele:

	Hilfsverb	Subjekt	Vollverb	Objekt	andere Satzteile
1	**Is**	this your dog?			
2	**Have**	you	read	the notice	over there?
3	**Can**	you	put	your dog	on the lead, please?
4	**Do**	you	know		where Luna is?
5	**Does**	your dog	stay		at home alone?
6	**Did**	you	buy	dog food	yesterday?

■ Diese Fragen sind **Entscheidungsfragen**, die wir mit *Yes* bzw. *No* beantworten können.

■ Anders als im Deutschen können wir Entscheidungsfragen **nur mit einem Hilfsverb** bilden [1] – [6].

■ Ist kein Hilfsverb im Satz vorhanden, dann müssen wir *do / does / did* als Ersatzverb benutzen [4] – [6].

▶ **BEACHTE** Im Englischen gilt ***be*** immer als Hilfsverb, sogar dann, wenn kein anderes Vollverb in Satz steht [1].

2.2 Fragen mit Fragewörtern

Beispiele:

1 **How do you send** an email?
Wie schickt man eine E-Mail?

2 **When do we have** English today?
Wann haben wir heute Englisch?

3 **Where can I get** some stamps?
Wo kann ich Briefmarken bekommen?

4 **Why are you** late?
Warum hast du dich verspätet?

5 **How many** DVDs **do you have**?
Wie viele DVDs hast du?

6 **How much does** this book **cost**?
Wie viel kostet dieses Buch?

■ Wie im Deutschen, stellen wir **Fragewörter** wie ***how*** [1], ***when*** [2] ***where*** [3] und ***why*** [4] an den Anfang des Satzes.

■ Fragen mit einleitendem Fragewort bilden wir genau wie andere Fragen (→ Entscheidungsfragen, S. 266) [1] – [6].

Übung

■ **Benutze die Fragewörter, um Fragen nach dem unterstrichenen Teil des Satzes zu stellen. Sieh dir das Beispiel an. Schreibe auf einen Zettel.**

▶ Luna is on Kate's bed. (where?)
▷ Where is Luna?

1 Kate is in her room. (where?)
2 Ben is doing his homework. (what?)
3 These jeans cost 50 €. (how much?)
4 Mary and Tom live in Church Road. (where?)
5 You get to the website by clicking on this icon. (how?)
6 There were 30 people at the party. (how many?)
7 Ben can't play football because he has hurt his leg. (why?)
8 Mr Harper teaches English and History. (what?)

3 Aufforderungen *(commands)*

Beispiele:

1 **Keep quiet**. I'm on the phone.
Sei ruhig! Ich telefoniere gerade.

2 **Wait** in the waiting room, please.
Warten Sie bitte im Wartezimmer!

3 **Do not forget** to buy some bread.
Vergiss nicht, Brot zu kaufen!

4 **Don't be** so silly, Ben.
Sei nicht so albern, Ben!

5 **Let's go** swimming this afternoon.
Lass uns heute Nachmittag schwimmen gehen!

6 **Let's not watch** TV tonight.
Lass uns heute Abend nicht fernsehen!

■ Bejahte Aufforderungen haben diesselbe Form wie der Infinitiv ohne ***to*** [1] [2].

■ Bei **verneinten Aufforderungen** stellen wir ***do not/don't*** unmittelbar vor den Inifinitiv ohne *to* [3] [4].

▶ **BEACHTE** Da verneinte Aufforderungen mit ***do not*** sehr streng wirken, benutzen wir normalerweise die **Kurzform *don't***, die freundlicher klingt.

■ Möchten wir einen Vorschlag in Form einer Aufforderung machen, benutzen wir ***let's* + Infinitiv ohne *to*** [5] bzw. ***let's not* + Infinitiv ohne *to*** [6].

TIPP Im modernen Englisch machen wir **Vorschläge** oft auch mit ***How/What about* + *-ing*-Form der Vollverbs:**

> ***How about going*** *swimming this afternoon?*
> Wie wäre es, wenn wir heute Nachmittag schwimmen gingen?
>
> ***What about not watching*** *TV tonight?*
> Wie wäre es, wenn wir heute Abend nicht fernsehen würden?

4 Kurzantworten *(short answers)*

Beispiele:

1	**Are you** in the football team, Ben? *Bist du in der Fußballmannschaft, Ben?*	– Yes, **I am**. – No, **I'm not**.
2	**Does** Kate **do** the shopping on Saturdays? *Erledigt Kate die Einkäufe samstags?*	– Yes, **she does**. – No, **she doesn't**.
3	**Have** you **got** a dog, Mary? *Hast du einen Hund, Mary?*	– Yes, **I have**. – No, **I haven't**.
4	**Does** Mary **have** a sister? *Hat Mary eine Schwester?*	– Yes, **she does**. – No, **she doesn't**.
5	**Can Tom speak German?** *Kann Tom Deutsch?*	– Yes, **he can**. – No, **he can't**.

■ Um die Antwort auf eine Entscheidungsfrage *(yes/no-question)* freundlicher klingen zu lassen, benutzen wir im Englischen Kurzantworten.

■ Um eine Kurzantwort zu bilden, benutzen wir das Subjekt und die Form des Hilfverbs, die in dem Fragesatz vorkommen, mit *Yes, …* bzw. *No, …* [1] – [5]

▶ **BEACHTE** Das **Subjekt** einer Kurzantwort ist immer ein **Subjektpronomen** *(I, you, he, …)* (➜ Pronomen, S. 222).

5 Frageanhängsel *(question tags)*

Beispiele:

1 Linz is in Austria, **isn't it?**
Linz liegt in Österreich, nicht wahr?

2 Kate can speak German, **can't she?**
Kate kann Deutsch, oder?

3 Ben wasn't ill, **was he?**
Ben war nicht krank, gell?

4 Mary hasn't been shopping yet, **has she?**
Mary ist noch nicht einkaufen gegangen, oder?

5 You don't like curry, **do you?**
Du magst Curry nicht, oder?

6 They didn't see you, **did they?**
Sie haben dich nicht gesehen, oder?

7 The Australians drive on the left, **don't they?**
Die Australier fahren links, nicht wahr?

8 Kate went to London yesterday, **didn't she?**
Gestern ist Kate nach London gefahren, nicht?

■ Englische *question tags* wie ***..., isn't it?*** [1], ***..., can't she?*** [2] und ***..., was he?*** [3] entsprechen den deutschen Frageanhängseln **nicht?/nicht wahr?**, **oder/oder nicht?**

■ Gibt es ein **Hilfsverb** im Satz, verwenden wir dieses, um das ***question tag*** zu bilden [1] – [6].

■ Ist **kein Hilfsverb** im Satz vorhanden, benutzen wir ***do/does/did*** als Ersatz, genau wie bei der Fragebildung (→ Entscheidungsfragen, S. 266) [7] [8].

■ Ist das **Verb im Hauptsatz bejaht** (✔), dann ist das ***question tag***' **verneint** (✘) und umgekeht:

Linz ***is*** (✔) *in Austria,* ***isn't*** (✘) *it?*

Ben ***wasn't*** (✘) *ill,* ***was*** (✔) *he?*

▶ **BEACHTE**, wie wir ***question tags*** mit ***Let's …*** und ***There is /are /was /…*** bilden:

▸ ***Let's*** *go home now,* ***shall we?***
Lass uns nach Hause gehen.

▸ ***There is*** *a postbox in Victoria Street,* ***isn't there?***
Es gibt einen Briefkasten in der Victoria Street, nicht wahr?

▸ ***There isn't*** *any soup left,* ***is there?***
Es ist keine Suppe übrig, oder?

6 Der *if*-Satz, Typ I *(if-sentence, type I)*

Beispiele:

1 If it **rains**, we **will stay** at home.
Wenn/Falls es regnet, werden wir zu Hause bleiben.
We **will stay** at home if it **rains**.
Wir werden zu Hause bleiben, wenn/falls es regnet.

2 We **will not /won't go to the concert** if it rains.
Wir werden nicht zum Konzert gehen, wenn es regnet.
We **will go to the concert** if it **doesn't rain**.
Wir werden zum Konzert gehen, wenn es nicht regnet.
We **won't go to the concert** if it **doesn't stay** dry.
Wir werden nicht zum Konzert gehen, wenn es nicht trocken bleibt.

3 **Will we go to the concert** if it stays dry?
Werden wir zum Konzert gehen, wenn es trocken bleibt?

■ Ein *if-Satz* besteht aus zwei Teilen: einem *if-Teil* und einem Hauptteil. Der *if-Teil* drückt eine Bedingung aus, der Hauptteil eine mögliche Folge.

■ In *if-Sätzen,* Typ I, steht das ***simple present*** im *if-Teil* und das ***will-*****Futur** im **Hauptteil** [1].

▶ **BEACHTE** In **Aussagen** kann der ***if*-Teil** vor oder nach dem Hauptteil stehen. Steht aber der ***if*-Teil** an erster Stelle, wird er von dem Hauptteil durch ein Komma (,) getrennt [1].

■ Je nach Sinn können wir den ***if***-Teil, den Hauptteil oder beide Teile eines ***if***-Satzes **verneinen** [2].

■ Bei Fragen dagegen können wir nur den Hauptteil als Frage bilden. Dann steht der Hauptteil an erster Stelle [3].

Test

1 Bringe die Satzteile in die richtige Reihenfolge. Schreibe auf einen Zettel.

1 lives – in London – Kate .
2 the guitar – her favourite hobby – is playing .
3 Mary – any pets – does not have .
4 Ben – is called – Kate's brother .
5 with Luna – is playing – in the garden – Ben .
6 The Greens – working – in their garden – like .
7 a week – generally – Mrs Snow – for three days – works .
8 does not work – at school – hard – Tom – very .

2 Bilde Fragen mit dem angegebenen Fragewort. Schreibe auf einen Zettel.

1 The Greens live <u>in Victoria Street</u>. (where?)
2 Ben plays football <u>on Saturdays</u>. (when?)
3 Kate likes Mr Green <u>because he's funny</u>. (why?)
4 <u>Ben's</u> birthday is in December. (whose?)
5 Kate feels <u>really good</u> today. (how?)
6 Luna has <u>five</u> balls. (how many?)
7 This T-shirt costs <u>€ 20</u>. (how much?)
8 Mary likes watching <u>films</u> on TV. (what?)

3 Setze Verben in die richtige Zeitform für *if*-Sätze des Typ I. Schreibe auf einen Zettel.

1 If I ____ (see)[1] Kate, I ____ (tell)[2] her to call you.
2 If Kate ____ (feel)[1] better tomorrow, we ____ (go)[2] to the movies.
3 If we ____ (not leave)[1] now, we (miss)[2] our train.
4 If you ____ (tell)[1] Dad the truth, I'm sure he ____ (not be)[2] angry with you.
5 The Greens ____ (not sell)[1] their house if they ____ (not get)[2] more money for it.
6 Tom ____ (get)[1] into trouble if he ____ (not work)[2] harder.
7 ____ (mum/work)[1] longer hours if she ____ (get)[2] the new job?
8 ____ (you/go)[1] to Ben's party if he ____ (invite)[2] you?

Wortschatz *(vocabulary)*

1 *A day at the beach* (Ein Tag am Strand)

1	barbecue	*grillen* (Fred)
2	catch	*fangen* (Peter)
3	fall	*fallen* (Martin)
4	jump	*springen* (Sue)
5	lie down	*sich hinlegen* (Alice)
6	pick up	*aufheben* (Ella)
7	play	*spielen* (Sue)
8	push	*stoßen* (Brian)
9	rest	*ausruhen* (Alice)
10	run	*laufen* (Liz)
11	sit	*sitzen* (Victoria)
12	stand	*stehen* (Fred)
13	sunbathe	*sonnenbaden* (Alice)
14	throw	*werfen* (Sam)
15	walk	*gehen* (Tom)

Übung

■ **Schau dir das Bild gut an und überlege, was die Menschen gerade machen. Die Namen findest du oben in der Liste. Setze das fehlende Verb in die Sätze ein. Schreibe auf ein Blatt.**

1 Sam is ____ a frisbee.
2 Peter is ____ a frisbee.
3 Liz is ____.
4 Tom is ____.
5 Brian is ____ Martin.
6 Martin is ____.
7 Sue is ____ to catch the ball.
8 Sue is ____ ball.
9 Fred is ____ the meat.
10 Fred is ____ behind the barbecue.
11 Victoria is ____ at the table.
12 Ella is ____ shells.
13 Alice is ____, ____ and ____.

2 *My room* (Mein Zimmer)

1	door	*Tür*
2	window	*Fenster*
3	light	*Licht*
4	radiator	*Heizkörper*
5	furniture	*Möbel*
6	desk	*Schreibtisch*
7	chair	*Stuhl*
8	armchair	*Sessel*
9	bed	*Bett*
10	wardrobe	*Kleiderschrank*
11	bookcase	*Bücherregal*
12	desk lamp	*Schreibtischlampe*
13	computer	*Computer*
14	stereo system	*Stereoanlage*
15	CD player	*CD-Spieler*
16	TV	*Fernseher*
17	DVD player	*DVD-Player*
18	poster	*Poster*

Übung

■ **Schau dir das Bild an und vervollständige die E-Mail an Carol mit den fehlenden Wörtern.**

Hi Carol

Great news – my brother has a flat now, so I have a ____[1] of my own! This is what it's like. When you come into the room, on your right there is an ____[2] and my wardrobe. Next to the ____[3], I have my ____[4] with a CD player and a ____[5] below it. The ____[6] is on top with a really cool ____[7] on the wall above it. Opposite the door there is a window with a ____[8] below it. My ____[9] is between the radiator and the stereo system, so a bit of it is in front of the ____[10] – but that is okay because the window is very big. My ____[11] and ____[12] are in front of the radiator so I can look out of the window. There is a computer and a ____[13] on the desk, of course. And, finally, my ____[14] is next to the desk. The best thing is that all the furniture in the room is new because my brother took his ____[15] with him!

3 *Pets* (Haustiere)

1	dog	*Hund/Hündin*
2	puppy	*Welpe*
3	basket	*Korb*
4	rug	*Decke*
5	bone	*Knochen*
6	cat	*Katze*
7	kitten	*Kätzchen*
8	bowl	*Napf*
9	pet food	*Tierfutter*
10	hamster	*Hamster*
11	mouse	*Maus*
12	budgie (budgerigar)	*Wellensittich*
13	canary	*Kanarienvogel*
14	cage	*Käfig*
15	ladder	*Leiter*
16	goldfish	*Goldfisch*
17	goldfish bowl	*Goldfischglas*

Übung

Schau dir das Bild an und setze die richtige Form der fehlenden Nomen in die Sätze ein. Schreibe auf einen Zettel.

1 In the picture, the ____ [1] and the canary are in their ____ [2].
2 The ____ [1] is asleep in the ____ [2]. The ____ [3] is looking at her.
3 ____ [1] chew (kauen) on ____ [2] to clean their teeth.
4 ____ [1] live in a goldfish bowl full of ____ [2].
5 The ____ [1] is watching the goldfish as he swims around in the ____ [2].
6 The ____ [1] is in his cage. He has a ____ [2] there to play on.
7 There is a ____ [1] for pet ____ [2] next to the basket.
8 The dog and the ____ [1] are looking at the ____ [2].

4 *Having fun!* (Spaß haben!)

1	painting	*malen* (Flora)
2	reading	*lesen* (Fiona)
3	watching TV	*fernsehen* (Bill)
4	playing computer games	*Computerspiele spielen* (Liv)
5	learning a musical instrument	*ein Musikinstrument lernen* (Stan)
6	surfing the net	*im Internet surfen* (Liv)
7	meeting friends	*sich mit Freunden treffen* (Betty)
8	listening to music	*Musik hören* (Kim)
9	playing football	*Fußball spielen* (Ben, Herb, Joe)
10	playing volleyball	*Volleyball spielen* (Rose, John)
11	swimming	*schwimmen* (Harry)
12	playing tennis	*Tennis spielen* (Sue, Marv)
13	playing cards	*Karten spielen* (Lin, George)

Übung

Schau dir das Bild gut an und überlege, was die Menschen gerade machen. Die Namen stehen oben neben dem Verb. Setze das fehlende Verb in die Sätze ein. Schreibe auf ein Blatt.

1 Fiona is ____ a book.
2 Flora is ____ a picture
3 Liv is ____[1] computer games and ____[2] the net.
4 Bill is ____ TV.
5 Stan is ____ a musical instrument.
6 Betty is ____ a friend.
7 Kim is ____ to music.
8 Ben, Herb and Joe are ____ football.
9 Rose and John are ____ volleyball.
10 Harry is ____.
11 Sue and Marv are ____ tennis.
12 Linda and George are ____ cards.

5 *A classroom* (Ein Klassenzimmer)

1	blackboard	*Tafel*
2	chalk	*Kreide*
3	teacher	*Lehrer(in)*
4	teacher's desk	*Lehrerpult*
5	overhead (projector)	*Tageslichtprojektor*
6	portable stereo	*tragbarer CD-Spieler*
7	desk	*Schülertisch*
8	chair	*Stuhl*
9	pupil	*Schüler(in)*
10	schoolbag	*Schultasche*
11	exercise book	*Schulheft*
12	textbook	*Lehrbuch*
13	bin	*Abfallkorb*
14	poster	*Poster*
15	noticeboard	*Anschlagtafel*
16	pen	*Füller*
17	pencil	*Bleistift*

Übung

Hier sind acht Aussagen zu dem Bild. Vier sind richtig und vier sind falsch. Schau dir das Bild an und korrigiere die falschen Aussagen. Schreibe auf einen Zettel.

1 The teacher is talking to the class.
2 There are five pieces of chalk below the blackboard.
3 There is a portable stereo on the teacher's desk.
4 The overhead projector is on a table next to the door.
5 You can see five pupils. They are standing behind their desks.
6 There is a poster to the right of the blackboard.
7 The noticeboard is to the left of the door.
8 You can see a schoolbag on the floor between two of the desks.

6 *My body* (Mein Körper)

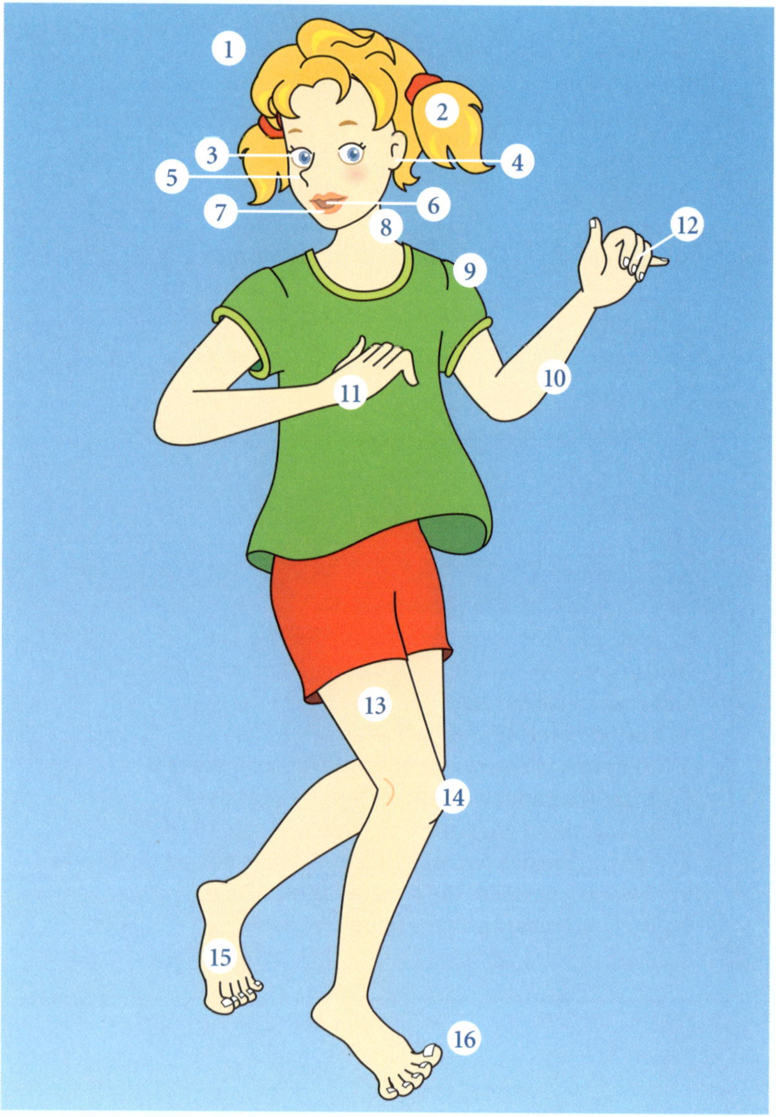

1	head	*Kopf*
2	hair	*Haare*
3	eye	*Auge*
4	ear	*Ohre*
5	nose	*Nase*
6	mouth	*Mund*
7	lip	*Lippe*
8	neck	*Hals*
9	shoulder	*Schulter*
10	arm	*Arm*
11	hand	*Hand*
12	finger	*Finger*
13	leg	*Bein*
14	knee	*Knie*
15	foot	*Fuß*
16	toe	*Zehe*

Übung

Schau dir das Bild an und vervollständige die Sätze. Schreibe auf einen Zettel.

1 The girl in the picture has blond ____.
2 We see with our ____[1] and hear with our ____[2].
3 You can't eat, drink or talk without a ____.
4 You can't smell with your ____ as well as a dog can.
5 Is the girl dancing? Look how she is moving her ____[1] and ____[2].
6 The ____[1] on our feet are like the ____[2] on our ____[3].
7 When we sit down, we bend (biegen) our ____[1] at the ____[2].
8 The ____[1] is joined to the rest of the body by the ____[2].

7 *The Fox Family* (Familie Fox)

1	great-grandparents	*Urgroßeltern* (Victor und Ann)
2	grandparents	*Großeltern* (Joe und Lucy)
3	parents	*Eltern* (Sue and Sam)
4	mother	*Mutter* (Sue)
5	grandmother	*Großmutter* (Lucy)
6	wife	*Ehefrau* (Sue)
7	father	*Vater* (Sam)
8	grandfather	*Großvater* (Joe)
9	husband	*Ehemann* (Sam)
10	sister	*Schwester* (Lin, Clare)
11	daughter	*Tochter* (Lin, Clare)
12	brother	*Bruder* (Phil)
13	son	*Sohn* (Phil)
14	aunt	*Tante* (Pat)
15	uncle	*Onkel* (Pete)
16	cousin	*Cousin, Cousine* (Max)

Übung

Schau dir den Stammbaum genau an. Vervollständige dann die Sätze mit einem Wort aus dem Kasten. Schreibe auf einen Zettel.

great-grandparents, mother, cousin, son, daughter, uncle, aunt, husband, wife, sister, brother, grandmother, grandfather, father

1 Max is Clare's ____.
2 Sam is Phil, Lin and Clare's ____.
3 Sam and Sue are ____ and ____.
4 Sue is Phil, Lin and Clare's ____.
5 Joe is Phil, Lin, Clare and Max's ____.
6 Lucy is Max's ____.
7 Pete is Phil, Lin and Clare's ____.
8 Pat is Phil, Lin and Clare's ____.
9 Lin is Clare's ____.
10 Phil is Lin's ____.
11 Victor and Ann are Phil, Lin, Clare and Max's ____.
12 Phil is Sam's ____.
13 Clare is Sue's ____.

8 *A house* (Ein Haus)

1	house	*Haus*
2	balcony	*Balkon*
3	front door	*Haustür*
4	window	*Fenster*
5	roof	*Dach*
6	study	*Arbeitszimmer*
7	hall	*Diele*
8	staircase	*Treppen, Treppenhaus*
9	kitchen	*Küche*
10	living room	*Wohnzimmer*
11	dining room	*Esszimmer*
12	bedroom	*Schlafzimmer*
13	bathroom	*Bad, Badezimmer*
14	toilet	*Toilette*
15	garden	*Garten*
16	garage	*Garage*
17	floor	*Etage*

Übung

Schau dir das Bild an und vervollständige die Verkaufsanzeige. Schreibe auf einen Zettel.

for sale:

Very modern house.
Ground floor (Erdgeschoss) with large ____ [1],
hall and ____ [2].
First floor with ____ [3], ____ [4] and toilet.
Second floor with ____ [5]
and two other rooms, one with ____ [6].
Third floor under ____ [7] with ____ [8] and ____ [9].
The house has a ____ [10] and a big ____ [11] for two cars.

For more information, phone Bristol 19 87 45.

1 Präpositionen *(prepositions)*

1.1 Allgemeine Merkmale

Beispiele:

1 The mouse sat **on the table**.
Die Maus saß auf dem Tisch.

2 I live **in London**.
Ich wohne in London.

3 The movie begins **at** 8 p.m.
Der Film beginnt um 20 Uhr.

4 Luna ran **across** the road and **into** the garden.
Luna lief über die Straße und in den Garten hinein.

5 Ben went to school **without having** breakfast.
Ben ging ohne Frühstück zur Schule.

- Wir benutzen **Präpositionen**, um eine **Beziehung** auszudrücken. In Beispiel [1] oben zeigt die Präposition ***on*** die Beziehung zwischen der Maus ***(the mouse)*** einerseits und dem Tisch ***(the table)*** andererseits.

- Oben siehst du Beispiele von Präpositionen des **Ortes** [1] [2], der **Zeit** [3], der **Bewegung** [4] sowie der **sonstigen Beziehung** [5].

TIPP Der richtige **Gebrauch von Präpositionen** ist nicht so einfach. Lerne daher **Präpositionen immer als Teil einer Redewendung.**

1.2 Präpositionen des Ortes *(prepositions of place)*

at the station	am Bahnhof
at the baker's	beim Bäcker
at the chemist's	in der Apotheke
at the supermarket	im Supermarkt
at home	zu Hause
at school	in der Schule
at 12 Albert Street	in der Albert Street 12
at work	bei der Arbeit
at the seaside	am Meer
at Kate's party	auf Kates Party
at the table	am Tisch
at the top/bottom	oben/unten
in the street	auf der Straße
in the sky	am Himmel
in the country	auf dem Land
in the middle	in der Mitte
in the photo	auf dem Foto
in the world	auf der Welt
in town	in der Stadt
in the car	im Auto
on the road	auf der Straße
on the board	an der Tafel
on the wall	an der Wand
on the beach	am Strand
on the bus/train/...	im Bus/Zug/...
on the way to	unterwegs nach
on the left/right	links/rechts

1.3 Präpositionen der Zeit *(prepositions of time)*

at Christmas	zu Weihnachten
at 4 o'clock	um 4 Uhr
at mealtimes	bei Mahlzeiten
at breakfast/lunch/...	beim Frühstück/Mittagessen/...
at night	bei Nacht
at 15/ ... years of age	mit 15/ ...
at the weekend/at weekends	am Wochenende
at the moment	im Moment
at once	sofort
at one time	früher
at times	gelegentlich
at all times	jederzeit
in time	rechtzeitig
in the morning/afternoon/...	am Morgen/Nachmittag/...
in a minute	gleich
in no time	sekundenschnell
in summer/winter/...	im Sommer/Winter/...
on my/... birthday	an meinem/... Geburtstag
on the hour	zur vollen Stunde
on time	planmäßig

▶ **BEACHTE** Anders als im Deutschen werden im Englischen ***last*** und ***next* ohne Präposition** verwendet:

*I saw Kate **last weekend**.*
I sah Kate am letzten Wochenende.

*We are going to Austria **next winter**.*
Wir fahren im nächsten Winter nach Österreich.

1.4 Sonstige Präpositionen *(other prepositions)*

at last	endlich
at least	mindestens
at any rate	zumindest
at first sight	auf den ersten Blick
in your own words	mit eigenen Worten
in a loud/quiet voice	mit lauter/leiser Stimme
in my opinion	meiner Meinung nach
in love with	verliebt in
in German	auf Deutsch
in the end	schließlich
in any case	auf jeden Fall
in comparison	im Vergleich
in a hurry	in Eile
in different ways	auf verschiedene Weise
in biro/pencil/…	mit dem Kugelschreiber/Bleistift
on the radio	im Radio
on TV	im Fernsehen
on the phone	am Telefon
on holiday	im Urlaub
on foot	zu Fuß
on horseback	zu Pferd
on occasion	gelegentlich
by bike/bus/ …	mit dem Rad/Bus/…
by Beethoven/Goethe	von Beethoven/Goethe
by chance	zufälligerweise
by 12/ … o'clock	bis 12/ … Uhr
by tomorrow morning	bis morgen Vormittag

2 Konjunktionen *(conjunctions)*

Beispiele:

1 Ben likes fruit **and** vegetables.
Ben mag Obst und Gemüse.

2 You can walk **or** go by bus.
Du kannst laufen oder mit dem Bus fahren.

3 Kate tried on the trousers, **but** they were too big.
Kate probierte die Hose an, aber sie war zu groß.

4 Luna was playing in the garden **when** I saw her.
Luna spielte im Garten, als ich sie sah.

5 Ben can't come **because** he's ill.
Ben kann nicht kommen, weil er krank ist.

6 We lost the game **although/though** we trained hard.
Wir haben das Spiel verloren, obwohl wir hart trainiert haben.

- Wir benutzen **Konjunktionen** (Bindewörter), um **Wörter** [1], **Satzglieder** [2] oder **Sätze** [3] – [6] miteinander zu verbinden.

- Die **häufigsten Konjunktionen** sind:

although/though	obwohl
and	und
as soon as	sobald
because	weil
because of	wegen
but	aber
or	oder
when	als, wenn

▶ **BEACHTE** Die Konjunktion ***when*** hat zwei Bedeutungen:

*It started to rain **when** we were waiting for the bus.*
Es fing an zu regen, **als** wir auf den Bus warteten.

*Can you give Kate this book **when** you see her?*
Kannst du Kate dieses Buch geben, **wenn** du sie siehst?

3 Uhrzeit *(time)*

■ Für alle Zeiten von Mitternacht bis 12 Uhr mittags benutzen wir die Buchstaben ***a.m.*** Für alle Zeiten von 12 Uhr mittags bis Mitternacht benutzen wie ***p.m.***:

It's 9 ***a.m.***
Es ist 9 Uhr (vormittags).

The film starts at 7 ***p.m.***
Der Film beginnt um 19 Uhr.

■ Bei **vollen Stunden** können wir *o'clock* (= *'**of the clock**'*) benutzen. Dann entfällt *a.m./p.m.*:

It's 9 ***o'clock.***
Es ist 9 Uhr.

The movie starts at 7 ***o'clock.***
Der Film beginnt um 7 Uhr.

■ Bei den **viertelstündigen Schritten** sagen wir *(a) quarter past*, *half past* und *(a) quarter to ohne a.m./p.m.*

It's ***(a) quarter past*** *three.*
Es ist ein Viertel nach drei.

It's ***half past*** *ten.*
Es ist **halb elf**.

TIPP Pass auf bei halbstündigen Zeiten!

It's ***(a) quarter to*** *eleven.*
Es ist ein Viertel vor elf.

Merke dir diese wichtigen Wendungen:

What time is it? *What's the time?*	Wie spät ist es?
***at** 10 o'clock* ***at about** 5 o'clock*	**um** 10 Uhr **gegen** 5 Uhr

TIPP Findest du die englischen Uhrzeiten ziemlich kompliziert? Nur keine Bange! Im Englischen können wir die Zeiten nur mit Zahlen, also ‚digital' sagen:

*It's **two fifteen**.*
Es ist zwei Uhr fünfzehn.

*Our break is from **eleven thirty** to **eleven forty-five**.*
Unsere Pause ist von elf Uhr dreißig bis elf Uhr fünfundvierzig.

4 Die unregelmäßigen Verben *(irregular verbs)*

be	*was/were*	*been*	sein
become	*became*	*become*	werden
begin	*began*	*begun*	anfangen
bet	*bet*	*bet*	wetten
blow	*blew*	*blown*	blasen
break	*broke*	*broken*	(zer)brechen
bring	*brought*	*brought*	bringen
build	*built*	*built*	bauen
buy	*bought*	*bought*	kaufen
catch	*caught*	*caught*	fangen
choose	*chose*	*chosen*	(aus)wählen, aussuchen
come	*came*	*come*	kommen
cut	*cut*	*cut*	schneiden

do	*did*	*done*	tun, machen, erledigen
draw	*drew*	*drawn*	zeichnen
drink	*drank*	*drunk*	trinken, saufen
drive	*drove*	*driven*	fahren
eat	*ate*	*eaten*	essen, fressen
fall	*fell*	*fallen*	(hin)fallen
feed	*fed*	*fed*	füttern
feel	*felt*	*felt*	sich fühlen
fight	*fought*	*fought*	(be)kämpfen
find	*found*	*found*	finden
fly	*flew*	*flown*	fliegen
forget	*forgot*	*forgotten*	vergessen
get	*got*	*got*	bekommen, erhalten
give	*gave*	*given*	geben, schenken
go	*went*	*gone*	gehen
grow	*grew*	*grown*	wachsen
have	*had*	*had*	haben, besitzen
hear	*heard*	*heard*	hören
hide	*hid*	*hidden*	verstecken
hit	*hit*	*hit*	schlagen, aufprallen
hold	*held*	*held*	(fest)halten
hurt	*hurt*	*hurt*	verletzen
know	*knew*	*known*	kennen, wissen
lay	*laid*	*laid*	(ver)legen, hinstellen
leave	*left*	*left*	verlassen
lend	*lent*	*lent*	(ver-, aus-)leihen
let	*let*	*let*	lassen
lie	*lay*	*lain*	liegen
lose	*lost*	*lost*	verlieren
make	*made*	*made*	machen
mean	*meant*	*meant*	bedeuten
meet	*met*	*met*	sich treffen

pay	*paid*	*paid*	(be)zahlen
put	*put*	*put*	setzen, stellen, legen
read	*read*	*read*	lesen
ride	*rode*	*ridden*	reiten, Rad fahren
ring	*rang*	*rung*	läuten, klingeln, anrufen
run	*ran*	*run*	laufen, rennen
say	*said*	*said*	sagen
see	*saw*	*seen*	sehen
sell	*sold*	*sold*	verkaufen
send	*sent*	*sent*	senden, schicken
show	*showed*	*shown*	zeigen
shut	*shut*	*shut*	schließen, zumachen
sing	*sang*	*sung*	singen
sit	*sat*	*sat*	sitzen
sleep	*slept*	*slept*	schlafen
smell	*smelt*	*smelt*	riechen, duften
spend	*spent*	*spent*	(Geld) ausgeben, (Zeit) verbringen
stand	*stood*	*stood*	stehen
steal	*stole*	*stolen*	stehlen
swim	*swam*	*swum*	schwimmen
take	*took*	*taken*	nehmen
teach	*taught*	*taught*	unterrichten, lehren
tell	*told*	*told*	erzählen, mitteilen, sagen
think	*thought*	*thought*	denken, meinen
understand	*understood*	*understood*	verstehen
wear	*wore*	*worn*	tragen, anhaben
win	*won*	*won*	gewinnen
write	*wrote*	*written*	schreiben

5 Alphabetische Liste der grammatischen Begriffe

Lateinisch / Deutsch	Englisch	Beispiel
Adjektiv/Eigenschaftswort	*adjective*	Luna is a **nice** dog.
Adverb/Umstandswort	*adverb*	Luna runs **very quickly**.
– Häufigkeitsadverb	*adverb of frequency*	We **often** watch TV.
– Ortsadverb/-angabe	*adverb of place*	I live **in London**.
– Satzadverb	*sentence adverb*	**Of course** I like you.
– Zeitadverb/-angabe	*adverb of time*	Kate comes home **at 4.30**.
Artikel	*article*	
– bestimmter Artikel	*definite article*	**The** dog is in the garden.
– unbestimmter Artikel	*indefinite article*	**An** apple is **a** kind of fruit.
Aussage		
– bejahte Aussage	*affirmative statement*	Luna is the King's dog.
– verneinte Aussage	*negative statement*	Ben **cannot ski** very well.
Fragewort	*question word*	**Where** is Luna?
Futur/Zukunft	*future*	
– *going-to*-Futur	*going to-future*	We **are going to buy** a house.
– *will*-Futur	*will-future*	I **will see** you later.
Genitiv	*genitive*	
– -*'s*-Genitiv	*-'s-genitive*	Kate is **Ben's** sister.
Imperativ/Befehlsform	*imperative*	**Sit down** and **be** quiet, please.
Infinitiv/Grundform	*infinitive*	We want **to go** home now.
Konjunktion/Bindewort	*conjunction*	We can watch TV **or** play a game.
Konsonant/Mitlaut	*consonant*	**b, c, d, f, g, h, j, k, l** and so on
Nomen /Hauptwort	*noun*	My **father** is an **engineer**.
Objekt	*object*	
– direktes Objekt	*direct object*	Luna loves **ice-cream**.
– indirektes Objekt	*indirect object*	Mum gave **Luna** some ice-cream.

Lateinisch / Deutsch	Englisch	Beispiel
Partizip Perfekt / 3. Form	*past participle*	Has Mum **gone** to work yet?
Person	*person*	The first person plural is **we**.
Personalpronomen / persönliches Fürwort	*personal pronoun*	**We** met **them** in town.
– Objektform / -pronomen	*object form*	Ben saw **her** in town.
– Subjektform / -pronomen	*subject form*	**He** plays football.
Plural/Mehrzahl	plural	We have two **dogs** and three **mice**.
Possessivbegleiter/ besitzanzeigendes Fürwort	*possessive adjective*	This is **my** brother, Ben.
Prädikat	*predicate*	We **are doing** our homework.
Präposition / Verhältniswort	*preposition*	
– Präposition des Ortes	*preposition of place*	The Kings are **in** London.
– Präposition der Zeit	*preposition of time*	We go to school **at** 8.30.
Präsens / Gegenwart	*present*	
– einfache Form der Gegenwart	*simple present*	We **go** to school every day.
– Verlaufsform der Gegenwart	*present progressive*	Dad **is washing** the car.
Pronomen / Fürwort	*pronoun*	**We** saw **him** take **it**.
Singular / Einzahl	*singular*	I ate **an apple** and **a banana**.
Subjekt	*subject*	**My English teacher** is quite nice.
Vergangenheit	*past*	
– einfache Form der Vergangenheit	*simple past*	I **went** to the movies yesterday.
– Verlaufsform der Vergangenheit	*past progressive*	Kate **was cooking** the lunch.
Verneinung	*negative form*	I **don't like** fish much.
Vokal / Selbstlaut	*vowel*	**a, e, i, o, u**

Lösungen

S. 213 Übungen

1 1 chairs, 2 classes, 3 desks, 4 shelves, 5 tables, 6 apples, 7 glasses, 8 knives, 9 potatoes, 10 sandwiches, 11 children, 12 families, 13 men, 14 wives, 15 women

2 bread, butter, coffee, furniture, ham, homework, news, orange juice, tea, water

S. 221 Übungen

1 1 some, 2 any, 3 any, 4 some, 5 somewhere, 6 anything

2 1 much, 2 many, 3 a lot of, 4^1 much, 4^2 plenty of, 5 a little, 6 a few

S. 225 Übungen

1 1 It, 2 them, 3 She, 4 They, 5 him

2 1 her, 2 their, 3^1 his, 3^2 his, 4 its

3 1 these, 2 that, 3 this, 4 those

S. 232 f. Test

1 1 children, 2 party, 3 parties, 4 parents, 5 boys, 6 girls, 7 day, 8 knives, 9 forks, 10 plates, 11 glasses.

2 1 He, 2 They, 3 She, 4 It, 5 They, 6 She, 7 They

3 1 them, 2 her, 3 them, 4 it, 5 her, 6 him, 7 it

4 2 some, 3 much, 4 any, 5 some, 6 many, 7 some, 8 a lot of, 9 a lot of, 10 any, 11 a lot of, 12 any

5 1 is a taxi-driver, 2 has a headache, has a cold, 3 in a hurry, 4 What a pity! 5 is having a shower, 6 a farmer

6 1^1 lazier, 1^2 harder, 2^1 more interesting, 2^2 more difficult, 3^1 more expensive, 3^2 cooler, 4^1 earlier, 4^2 longer, 5^1 richest, 5^2 happiest

S. 244 Übungen

1 1^1 is, 1^2 am, 1^3 are, 1^4 are, 2^1 am, 2^2 is, 2^3 is, 2^4 am, 3^1 Is York, 3^2 it is not, 3^3 It is, 4^1 Are hamsters, 4^2 are not, 5^1 have, 5^2 do not have, 6^1 have, 6^2 is, 6^3 does, 7^1 have, 7^2 is, 7^3 are, 7^4 does, 7^5 does

2 1^1 Do you have, 1^2 I do not have, 1^3 have, 2^1 Does Kate have, 2^2 has, 2^3 does not have, 3^1 Does Ben do, 3^2 does, 3^3 docs not do, 4^1 do, 4^2 do not do

S. 249 Übungen

1 1 mustn't, 2 needn't, 3 can't, 4 couldn't, 5 needn't, 6 must, 7 weren't allowed to watch, 8 can, 9 mustn't, 10 must, 11 must, 12 must

2 1^1 must, 1^2 needn't, 1^3 must, 2^1 needn't, 2^2 mustn't, 3^1 must, 3^2 needn't, 3^3 must, 4^1 must, 4^2 needn't, 4^3 mustn't, 5^1 must, 5^2 needn't

S. 253 Übungen

1 1 goes, 2 Does Kate walk, 3 does not like, 4 Do British children learn, 5 do not have, 6 live, 7 Do you enjoy, 8 spends

2 1 Are Kate and Mary having, 2 is taking, 3 Is Ben playing, 4 is sitting, 5^1 is not cooking, 5^2 is cutting, 6^1 am doing, 6^2 is putting

3 1 at the moment, 2 never, 3 now, 4 normally, 5 sometimes, 6 at present

S. 256 Übung

Diese Verbformen kommen vor:

was, was taking, wanted, was walking, saw, was washing, pulled, let, was running, came, did not want, drove, didn't see, hit, knocked, fell, happened, laughed, caught, felt, fought, won, cut, chose, taught.

unregelmäßige Verben:

be, take, see, let, run, come, drive, hit, fall, catch, feel, fight, win, cut, choose, teach

regelmäßige Verben:

want, walk, wash, pull, knock, happen, laugh

S. 258 Übung

1 has hurt, 2^1 Have you seen, 2^2 have not been, 3 have built, 4^1 have you tidied, 4^2 have not done, 4^3 have just finished,
5 have never been, 6 have read, 7^1 has had, 7^2 has not been,
8 has not had, 9^1 have worked, 9^2 have done, 10^1 Have you eaten,
10^2 have not eaten, 11 Have I met, 12 Have you ever been

S. 261 Übungen

1 1 will be, 2^1 will not/won't see, 2^2 will not/won't be, 3 Will you help, 4 will miss 5 will not/won't forget, 6 will come, 7 will the journey take, 8 will change

2 1 are going to visit, 2 am going to talk, 3 Are you going to buy, 4 is going to clean, 5^1 are not going to take, 5^2 are going to walk, 6 That child is going to run

3 1 is going to repair, 2 will be, 3 Is your brother going to, 4 Will I see, 5 are going to have, 6 is going to rain, 7 are going to watch

S. 262 f. Test

1 1 mustn't, 2 can't, 3 don't have to, 4 must, 5 can, 6 doesn't have to

2 1 had to, 2 will have, 3 had to, 4 was able to

3 1^1 goes, 1^2 is going, 2^1 come, 2^2 are training, 3^1 is cleaning, 3^2 is taking, 4 is making, 5 is sitting, 6 am writing

4 1 lived, 2 came, 3^1 told, 3^2 wanted, 4^1 forgot, 4^2 went, 5 promised

5 1 did not/didn't go, 2 was not/wasn't, 3 did not/didn't try, 4 did not/didn't help, 5 did not/didn't buy

6 1 Where did Ben wait for Kate? 2 What did the Snows buy for Kate? 3 Who ordered a king-size burger? 4 What did Mary say?

7 1^1 was walking, 1^2 saw, 1^3 was coming, 1^4 carried, 2^1 wanted, 2^2 were doing, 2^3 happened, 2^4 said, 2^5 was waiting, 2^6 did not/didn't see

S. 266 Übung

1 British children have to stay at school all day. 2 A lot of British schools have a special uniform. 3 The school day starts at 9 am and ends at 4 pm. 4 There is a 90-minute break for lunch in the middle of the day. 5 The children have clubs on Wednesday afternoons.

S. 267 Übung

1 Where is Kate? 2 What is Ben doing? 3 How much did these jeans cost? 4 Where do Mary and Tom live? 5 How do you get to the website? 6 How many people were at the party? 7 Why can't Ben play football? 8 What does Mr Harper teach?

S. 273 Test

1 1 Kate lives in London. 2 Her favourite hobby is playing the guitar. 3 Mary does not have any pets. 4 Kate's brother is called Ben. 5 Ben is playing with Luna in the garden. 6 The Greens like working in their garden. 7 Mrs Snow generally works for three days a week. 8 Tom does not work very hard at school.

2 1 Where do the Greens live? 2 When does Ben play football? 3 Why does Kate like Mr Green? 4 Whose birthday is in December? 5 How does Kate feel today? 6 How many balls does Luna have? 7 How much does this T-shirt cost? 8 What does Mary like watching on TV?

3 1^1 see, 1^2 will tell, 2^1 feels, 2^2 will go, 3^1 don't leave, 3^2 will miss, 4^1 tell, 4^2 won't be, 5^1 won't sell, 5^2 don't get, 6^1 will get, 6^2 doesn't work, 7^1 Will mum work, 7^2 gets, 8^1 Will you go, 8^2 invites.

S. 275 Übung

1 throwing, 2 catching, 3 running, 4 walking, 5 pushing, 6 falling, 7 jumping, 8 playing, 9 barbecuing, 10 standing, 11 sitting, 12 picking up, 13 lying down, sunbathing and resting.

S. 277 Übung

1 room, 2 armchair, 3 wardrobe, 4 stereo system, 5 DVD player, 6 TV, 7 poster, 8 radiator, 9 bookcase, 10 window, 11 desk, 12 chair, 13 desk lamp, 14 bed, 15 furniture.

S. 279 Übung

1^1 budgie, 1^2 cages, 2^1 kitten, 2^2 basket, 2^3 mouse. 3^1 dogs, 3^2 bones, 4^1 goldfish, 4^2 water, 5^1 cat, 5^2 goldfish bowl, 6^1 hamster, 6^2 ladder, 7^1 bowl, 7^2 food, 8^1 puppy, 8^2 budgie

S. 281 Übung

1 reading, 2 painting, 3^1 playing, 3^2 surfing, 4 watching, 5 learning, 6 meeting, 7 listening, 8 playing, 9 playing, 10 swimming, 11 playing, 12 playing

S. 283 Übung

1 richtig, 2 falsch: There are four pieces of chalk below the blackboard. 3 richtig, 4 falsch: The overhead projector is on a table next to the teacher's desk. 5 falsch: You can see three pupils. They are sitting at their desks. 6 richtig, 7 falsch: The noticeboard is to the right of the door. 8 richtig

S. 285 Übung

1 hair, 2^1 eyes, 2^2 ears, 3 mouth, 4 nose, 5^1arms, 5^2 legs, 6^1 toes, 6^2 fingers, 6^3 hands, 7^1 legs, 7^2 knees, 8^1 head, 8^2 neck

S. 287 Übung

1 cousin, 2 father, 3 husband and wife, 4 mother, 5 grandfather, 6 grandmother, 7 uncle, 8 aunt, 9 sister, 10 brother, 11 great-grandparents, 12 son, 13 daughter.

S. 289 Übung

1 living room, 2 staircase, 3 dining room, 4 kitchen, 5 bathroom, 6 balcony, 7 roof, 8 study, 9 bedroom, 10 garden, 11 garage

Stichwortverzeichnis

Deutsch • Mathe • Englisch

A

E

F

Q

R

S

W

X

Y

Z